"一带一路"热带国家 农业病虫害识别图谱

吕宝乾　林培群　王树昌　黄贵修　主编

中国农业科学技术出版社

图书在版编目（CIP）数据

"一带一路"热带国家农业病虫害识别图谱 / 吕宝乾等主编 . -- 北京：中国农业科学技术出版社，2024. 10. -- ISBN 978-7-5116-7103-5

Ⅰ. S435-64

中国国家版本馆CIP数据核字第2024R99H46号

责任编辑　姚　欢
责任校对　王　彦
责任印制　姜义伟　王思文

出 版 者	中国农业科学技术出版社
	北京市中关村南大街12号　　邮编：100081
电　　话	（010）82106631（编辑室）（010）82109702（发行部）
	（010）82109702（读者服务部）
传　　真	（010）82106631
网　　址	https://castp.caas.cn
经 销 者	各地新华书店
印 刷 者	中煤（北京）印务有限公司
开　　本	185 mm×260 mm　1/16
印　　张	17.5
字　　数	400千字
版　　次	2024年10月第1版　2024年10月第1次印刷
定　　价	160.00元

———— 版权所有·侵权必究 ————

《"一带一路"热带国家农业病虫害识别图谱》编委会

主　编	吕宝乾	林培群	王树昌	黄贵修
副主编	刘　奎	陈俊谕	唐继洪	杨腊英	武华周
	李　叶			
编　委	吕宝乾	林培群	刘　奎	黄贵修	谢贵水
	王树昌	陈俊谕	唐继洪	陈　青	邱海燕
	时　涛	李博勋	卢　辉	杨腊英	耿　涛
	谭施北	彭正强	张　贺	黄俊生	王国芬
	谢艺贤	刘志昕	陈绵才	卢芙萍	余凤玉
	吴伟怀	梁　晓	武华周	李　叶	

前言

开展"一带一路"热带国家植物病虫害监测预警和联防联治技术合作研究，不仅可解决热带经济作物、果蔬、粮食、花卉、香辛饮料、天然橡胶等重要热带作物的病虫害扩散蔓延及严重为害的问题，还能显著降低对化学农药的依赖，降低对环境的污染和影响，更能提高热作产品的质量安全水平，是保障我国热作产业持续健康发展的根本途径。

世界热区高温高湿的自然条件十分有利于热带作物病虫害的滋生蔓延。20世纪90年代初中国热带地区病虫害调查结果表明，为害橡胶、木薯、香蕉、荔枝、杧果等60多种作物的病害823种、害虫954种，其中能够产生极大为害的病害和害虫种类至少有50种，如橡胶树棒孢霉落叶病、炭疽病、橡胶树壳梭孢叶斑病、季风性落叶病，椰子灰斑病、椰子泻血病，香蕉枯萎病、褐缘灰斑病、根结线虫病，杧果畸形病、杧果炭疽病、蒂腐病、稻瘟病、水稻纹枯病，以及小蠹虫、六点始叶螨、蓟马、粉蚧、椰心叶甲、根颈象甲、矢尖蚧、假茎象甲、朱砂叶螨、斜纹夜蛾、新菠萝灰粉蚧、小实蝇、椰子织蛾等。随着热带作物产业结构调整，新的作物种类或品种不断地被引入种植，越来越多的亚热带、温带作物品种也在热区育种、制种，导致热带作物的种类或品种布局、栽培管理模式不断变化，致使热带作物病虫害的种类增加、为害程度逐渐加重，由原来的次要地位上升为主要地位并暴发成灾。此外，由于贸易交流新传入中国热区并对热带作物乃至其他作物构成威胁的入侵有害生物种类就超过200种，造成巨大生态破坏和经济损失，如较早传入的水稻凋萎型细菌性叶斑病、美国蜜瓜细菌性萎蔫病等已造成严重损失；20世纪90年代传入的美洲斑潜蝇现已几乎蔓延至全国各地，对果蔬种植业造成巨大的负面影响；21世纪传入的香蕉枯萎病、椰心叶甲、杧果象甲、螺旋粉虱、单爪螨、草地贪夜蛾等有害生物对橡胶、香蕉、杧果、玉米、棕榈等许多热带作物产业的健康发展威胁巨大。据估计，热带作物受有害生物为害损失产量达15%～50%，严重时甚至绝收。热带作物有害生物的治理仍以化学农药为主，药剂过量、过频及盲目使用现象普遍，生物防治、生态控制等替代技术缺乏，从而导致环境污染、农产品质量安全等诸多问题，并严重影响绿色热带农业、有机产品开发等热带农业产业升级。

为了促进世界热区科技创新交流与合作，提升热带作物病虫害生态防控、绿色防控技术水平，在"一带一路"热带项目和海南省热带农业有害生物监测与控制重点实验室等项目的支持下，中国热带农业科学院与多家国内外单位开展热带作物病虫害监测与控制技术联合研究。在病虫害联合调查、热区各国有害生物入侵早期预警联合研究等领域开展合作，以期降低我国热区与周边国家间有害生物跨境传播扩散威胁，降低防治成本，提高总体防治水平。

目 录

第一章　"一带一路"热带国家农业病虫害联合调查研究背景与概述 ………… 1

第二章　橡胶病虫害 5
 橡胶树棒孢霉落叶病 ……………………………………………… 6
 橡胶树壳梭孢叶斑病 ……………………………………………… 10
 绯腐病 ………………………………………………………………… 13
 季风性落叶病 ……………………………………………………… 15
 橡胶树炭疽病 ……………………………………………………… 19
 橡副珠蜡蚧 ………………………………………………………… 23
 六点始叶螨 ………………………………………………………… 26

第三章　木薯病虫害 30
 木薯花叶病（类） ………………………………………………… 31
 木薯细菌性萎蔫病 ………………………………………………… 36
 木薯丛枝病 ………………………………………………………… 41
 木薯褐斑病 ………………………………………………………… 46
 木薯炭疽病 ………………………………………………………… 51
 木薯害螨 …………………………………………………………… 54
 木薯粉蚧 …………………………………………………………… 58
 木薯粉虱 …………………………………………………………… 62
 木薯地下害虫 ……………………………………………………… 66

第四章　香蕉病虫害 69
 香蕉枯萎病 ………………………………………………………… 70
 香蕉褐缘灰斑病 …………………………………………………… 77
 香蕉花叶心腐病 …………………………………………………… 82

香蕉束顶病 ·· 84
香蕉条斑病毒病 ·· 87
香蕉根结线虫病 ·· 90
香蕉细菌性枯萎病 ·· 94
香蕉穿孔线虫病 ·· 96
香蕉花蓟马 ·· 98
香蕉假茎象甲 ··· 101
香蕉根颈象甲 ··· 104
皮氏叶螨 ··· 106
香蕉弄蝶 ··· 109
香蕉冠网蝽 ··· 111
斜纹夜蛾 ··· 114
矢尖蚧 ··· 117
香蕉褐圆蚧 ··· 119
香蕉交脉蚜 ··· 121
新菠萝灰粉蚧 ··· 122

第五章 杧果病虫害 ··· 123

杧果畸形病 ··· 124
茶黄蓟马 ··· 127
小实蝇 ··· 130
杧果扁喙叶蝉 ··· 134
杧果切叶象 ··· 137

第六章 椰子病虫害 ··· 140

椰子灰斑病 ··· 141
椰子泻血病 ··· 144
椰子茎干腐烂病 ··· 146
椰子芽腐病 ··· 148
椰子致死性黄化病 ··· 151
椰子茎基腐病 ··· 153
椰子煤烟病 ··· 155
椰子平脐蠕孢叶斑病 ··· 157
椰心叶甲 ··· 159

椰子织蛾 ··· 163

第七章 水稻病虫害 ··· 168

稻瘟病 ··· 169
水稻纹枯病 ··· 172
稻纵卷叶螟 ··· 175
稻飞虱 ··· 178
二化螟 ··· 182
三化螟 ··· 184
大 螟 ··· 186
稻象甲 ··· 189
稻眼蝶 ··· 191
直纹稻弄蝶 ··· 194
中华稻蝗 ··· 196
稻蓟马 ··· 198
黑尾叶蝉 ··· 200
电光叶蝉 ··· 202
稻绿蝽 ··· 204
稻棘缘蝽 ··· 206
稻秆潜蝇 ··· 208

第八章 玉米病虫害 ··· 211

玉米小斑病 ··· 212
玉米大斑病 ··· 215
小地老虎 ··· 217
东方蝼蛄 ··· 220
蛴 螬 ··· 222
黏 虫 ··· 225
草地贪夜蛾 ··· 228
亚洲玉米螟 ··· 232
桃蛀螟 ··· 234

第九章 剑麻病虫害 ··· 237

剑麻斑马纹病 ··· 238

剑麻茎腐病 ·· 241
剑麻紫色卷叶病 ···································· 244
新菠萝灰粉蚧 ······································ 246

第十章　桑树病虫害 ·································· 249

桑花叶病 ·· 250
桑青枯病 ·· 252
桑枝枯菌核病 ······································ 254
桑萎缩病 ·· 256
桑里白粉病 ·· 258
桑赤锈病 ·· 260
桑根结线虫病 ······································ 262
桑　螟 ·· 264
桑毛虫 ·· 266
朱砂叶螨 ·· 268

第一章

"一带一路"热带国家农业病虫害联合调查研究背景与概述

一、联合调查研究背景

1. 落实国家"一带一路"倡议的重要举措

新时期，农业发展仍然是"一带一路"热带国家国民经济发展的重要基础，大部分国家对解决饥饿和贫困问题、保障粮食安全与营养的愿望强烈，开展农业合作是热带国家的共同诉求。2016年12月24日科技部、发改委、外交部、商务部联合印发《推进"一带一路"建设科技创新合作专项规划》，实施热带农业"走出去"战略，提出要结合热带国家的重大科技需求，鼓励我国科研机构、高等学校和企业与热带国家相关机构合作，围绕重点领域共建联合实验室（联合研究中心）。在"一带一路"倡议下，农业国际合作成为热带国家共建利益共同体和命运共同体的最佳结合点之一。开展"一带一路"热带农业病虫害联合调查和防控技术联合研究，是落实国家"一带一路"倡议的重要举措。2017年5月，中华人民共和国农业部、国家发展和改革委员会、商务部、外交部四部委联合印发《共同推进"一带一路"建设农业合作的愿景与行动》，明确提出强化农业科技交流合作。突出科技合作的先导地位，多渠道加强热带国家间知识分享、技术转移、信息沟通和人员交流。结合各国需求并综合考虑国际农业科技合作总体布局，在"一带一路"热带国家共建国际联合实验室、技术试验示范基地和科技示范园区，开展动植物疫病疫情防控、种质资源交换、共同研发和成果示范，促进品种、技术和产品合作交流。共建"一带一路"农业合作公共信息服务平台、技术咨询服务体系、高端智库和培训基地，有助于推动区域农业物联网技术发展，提升"一带一路"热带国家农业综合发展能力。国家主席习近平在2017年5月14日"一带一路"国际合作高峰论坛开幕式上明确指出，要将"一带一路"建成创新之路，创新驱动发展，加强生态环保合作，实现可持续发展目标。2017年6月，农业部印发的《"十三五"农业科技发展规划》中提出，要建成一批海外技术转移、示范服务基地，与"一带一路"热带国家农业国际科技合作不断增强。

2. 热区国家农业产业共性关键技术难题破解和绿色发展的迫切需求

全球化背景下，中国农业与世界农业高度关联，农业科技合作对推进"一带一路"倡议意义重大。热带农业是我国与东南亚、非洲、拉美等国家开展农业合作交流的重要组成部分，也是提升我国地缘政治影响力的重点领域。中国热区面积小，热带作物种质资源有限；世界热区面积大，生物多样性程度高，热带作物生物资源丰富。热带地区不发达国家居多，是世界贫困和营养不良人口的集中分布区，全球约有 8 亿人口处在贫困饥饿状态，其中 5 亿人以上分布在热带地区。我国与热带国家在热带农业产业领域具有明显的互补性和广阔的合作空间。随着"一带一路"热带国家的人文交流与经贸往来日益频繁，各种有害生物相互传入的风险日益增大。开展热带作物绿色防控技术等共性关键技术难题的联合研发与攻关，有利于打造热带国家热带农业产业技术共享体系，共同实现产业良性发展。

3. 实施热带农业"走出去"战略和国际技术转移的迫切需求

"一带一路"热带国家和地区种植的热带作物与我国相近，技术力量和水平相对较弱，是实施"走出去"战略的重点区域。我国的热带农业技术在境外具有广泛的市场需求。在境外开展热带农业技术研究，既是响应国家政策的体现，也是为走出去涉农企业提供本土化技术、促进热带农业技术转移转让的重要手段。开展热带作物病虫害联合调查和防控技术联合研究，根据各国的气候环境和种植条件，研究适宜当地的农业病虫害绿色防控技术和高效种植技术，可有效推动双方农业的健康稳定发展。

二、联合调查研究概况

"十三五"期间，专家团队在农业农村部"一带一路"项目和国家各类基金项目的支持下，联合缅甸、柬埔寨、越南、泰国、菲律宾、老挝、马来西亚、印度尼西亚、巴基斯坦、坦桑尼亚、埃及、桑吉巴尔等国家和地区的相关科教企人员，开展橡胶树、木薯、香蕉、杧果、椰子、水稻、玉米、剑麻和桑树等热带作物重要病虫害发生情况调查，取得了较好的成效。

在橡胶树病虫害联合调查中发现，缅甸主栽橡胶树品种是 PB260，该品种对季风性落叶病为中抗（高降水量地区），对白粉病为高感，对绯腐病为抗病，对棒孢霉落叶为中抗。越南橡胶树主要病害有白粉病、炭疽病、棒孢霉落叶病、壳梭孢落叶病、疫霉落叶病、拟盘多毛孢落叶病、绯腐病和根腐病。这些病害中，棒孢霉落叶病发生最严重，幼苗、未开割树和开割树均受害；拟盘多毛孢落叶病也很严重，病株常大量落叶。柬埔寨橡胶树主要病害包括白粉病、炭疽病、疫霉病、割面条溃疡病、季风性落叶病、死皮病、根病（白根病）、绯腐病、棒孢霉落叶病、麻点病、流胶病、回枯病等病害，虫害有叶螨（六点始叶螨、东方真叶螨）、橡副珠蜡蚧、粉蚧、粉虱、黑刺粉虱、矢尖蚧、白蚁和小蠹虫等。柬埔寨还面临着一些外来入侵病害的威胁如棒孢霉落叶病、壳梭孢病害和白根病等，其中以绯腐病发生最为严重，白粉病在暹粒等北部区域发生严重。柬埔寨橡胶树管理总体较为粗放，药剂防治和种植抗性品种是病虫害防治的主要手段。

在木薯病虫害调查过程中，重点开展了木薯褐斑病、细菌性萎蔫病、花叶病、木薯粉蚧、螺旋粉虱、木薯单爪螨、朱砂叶螨等主要病虫害调查。褐斑病、细菌性萎蔫病、花叶病、丛枝病和根腐病是越南木薯种植中的常见病害，其中褐斑病和细菌性萎蔫病在主要种植区普遍发生，花叶病主要在南部靠近柬埔寨的地区发生，而丛枝病在北部毗邻我国的安沛省和中部、南部地区均有发生。木薯花叶病、木薯褐条病、木薯细菌性萎蔫病是泰国、印度尼西亚、柬埔寨、老挝和缅甸的主要病害。木薯粉蚧、螺旋粉虱、木薯单爪螨、朱砂叶螨在泰国、柬埔寨、印度尼西亚严重发生与为害；木薯粉蚧、螺旋粉虱、朱砂叶螨在越南严重发生与为害，木薯单爪螨在越南局部地区轻度发生与为害；木薯绵粉蚧、木薯单爪螨、朱砂叶螨、螺旋粉虱、烟粉虱在缅甸为害较为严重。初步发现，越南、泰国、柬埔寨、缅甸等国家木薯主产区田间害虫（螨）天敌主要为捕食螨、拟小食螨瓢虫，跳小蜂从他国引进，并已在泰国和越南大面积推广应用防治木薯粉蚧，成效显著，但柬埔寨等国家目前尚未见利用寄生蜂防治木薯害虫（螨）的相关报道。

在香蕉病虫害联合调查中，发现越南、马来西亚、菲律宾和泰国的香蕉主要病虫害有香蕉 Moko 病、枯萎病、害螨。其中，越南香蕉病害有香蕉枯萎病、香蕉叶鞘腐烂病、香蕉灰纹病、香蕉煤纹病、香蕉束顶病等；另外，通过交流、查阅文献还了解到香蕉黑条叶斑病、香蕉黄条叶斑病、香蕉 Moko 病、香蕉花叶心腐病、香蕉条斑病毒病、香蕉苞片花叶病毒病等病害在越南香蕉产区均有不同程度的发生为害。香蕉黄胸蓟马、双线盗毒蛾、双条拂粉蚧在越南为害较为严重。

在杧果病虫害联合调查中，发现马来西亚、菲律宾和泰国的杧果主要病虫害有害螨、杧果象甲、杧果蓟马、杧果瘿蚊、杧果畸形病。杧果象甲、杧果畸形病等是具有跨区域扩散传播风险的重要病虫害。柬埔寨杧果主要病虫害有壮铗普瘿蚊和粉蚧，为害严重。缅甸杧果病虫害发生严重，但防治技术较为落后，杧果受瘿蚊（初步判断有 3 个种，其中 2 种在我国有分布）和介壳虫（粉蚧和矢尖蚧）为害最为普遍和严重，在苗圃、果园及交通沿线普遍发生。在缅甸首次发现蝗虫严重为害杧果，其他害虫包括切叶象甲、实蝇等。杧果受炭疽病和细菌性黑斑为害较为严重。缅甸最有名的杧果品种是圣德龙，该品种对细菌性角斑病和炭疽病、粉蚧、瘿蚊、红带滑胸针蓟马和橘小实蝇均不具备抗性。越南杧果病害有炭疽病、蒂腐病、煤烟病等；杧果叶瘿蚊、杧果潜叶蛾、橘小实蝇较为严重，杧果茶黄蓟马、杧果切叶象甲、瓜实蝇在越南也普遍发生。

在椰子病虫害联合调查中，发现泰国、菲律宾、马来西亚和印度尼西亚的椰子主要病害为椰子致死黄化病，椰子茎基腐病发生较普遍，长势弱的椰子树易发病。泰国和柬埔寨的茎腐病在东南亚各国均有发生。椰子芽腐病在泰国、越南、老挝、柬埔寨、缅甸、马来西亚和中国等大部分椰子种植区均有分布，该病在整个生长期都可发生为害。椰子灰斑病在泰国、马来西亚、印度尼西亚、越南、印度等所有种植椰子的地区发生为害，影响叶片光合作用。在苗期或幼树期，染病植株长势衰弱，严重时可导致整株死亡。成龄树影响开花、结果，导致减产。椰子泻血病在菲律宾和马来西亚等地都有发生，发病植株在症状出现后3～4个月内就会死亡。椰心叶甲广泛分布于越南、马来西亚、泰国、缅甸、柬埔寨、老挝、印度尼西亚、马尔代夫等国家。

在水稻病虫害联合调查中，发现水稻上主要病虫害有稻飞虱、稻纵卷叶螟、稻瘟病、水稻白叶枯病。其中泰国主要病害为稻瘟病、纹枯病和白叶枯病；主要虫害为褐飞虱和稻纵卷叶螟。稻飞虱传播病毒病（如草丛矮缩病），易暴发成灾，稻纵卷叶螟幼虫卷叶取食，降低光合作用。越南北部山区和红河三角洲雨季高发稻瘟病，太平省水稻白叶枯病发生严重。越南太平省和河内受稻纵卷叶螟和稻飞虱的影响较重，受稻飞虱的危害属于轻度，台风和洪涝加剧越南病害扩散，稻飞虱易在密植田中暴发。马来西亚主要病害包括纹枯病和稻曲病，主要虫害为白背飞虱和稻蝽。柬埔寨主要病害为稻瘟病，雨季传统稻区损失率达20%～30%；主要虫害为褐飞虱和稻螟虫。老挝主要病害为纹枯病和白叶枯病，主要虫害为稻飞虱和稻瘿蚊。菲律宾主要病害为稻瘟病，主要虫害为褐飞虱和稻水象甲。印度尼西亚主要病害为稻瘟病，爪哇岛和苏门答腊主产区损失严重；纹枯病在集约化种植区普遍发生；主要虫害为褐飞虱和三化螟。

在玉米病虫害联合调查中，发现越南山罗省等地的玉米上有大斑病、玉米螟、草地贪夜蛾、斜纹夜蛾和地老虎等害虫，泰国、菲律宾、老挝和马来西亚主要有大斑病、玉米螟和草地贪夜蛾。目前，草地贪夜蛾已经发展成为东南亚地区及我国最严重的虫害之一。

在剑麻病虫害联合调查中，发现坦桑尼亚剑麻病虫害主要有剑麻斑马纹病、剑麻茎腐病、剑麻炭疽病、剑麻象鼻虫和盾蚧，以斑马纹病和盾蚧最为严重。泰国南部宋卡府茎腐病比较严重，中部平原种植区朱砂叶螨在旱季危害加重。菲律宾宿务岛等地的剑麻粉蚧比较严重，该区通过引入瓢虫进行生物防治。

在桑树病虫害联合调查中，发现泰国主要病虫害有桑白粉病、朱砂叶螨等；越南桑树主要病虫害有桑青枯病、桑螟等病虫害；柬埔寨桑树主要病虫害有桑锈病、桑枝枯菌核病、桑毛虫；老挝桑树主要病虫害为桑叶枯病；菲律宾桑树主要病虫害有桑根结线虫病、朱砂叶螨；印度尼西亚桑树主要病虫害有桑花叶病、桑螟。

第二章
橡胶病虫害

橡胶树［Hevea brasiliensis（Willd. ex A. Juss.）Muell. Arg］是大戟科橡胶树属植物，原产于南美洲亚马孙河流域的巴西、委内瑞拉、圭亚那等国，是一种典型的热带雨林多年生乔木。橡胶树为落叶乔木，有乳状汁液，要求年平均降水量 1 150～2 500 mm，适于在土层深厚、肥沃而湿润、排水良好的酸性砂壤土生长。实生树的经济寿命为 35～40 年，芽接树为 15～20 年，生长寿命约 60 年。

全球有 40 多个国家种植橡胶树，植胶面积已达 960 多万 hm^2，主要分布在泰国、马来西亚、印度尼西亚、中国、越南、斯里兰卡、缅甸、老挝、尼日利亚、科特迪瓦、喀麦隆、加纳等亚非国家，以及巴西、哥伦比亚、委内瑞拉、厄瓜多尔等南美洲国家。据天然橡胶生产国协会（ANRPC）官网数据显示，2016 年世界天然橡胶总产量约为 1 070 万 t，其中亚洲地区的植胶面积和干胶产量分别占全球的 90.6% 和 93.0%，是全球天然橡胶生产中心，我国年天然橡胶累计产量为 78 万 t。1904 年，云南从新加坡引入 8 000 株胶苗种植于北纬 24°的千崖凤凰山（现盈江县）并首次试种成功。1906 年，海南从马来西亚引进 4 000 粒橡胶种子，种植于会县（现琼海市）和儋县（现儋州市）。目前，中国植胶区主要分布于海南、广东、广西、福建、云南、台湾等地区，其中海南为主要植胶区。

我国是天然橡胶非传统植胶区，适宜种植天然橡胶的土地资源有限，再加上我国热区气候温暖湿润，十分有利于病原微生物、害虫及杂草的繁殖和蔓延。据 20 世纪 90 年代初的调查结果显示：为害我国天然橡胶的病害有 90 多种，以真菌病害为害最严重，其中具有经济重要性的病害分为 3 类（主要有 11 种），即叶部病害（白粉病、炭疽病、棒孢霉落叶病、麻点病等）、茎干病害（割面条溃疡病、死皮病和绯腐病等）、根部病害（红根病、褐根病、紫根病，以及由寒害引起的烂脚病等）；为害橡胶树的害虫有 94 种，具有经济重要性的害虫约有 7 种，为害开割林的主要有 4 种（橡副珠蜡蚧、小蠹虫、六点始叶螨、白蚁等）。这些病虫草害的为害对橡胶树的生产和栽培构成了巨大的威胁，造成严重的产量损失，制约着天然橡胶产业的持续、健康发展。

近年来，随着橡胶品种、布局、栽培管理模式的改变，特别是民营橡胶的迅猛发展，以及频繁受到寒害、干旱、台风等自然灾害的影响，橡胶树的植保问题逐渐成为制约天然橡胶产业发展的主要因素之一。橡胶树上常发病虫害出现了新的流行特点并逐年加重，一些原来次要的病虫害上升为主要病虫害，并暴发成灾，同时，新发危险性病虫害疫情发展迅速，潜在威胁巨大，给防治技术增加了新的难点。现对"一带一路"热带国家橡胶树上的 7 种重要病虫害进行简要介绍。

橡胶树棒孢霉落叶病

【分布与为害】

橡胶树棒孢霉落叶病（Corynespora leaf fall disease，CLFD）现已成为南亚、东南亚和中非橡胶树最具破坏性的叶部病害，是继南美叶疫病（South American leaf blight，SALB）之后第二个威胁世界天然橡胶产业的重要病害。该病于 1936 年首次于塞拉利昂的橡胶树苗圃发现，但未引起重视。直到 1958 年在印度的橡胶树实生苗圃中再次发现，才引起人们的足够重视。此后，1960 年在马来西亚的嫁接苗圃中发生，1969 年在西非的尼日利亚发生，1980 年在印度尼西亚发生，1984 年在喀麦隆、加蓬、科特迪瓦发生，1985 年在斯里兰卡、泰国和巴西发生，1988 年孟加拉国、菲律宾先后报道在苗圃和成龄胶园发生，1999 年在越南的苗圃和成龄胶园上也发现该病的发生。2006 年，中国海南的儋州和云南的河口地区首次发现该病在苗圃和幼龄树上发生，之后该病相继蔓延至临高、定安、文昌、乐东、屯昌、保亭、琼海、万宁、陵水、琼中和三亚等 10 余个市县。由于我国天然橡胶主产区栽培的橡胶品系较多，目前该病已经在我国主要植胶区的苗圃、幼龄和成龄树上均有发生，已成为世界各植胶区最具破坏性的叶部病害。

【症状】

橡胶树嫩叶和老叶都受侵害，发病症状随品系、叶龄、侵染部位而异。淡绿期叶片受害常形成深褐色的圆形病斑，直径 1～8 mm，病斑中央浅灰色，由深褐色坏死线所围绕，外围有明显的黄色晕圈。随着叶片的老化，病斑逐渐扩大呈纸质状，最终形成"炮弹状"穿孔，外围有深褐色坏死线和明显的黄色晕圈。圈内的叶组织黄红色或褐红色，严重时叶片脱落。受害叶片除了能产生坏死病斑和萎蔫脱落外，橡胶树棒孢霉落叶病最典型的症状就是"鱼骨状"病斑，多主棒孢病菌寄主专化性毒素沿叶脉传导，叶片组织内部毒素大量积累，导致叶脉组织变褐坏死，并沿叶脉形成"鱼骨状"病斑，严重时大量落叶（图 2-1）。橡胶树棒孢霉落叶病在田间的病斑症状表现出多样性，除了典型的"鱼骨状"病斑外还有其他的症状特点（图 2-2）。嫩枝和叶柄感病，通常出现浅褐色长病斑；叶柄或叶片基部感病，则枝条上几乎所有的叶片都会干枯且迅速凋落。植株受害出现反复落叶，甚至整株枯死的现象。

图2-1　棒孢霉落叶病典型"鱼骨状"病斑，引起叶片褪绿（李博勋　拍摄）

图2-2　棒孢霉落叶病圆斑型症状（李博勋　拍摄）

【病原】

病原菌为多主棒孢（Corynespora cassiicola），别名瓜棒孢菌、山扁豆生棒孢，属半知菌亚门丝孢纲丝孢目暗色菌科棒孢属真菌。

多主棒孢病菌的分生孢子顶端单生，倒棍棒状至圆柱状，直立或稍弯，浅橄榄色至深褐色，光滑，具有4～20个假隔膜，基部有一个突出的脐，大小变化较大，一般为（12.78～157.41）μm×（2.80～12.71）μm。分生孢子梗长，直立或稍弯，单生或偶尔分枝，浅色至浅褐色，有分隔，大小为（110～850）μm×（4～11）μm。分生孢子萌发产生一条或数条芽管，这些芽管多从分生孢子末端伸出，不同来源的菌株在形态学上存在一定的差异。该病原菌的菌落圆形，边缘整齐，平铺，浓密，青灰色或褐色，边缘为白色；菌丝有分隔，浅色至褐色。各菌株因寄主或生境的不同，其培养性状也不同（图2-3）。

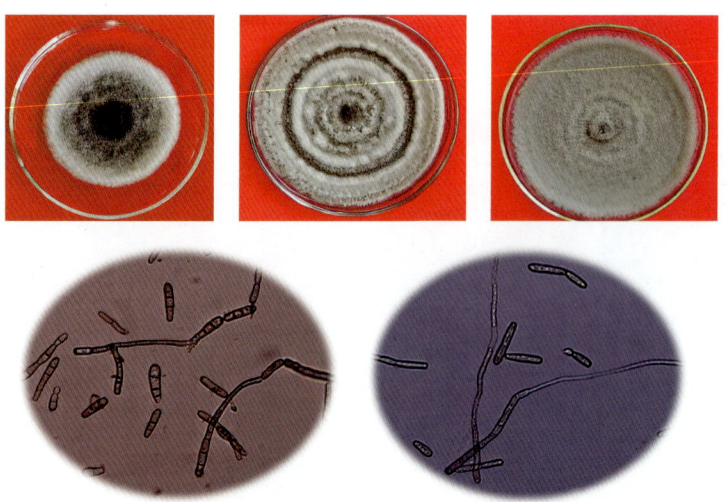

图 2-3　多主棒孢病菌菌落培养性状及分生孢子（李博勋　拍摄）

【发生规律】

多主棒孢病菌可以在被感染的作物残体上或土壤中存活 2 年以上。该病菌的寄主范围很广，来自不同寄主植物上的多主棒孢病菌菌株可以交叉侵染。橡胶种植园中，杂草的存在有利于病原菌的存活，多主棒孢病菌在田间主要是由分生孢子通过气流和风雨传播。在田间整年都可能发生落叶病，当相对湿度大于 96%，温度在 28～30℃时，分生孢子可以萌发；但是，当温度在 20℃以下或 35℃以上时均能抑制其萌发。该病原菌在田间最适宜的发病环境条件是高湿、气温 26～29℃的阴雨天气。该病害一般在 3—4 月出现，8—9 月病情急剧上升，10—11 月病情达到全年最高值，之后逐渐下降。橡胶树棒孢霉落叶病的发生与流行常受到寄主植物、病原物、环境条件和人类活动等诸多因子的影响，这些因子的相互作用决定了该病害发生流行的强度和广度。

【防治方法】

近年来，随着该病在各个橡胶生产国频频暴发，各橡胶树品系对该病害的抗性在逐渐丧失，单纯地采用化学农药防治已经不足以完全控制该病害的发生，所以要采用综合防治措施。

（1）加强检疫。防止该病从发病区域扩散到无病区域，对发病地区的橡胶苗木、橡胶树加工产品、病区土壤进入非发病区，特别是调运的苗木，必须实施严格的检疫处理，取得检疫证方能调运。

（2）农业防治。① 选育和嫁接抗病品种种植。在病害高发区域禁止种植感病品种，如 RRIM600、PR107 和 GT1。经测定，IAN873、湛试 32713、云研 277-5 是较好的抗病品系。其次，我国选育的大丰 117、南华 1、云研 77-4、热研 7-33-97、文昌 11、热研 8-333 等品系较为抗病。可采用嫁接抗病苗给 2～3 年树龄的橡胶树感病品系换头。② 不在发病林地附近建苗圃，严禁从发病胶园采种，禁止从发病苗圃购苗。发病严重的苗圃要全部砍除，集中销毁，清除寄主，并对土壤进行全面消毒。③ 选择适宜的无病立地环境设立苗圃，选择地势较高、通风良好平坦地块进行育苗。④ 拔除 2 年以上树龄的所有易感病品种的染病植株，集中销毁所有叶片和小枝以摧毁接种体。

（3）化学防治。建议使用 50% 多菌灵、70% 甲基硫菌灵、50% 福美双等杀菌剂，针对于不同时期的橡胶树受多主棒孢病菌侵染为害，所采取的防治方法有所不同。

橡胶树壳梭孢叶斑病

【分布与为害】

橡胶树壳梭孢叶斑病又称橡胶树叶枯病，于1987年在马来西亚首次被发现，并于1989年被首次报道。在马来西亚柔佛州的一个50 hm^2胶园，60%的4年龄胶树被侵染，侵染品系包括RRIM600、PR261、PB260、PB255和PB217等。目前，该病害已成为马来西亚重要叶部病害之一。2016年，该病在我国云南金平和江城的橡胶园首次被发现。

【症状】

该病田间叶片症状稍微类似于炭疽病，但该病害叶片的病斑面积更大，具有弯曲或波浪形边缘、褐色的中心区域，中心区域上形成嵌入式分生孢子器，多在上表面，在长期潮湿条件下，橙红色的分生孢子慢慢地从孔口溢出，叶片掉落后逐渐变为青铜色。与其他大多数橡胶树叶部病害相比，该病害的主要特征是病斑可扩展到整个叶片（图2-4）。

图2-4 田间为害症状，受害叶片大量脱落（马来西亚橡胶研究所 提供）

【病原】

病原菌的无性态为子囊菌亚门座囊菌纲葡萄座腔菌目葡萄座腔菌科壳梭孢属小新壳梭孢（*Neofusicoccum parvum*）。

病原菌特征为黑色载孢体。最适培养基为 OMA（燕麦琼脂）和 PDA（马铃薯葡萄糖琼脂），21℃接种 3 d 后的菌落最大生长直径为 90 mm（图 2-5）。在叶片上载孢体产生的大孢子大小为（15.5～25.0）μm×（3.8～7.5）μm（平均 18.3 μm×5.5 μm），在 OMA 培养基上产生的孢子小一些，（12.5～20.0）μm×（3.8～6.3）μm（平均 16.1 μm×5.0 μm），孢子透明，椭圆形或舟形，大多数无隔，但大多数随菌龄的增长变为褐色，壁加厚，产生 1～3 个隔。叶片和培养基上的小孢子大小分别为（3.2～6.4）μm×3.2 μm（平均 5.6 μm×3.2 μm）和（3.8～7.5）μm×2.5 μm（平均 5.3 μm×2.5 μm），无隔，浅褐色，近球形、卵形或阔椭圆形。在 OMA 培养基上，初始菌落白色，气生菌丝疏松，一周后颜色变暗或呈橄榄绿色。

A. 被侵染的橡胶树叶片；B. PDA 上培养的菌落形态；C. PDA 上产生的分生孢子器；
D. 分生孢子形态

图 2-5　病原菌特征（引自 Nyaka Ngobisa，2013）

【发生规律】

不详。

【防治方法】

防治方法参照橡胶树棒孢霉落叶病。

绯腐病

【分布与为害】

1909年在印度尼西亚爪哇首次发现该病。1955年我国云南垦区首次发现该病。该病主要为害橡胶树枝条及茎干，影响橡胶树生长及产胶，也可引起部分枝条干枯，甚至会导致整个树冠枯死。

【症状】

通常发生在橡胶树树干的第2、第3分杈处。发病初期，病部树皮表面出现蜘蛛网状银白色菌索，随后病部逐渐萎缩、下陷，变灰黑色，爆裂流胶，最后出现粉红色泥层状菌膜，皮层腐烂。后期粉红色菌膜变为灰白色（图2-6）。在干燥条件下菌膜呈不规则龟裂。重病枝干，病皮腐烂，露出木质部，病部上方枝条枯死，叶片变褐枯萎（图2-7）。

图2-6　病树枝干粉红色菌膜变为灰白色
（时涛　拍摄）

图2-7　在干燥条件下菌膜呈不规则龟裂，
重病枝干表皮腐烂（时涛　拍摄）

【病原】

病原为担子菌亚门层菌纲非褶菌目伏革菌属鲑色伏革菌（*Corticium salmonicolor*）。

【发生规律】

该病菌喜高温高湿，低洼积水、隐蔽度大、通风不良的林段发病较重，3～10年生的幼龄橡胶树受害较为普遍和严重。

【防治方法】

（1）选育抗病高产品系，抗病品种有PB86、PR107、GT1等。加强林管，雨季前砍除灌木、高草，疏通林段，以降低林内湿度。

（2）每年雨季进行调查，并及时进行防治。推荐使用波尔多液喷药保护树干，每10～15 d喷1次，直至病害停止扩展为止。发病严重的枝干用利刀将病皮刮除干净，并集中烧毁，然后涂封沥青柴油（1∶1）合剂，促进伤口愈合。

季风性落叶病

【分布与为害】

季风性落叶病一般在季风雨开始以后才发生流行，1909 年在斯里兰卡和印度首次被发现。以后在其他国家或地区，如缅甸、苏门答腊、加里曼丹、越南、柬埔寨、泰国、马来西亚、巴西、秘鲁、尼加拉瓜、哥斯达黎加和委内瑞拉等陆续有报道。该病于 1965 年在我国云南西双版纳首次被发现。1978 年云南西双版纳 6 个农场发病面积达 133.3 hm^2。1979 年、1980 年云南景洪农场发病胶园有 1 733.3 hm^2。在海南儋州、白沙、琼中、临高、澄迈、琼山、万宁等县市的农场曾有发生。季风性落叶病可以为害橡胶树地上部的任何部位，但主要为害叶片、绿色枝条和绿色胶果，引起叶片脱落（图 2-8）、枝条回枯和果实腐烂，对橡胶树为害很大。

【症状】

该病主要发生在绿色胶果及叶柄、叶片和枝条上。最显著的特征：叶片、叶柄、枝条及未成熟的胶果感病后，均会出现水渍状病斑，并且在病斑表面有白色凝胶（图 2-9）。绿色胶果是该病最先感病的再侵染源，胶果感病后，出现水渍状、近圆形病斑，以后病斑扩展使整个果实腐烂，并长出一层白色霉状物，即病原菌菌丝和孢子囊，病果不会脱落，挂在枝条上，最终变成为僵果。叶片、叶柄感病后出现水渍状病斑，病斑上有凝胶，后期

图 2-8　田间落叶症状

图 2-9　叶柄上的白色凝胶

病斑呈黑褐色，感病的叶片、叶柄脱落。枝条感病后初期呈水渍状，皮层呈褐色，刮开皮层可见木质部呈褐色水渍状，最终感病枝条呈黑褐色枯死。枝干、茎基、割面等部位感病，初期受害部位出现开裂、暴胶并呈水渍状，后期形成溃疡。林段受该病害的为害时，会出现不正常的落叶。早期落叶叶片是绿色的，中后期落叶除绿色叶片外，还有黄绿色和黄红色的叶片，在脱落的叶柄上可见到梭形暗黑色水渍状病斑，病斑上有白色凝胶（图2-10）。一般情况下，胶果最先感病，再通过雨水传播到叶、枝、干、割面、茎基等部位。病害发生严重时，出现大量落叶（图2-11），枝条回枯，枝干感病，特别是老病区枝干、茎基、割面溃疡严重。

图 2-10　季风性落叶病落叶症状

图 2-11　季风性落叶病树冠为害症状

【病原】

　　该病原菌为卵菌门卵菌纲霜霉目腐霉科疫霉属的多种疫霉菌真菌，有棕榈疫霉（*Phytophthora plmivora*）、蜜色疫霉（*Phytophthora meadii*）、柑橘褐腐疫霉（*Phytophthora citrophthora*）、辣椒疫霉（*Phytophthora capsic*）、寄生疫霉（*Phytophthora parasitica*）等。

在PDA培养基上菌落为白色丝状,菌落形态为明显的玫瑰花瓣放射状(图2-12)。气生菌丝较少,产生孢子囊和厚垣孢子,厚垣孢子顶生或间生,直径20~35 μm。孢子囊形态变化大,为卵形、长卵形、椭圆形、近球形、梭形,大小不等,如(32.5~77.5)μm×(17.5~37.5)μm。成熟孢子囊释放多个游动孢子。生长温度:最适24~26℃,最高28~33℃。

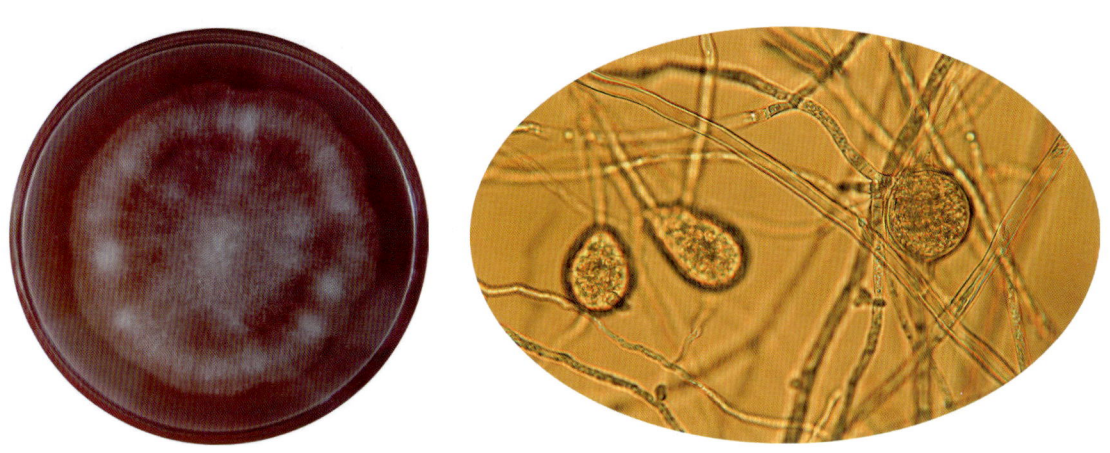

图2-12　疫霉菌的培养性状和分生孢子形态结构(李博勋　拍摄)

【发生规律】

该病的病原菌,能产生抵抗不良环境的厚垣孢子,寄主范围广。带菌的僵果、枝条、割面条溃疡病斑以及带菌的土壤是该病的侵染来源。每年季风雨到来时,树上带菌的僵果和枝条在连续阴雨潮湿的气候条件下,产生孢子囊并释放游动孢子,借风雨传播到绿色胶果、嫩枝和叶片上侵染为害。

季风性落叶病多发生在6—11月雨季期间,如果出现平均日照小于3 h,降水量大于2.5 mm的雨日持续4 d以上,平均相对湿度大于90%,日最高气温小于30℃等天气,该病就会发生。根据发病率统计,该病在我国植胶区发生流行的时间不长,在云南主要集中在7—9月内发生流行。而海南省在10—11月发生流行。地处峡谷、低洼和荫蔽度较大的林段和地区发病较重。PB86、RRIM600、PR107、PB5/51等橡胶无性系易感病。GT1为抗病品系。

【防治方法】

(1)改善胶园环境。加强胶园的维护,及时清除林段周边的灌木、杂草,砍除橡胶树下垂枝,保持胶园通风透光。做好排水工作,降低林间湿度。

(2)控制胶果量。胶林胶果量受橡胶白粉病控制。春季橡胶白粉病侵染为害花序,降低坐果率,胶果少,从而减轻季风性落叶病发生。在云南西部植胶区该病的分布较广,但一般只在某些林区发生,除局部胶林或极个别特殊年份造成部分胶林落叶较多外，一般病情较轻，不会因落叶导致产量的明显损失。因此，对该病的防治一直未采取高成本的药剂防治，而主要利用保留一定程度的白粉病病情，有效降低胶林结果量的规律，达到控制季风性落叶病发生和流行的效果，即实现橡胶白粉病、季风性落叶病的综合控制。

（3）栽培品种合理搭配。选种抗病或耐病的高产品系，以及产果少的品系种植，从而起到避病的作用，如种植云研 77-2、云研 77-4 等。

（4）化学防治。苗圃或幼树林段，发病初期用 1% 波尔多液喷雾，每隔 7～10 d 喷射 1 次，共喷 2～3 次。成龄胶园，用 1.2～1.5 kg 氯氧化铜溶解于 13.5～18.0 kg 无毒油中，用机动弥雾机或飞机喷雾，或用 1% 波尔多液 +0.2% 硫酸锌喷雾防效也较好。避免在加工厂或收胶站附近林段喷药，避免在当天割胶的林段喷药，喷药前将林段内的胶杯倒放，以防药液污染，影响胶乳质量。

橡胶树炭疽病

【分布与为害】

橡胶树炭疽病早期只在苗圃地和新植幼树上少量发生。在东南亚泰国（南部）、印度尼西亚（苏门答腊、加里曼丹）、马来西亚（沙巴、砂拉越）、越南（东南部）、菲律宾、缅甸、印度（喀拉拉邦、泰米尔纳德邦）、斯里兰卡（中部种植区）、利比里亚等国家均有发生。1962年首次在中国海南大丰农场开割胶树上发现该病的为害。目前海南、广东、广西、云南和福建等省区植胶区均有发生为害。橡胶树炭疽病是我国天然橡胶种植区普遍发生的一种叶部病害。受橡胶树炭疽病影响，早期只在苗圃地和新植幼树上少量发生。主要影响开割树，个别品系因全年受该病的为害反复落叶而不能开割，部分林段的胶树因落叶、枝条枯死，造成胶树开割时间推迟1.5个月，也有部分林段因多次受到炭疽病病菌反复侵染为害，推迟2～3个月开割。

【症状】

橡胶树炭疽病可侵染胶树的叶片、叶柄、嫩梢和果实，严重时引起嫩叶脱落、嫩梢回枯和果实腐烂。古铜期的嫩叶染病后，叶片从叶尖和叶缘开始回枯和皱缩，呈现不规则形、暗绿色水渍状病斑，边缘有黑色坏死线，即急性型病斑。淡绿期叶片上的病斑，近圆形或不规则形，暗绿色或褐色，病斑边缘凹凸不平，部分病斑凸起为圆锥状，严重时可看到整个叶片布满向上凸起的小点，后期形成穿孔，造成大量落叶。在老叶上，常见典型的症状有3种：① 不规则型，病斑初期灰褐色或红褐色近圆形病斑，病健交界明显，后期病斑相连成片，形状不规则，有的穿孔；② 叶缘枯型，受害初期叶尖或叶缘褪绿变黄，随后病斑向内扩展，初期病组织变黄，后期为灰白色，病健交界部呈锯齿状；③ 轮纹状，老叶受害后出现近圆形病斑，其上散生或轮生黑色小粒点，排成同心轮纹状（图2-13）。

新抽嫩叶受害后，首先在叶尖、叶缘出现黑褐色小斑，随病斑扩展，叶缘和叶尖变黑、干枯，叶片向内卷曲。叶柄、叶脉感病后，出现黑色下陷小点或黑色条斑。感病的嫩梢有时会爆皮凝胶，芽接苗感病后，嫩茎一旦被病斑环绕，顶芽便会发生回枯。若病菌继续向下蔓延，可使整株枯死。绿果感病后，病斑暗绿色，水渍状腐烂。在高湿条件下病组织上长出一层粉红色黏稠的孢子堆。

图2-13 橡胶树炭疽病典型症状:
橡胶树古铜期(左上)、嫩叶期(右上)炭疽病症状和病斑上散生黑色轮纹状小粒点(左下)
和粉红色孢子堆(右下)(黄贵修 提供)

【病原】

橡胶树炭疽病的病原菌为胶孢炭疽菌(*Colletotrichum gloeosporioides*)、尖孢炭疽菌(*C. acutatum*),无性态属半知菌的黑盘孢目黑盘孢科刺盘孢属,有性态为子囊菌门球壳菌目疔座霉科小丛壳属围小丛壳菌(*Glomerella cingulata*)。

胶孢炭疽菌的分生孢子盘多分布在叶正面,呈不规则散生或同心轮纹状排列。分生孢子盘圆形至椭圆形,黑褐色,盘周缘着生有刚毛,黑褐色,基部稍膨大,顶端尖锐,分隔,硬直或稍弯曲,长度为45~102 μm,基部宽为3~6 μm;分生孢子梗短瓶状或细棒状,不分枝,栅栏状排列,一般不分隔,大小为(12.2~15.1)μm×(3.2~5.0)μm;分生孢子单孢,无色,圆柱形或椭圆形,两头钝圆,内含1~2个油滴,大小为(10.2~16.5)μm×(3.6~5.5)μm,平均为15.2 μm×4.5 μm;附着胞不规则至棍棒状。

尖孢炭疽菌很少见分生孢子盘,分生孢子长梭形,两端尖,单胞,大小为(2.75~7.00)μm×(14.5~18.5)μm,平均4.19 μm×17.4 μm。

胶孢炭疽菌和尖孢炭疽菌在PDA上的培养性状:菌落圆形,气生菌丝长绒毛状,发达、白色至灰白色，多产生橙黄色孢子堆（图2-14）。

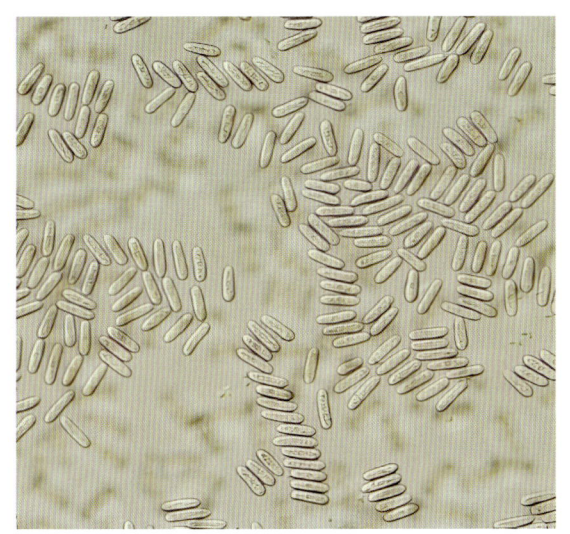
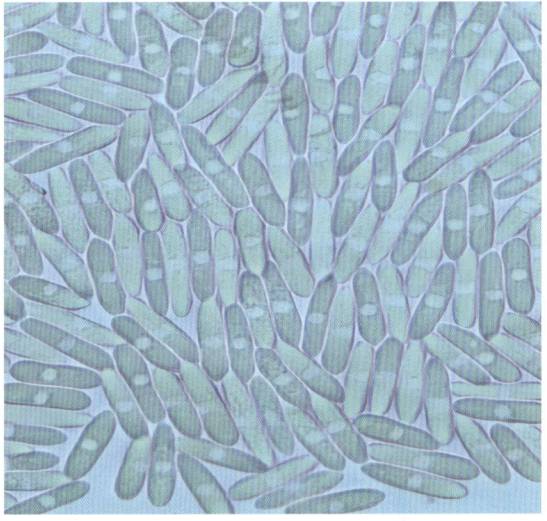

图2-14 胶孢炭疽菌（左）和尖孢炭疽菌（右）分生孢子形态（黄贵修 拍摄）

【发生规律】

橡胶树炭疽病原菌以菌丝体及分生孢子堆在染病的组织或受寒害、半寒害的树梢上越冬。翌年春季条件适宜，分生孢子随风雨传播，从寄主的伤口、气孔和表皮3种途径入侵。潜育期一般3～6 d，条件最适宜时潜育期为1～2 d。田间气温21～24℃、相对湿度大于95%时，病菌产孢较多，侵入迅速，病斑扩展快。

橡胶树炭疽病的流行方式有暴发型和渐发型2种，流行曲线呈多峰波浪形和单峰弓形。该病发生流行与菌量、物候、气候、品系、菌株和立地环境等有关。菌量和易感病组织是病害流行的基本条件，多雨高湿是病害流行的主导因素，风雨有利于分生孢子的传播。浓雾天气促使孢子向下传播。不同橡胶品系抗病性不同，橡胶树叶片组织越嫩的品系（或品种），受害程度越重，反之则较为抗病。橡胶树一旦感病，其叶片就容易脱落，尤其是刚抽芽至古铜物候期的嫩叶为害最为严重，因此，这个时期也是病害防治的关键时期。地势低洼、冷空气易沉积、荫蔽潮湿的地区，也较容易发病且为害严重。另外，栽培管理差、肥力不足的土地，病害发生也较严重。

【防治方法】

（1）农业防治。对历年重病区和易感病品系的林段，可在橡胶树越冬落叶后到抽芽初期，施用速效肥。改善苗圃阴湿环境，避免在低洼积水地、峡谷地建立苗圃。加强栽培管理，合理施肥，使胶苗生长健壮，提高胶苗的抗病能力。

（2）化学防治。对历年重病区和易感病品系的林段，从橡胶树抽叶30%开始，发现炭疽病时，应根据未来10 d的气象预报，如有连续3 d以上的阴雨或大雾天气，就要在低温阴雨天气来临前喷药防治。喷药后从第 5 天开始，若预报还有上述天气出现，而预测橡胶树物候期仍为嫩叶期，则应在第一次喷药后 7～10 d 内喷第二次药；若 7 d 后仍有 20% 以上古铜叶，且又有不良天气预报，则进行第三次喷药。苗圃地可喷施以下药剂：80% 福·福锌可湿性粉剂 500 倍液、70% 代森锰锌可湿性粉剂 400～600 倍液、50% 苯菌灵可湿性粉剂 1 500 倍液、25% 溴菌腈可湿性粉剂 500 倍液、75% 百菌清可湿性粉剂 600～800 倍液，每隔 7～10 d 喷 1 次，喷 2～3 次。也可用 10% 百菌清或 20% 氟硅唑·咪鲜胺热雾剂，7:00 前或 19:00 以后，静风时施药，用量 1 500g/（次·hm^2），每隔 7～10 d 喷 1 次，喷 2～3 次。

橡副珠蜡蚧

【分布与为害】

橡副珠蜡蚧（*Parasaissetia nigra*）是半翅目蜡蚧科副珠蜡蚧属的昆虫。东南亚主要分布于马来西亚、菲律宾、泰国、印度尼西亚和越南等国家，国内分布于海南、云南、广东、福建、台湾等地。

该虫为多食性害虫，寄主植物的种类多达95科，我国已记录的寄主植物有36科160种以上（图2-15）。该虫主要为害起源于热带的园林植物，如榕属和木槿属的植物，同时也为害农作物，如木薯、香蕉、番荔枝、柑橘、咖啡、棉花、巴豆、番石榴、杧果、木瓜等。

为害致橡胶树顶端枯死

诱发煤烟病

为害木薯

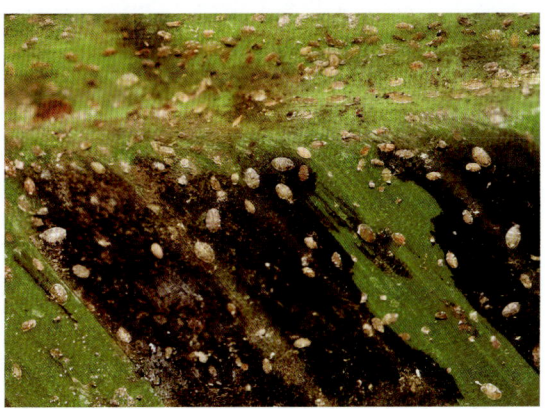

为害香蕉

图2-15　橡副珠蜡蚧为害症状

橡副珠蜡蚧主要是以成虫和若虫用口针刺吸并取食橡胶树幼嫩枝叶的营养物质，从而影响橡胶树的生长。由单头虫引起的为害较轻，但当虫口数量大时，则会造成枯枝、落叶，严重时整株枯死。其次，橡副珠蜡蚧还会分泌大量蜜露，诱发煤烟病，使橡胶树枝叶被煤污物覆盖（图2-15）。当橡副珠蜡蚧大发生时，其介壳密被于植株的表面，严重影响橡胶树的呼吸和光合作用。

【形态特征】

雌成虫：体长3～6 mm，椭圆形，背部隆起，体被暗褐色至紫黑色蜡壳，较硬，产卵期有光泽。刺吸式口器，内口式，位于前体的腹面，足正常大小，分节正常，胫节略长于跗节，爪下无齿，跗冠毛2根，爪冠毛2根，细长，端部膨大。肛板一对，三角形（图2-16）。

图2-16 橡副珠蜡蚧形态特征

【发生规律】

橡副珠蜡蚧营孤雌生殖，世代重叠。发育经卵、一龄若虫、二龄若虫、三龄若虫发育至成虫，温度适宜时2个月左右可完成1代，在海南和云南1年可完成4～5代。该虫在高温干旱季节易暴发成灾。该虫一年内有3个繁殖高峰期，时间分别在每年的3—4月、6—7月和9—10月。其中3—4月，虫态较为整齐，是防治的最佳时期，其他繁殖高峰期世代重叠比较明显。在海南和云南的部分地区，由于温度较高，冬天仍能较慢地生长发育，没有越冬现象，冬天各个虫态均可见。橡副珠蜡蚧的分布、发生数量和为害程度与橡胶园的环境条件，如温度、地势、降雨、橡胶树物候、树势和天敌等密切相关。

【防治方法】

（1）植物检疫。在芽条截取、苗木调运前应注意观察或严格检疫，严禁截取和调运有橡副珠蜡蚧的芽条和苗木。

（2）农业防治。加强胶林的管理，提高橡胶树的营养状况，增强其对虫害的免疫能力。搞好胶园卫生，注意胶树枯、弱枝和细枝的修剪，除去有虫枝条和林间杂草等。

（3）生物防治。① 保护利用天敌：在自然界，橡副珠蜡蚧的天敌资源比较丰富，有寄生蜂、草蛉、褐蛉、捕食性瓢虫及寄生菌等类群，应重点保护利用副珠蜡蚧阔柄跳小蜂、斑翅食蚧蚜小蜂、纽绵蚧跳小蜂等寄生蜂，当田间寄生率达 30% 以上时可依靠天敌的自然控制作用。② 助迁天敌：从天敌密度高的区域采集斑翅食蚧蚜小蜂、副珠蜡蚧阔柄跳小蜂、纽绵蚧跳小蜂等天敌蛹到橡副珠蜡蚧密度高但缺少天敌的区域进行释放。助迁次数为 2～3 次。③ 释放寄生性天敌：将室内扩繁的副珠蜡蚧阔柄跳小蜂、日本食蚧蚜小蜂等寄生性天敌释放到橡副珠蜡蚧发生的橡胶园，释放方法为每 3 株悬挂一个放入寄生蜂蛹的放蜂器，每隔 10 d 释放 1 次，连续释放 3 次。释放天敌时严格控制施用杀虫剂。

（4）化学防治。主要采用的施药方法有喷雾法、烟雾法。① 喷雾法（主要用于幼林及苗圃）：一般在晴天的上午及傍晚施药，每亩可选用 20% 氟啶虫酰胺悬浮剂 10 mL、20% 噻嗪·毒死蜱乳油 75 mL、48% 毒死蜱乳油 75 mL、2.5% 氯氟氰菊酯乳油 20 ml 兑水 60 kg 进行防治。② 烟雾法（主要用于开割林）：于晴天的清晨或傍晚开始施药，可选用 15% 噻·高氯热雾剂按 200 mL/亩进行防治。

（5）监测技术。监测方法有固定监测法、随机监测法。监测点的选取要充分考虑橡胶品种（系）、树龄、立地环境及管理水平。调查方法为随机选取 10 株橡胶树，每株按东、南、西、北 4 个方位各剪 1 条一年生枝条，调查该枝条从顶端算起第 1 蓬叶和第 2 蓬叶之间的橡副珠蜡蚧虫口数量。2—10 月每月监测 2 次，11 月至翌年 1 月每月监测 1 次。达到防治指标后，即可进行防治。

六点始叶螨

【分布与为害】

六点始叶螨（*Eotetranychus sexmaculatus*）属蛛形纲蜱螨亚纲真螨目前气门亚目叶螨总科叶螨科始叶螨属（图2-17）。

为害橡胶老叶　　　　　　　　　　　为害橡胶嫩梢

为害导致整株叶片枯黄

图2-17　六点始叶螨为害症状

该螨主要分布于柬埔寨、马来西亚、越南、缅甸、泰国、印度尼西亚、日本等国家；国内分布于广东、广西、海南、云南、四川、湖南、江西和台湾等地。该螨食性杂，能为害橡胶、柑橘、油桐、腰果、茶树、番石榴、台湾相思、苦楝等20多种经济植物和野生植物。主要是以口针刺入植物组织吸取细胞液和叶绿素。其症状表现为开始时沿叶片主脉两侧基部为害，造成黄色斑块，然后继续扩展至侧脉间，甚至整个叶片，轻则使叶片失绿，影响光合作用，重则使叶片局部出现坏死斑，严重时叶片枯黄脱落，并形成枯枝，致使胶园停割，影响产量（图2-17）。

【形态特征】

雌成螨：体长为0.34～0.46 mm，体椭圆形，中部稍宽，后端略圆，大多数背部有6个不规则黑斑，部分有4个黑斑（图2-18）。

雄成螨：体长为0.25～0.31 mm，体瘦小、狭长。腹部末端稍尖。足较长，背面有不规则黑斑（图2-18）。

幼螨：体长为0.12～0.14 mm，近圆形，淡黄色，足3对，体背无黑斑或黑斑不明显。

若螨：体长为0.20～0.35 mm，体浅黄色，足4对，形似成螨。

卵：卵圆形，直径为0.11～0.13 mm。初产时无色透明，后变为淡黄色，孵化时为灰白色。

图2-18 六点始叶螨成螨
（左：雄成螨；右：雌成螨）

【发生规律】

六点始叶螨世代发育历经卵、幼螨、一龄若螨、二龄若螨和成螨等虫态。在进入一龄若螨、二龄若螨和成螨期之前各有一个静止期，其静止期12 h左右，这时，各足跗节向内弯曲，蜕皮时在第二对和第三对之间横式裂开。大多数先蜕下身体后半部分的皮，再蜕前半部分。每次蜕皮历时 1～5 min 不等。皮白色，黏于叶背面。雌螨在最后一次静息时，就有雄螨守候等待交配。每次交配时间为几十秒钟至几分钟。每头雄螨可以进行多次交配。该螨在室温 20～30℃时完成 1 个世代发育需 14～17 d，成螨期 10～31 d，产卵量 12～39 粒。成螨和若螨能吐丝，为害严重时橡胶叶背面能看到许多丝网。成螨的活动力强，特别是气温较高时，爬行较快。

六点始叶螨在海南、云南、广东等植胶区无越冬现象，冬季仍在未脱落的胶叶上或少量在已落叶的橡胶树枝条芽鳞上继续为害，大部分则随橡胶树冬季落叶而迁移到地面附近的小灌木、杂草和台湾相思等防护林上栖息取食。每年开春随着温度的上升，橡胶树开始萌动抽叶，六点始叶螨从枝条或其他寄主转移到新抽的胶叶上繁殖为害，螨的数量随橡胶树新抽胶叶的老化而增加。在海南，4—5 月和 10—11 月分别为全年六点始叶螨发生的第一高峰期和第二高峰期；在云南，7 月和 10 月分别是六点始叶螨发生的第一高峰期和第二高峰期。

【防治方法】

（1）农业防治。① 减少虫源：避免选用六点始叶螨的中间寄主树种台湾相思等作为防护林，以减少六点始叶螨冬季的生活场所，从而降低其翌年发生基数。② 提高胶树的抗虫性：加强对橡胶树的水肥管理，做好保土、保水、保肥和护根工作，增施农家肥料和复合肥，提高橡胶树抵抗病虫害的能力。③ 控制采胶：对中度为害的开割树要降低乙烯利使用浓度或停施乙烯利，遭到重度为害的胶树要及时停割。

（2）生物防治。① 保护与利用天敌：胶园生态系统比较稳定，天敌十分丰富，六点始叶螨天敌昆虫有 16 种，包括钝绥螨、长须螨、食螨瓢虫、草蛉等类群（图 2-19）。其中捕食螨数量最多，平均每叶可达 0.4～0.6 头，对害螨有很大的控制作用，因此应注意胶园自然天敌的保护利用。② 天敌释放：通过人工扩繁天敌，将拟小食螨瓢虫、捕食螨等优势天敌释放到六点始叶螨发生的橡胶园。当每叶片平均有六点始叶螨 2～3 头时开始释放，天敌释放期间避免施用杀虫剂。

巴氏新小绥螨捕食六点始叶螨

拟小食螨瓢虫幼虫

拟小食螨瓢虫成虫

图 2-19　天敌种类

（3）化学防治。可选用1.8%阿维菌素乳油2 500～3 000倍液、15%哒螨灵乳油2 000倍液、73%炔螨特乳油2 000～2 500倍液、5%噻螨酮乳油2 000倍液等低毒药剂进行防治。螨害发生在苗圃或幼树上时可采用普通喷雾器喷雾防治；螨害发生在开割树上，喷雾器无法将药液喷到受害部位时，需要采用烟雾法，可选用15%哒螨灵热雾剂、15%炔螨特热雾剂、15%哒·阿维热雾剂等按200 mL/亩的用量用烟雾机喷施烟雾剂，药液经高温挥发后被气流吹到橡胶树叶层，沉降于叶片上，害螨取食后，可将其杀死。施药时需要观察，若害虫密度达到6头/叶以上时要对中心病株和重发病株进行防治，在第一次施药后6～7 d观察虫口数量决定是否需要再次防治，大暴雨后也需要观察虫口数量决定是否防治。

（4）监测技术。① 随机调查。调查时间和次数：每年4—11月，六点始叶螨易暴发期间，每月分别于上、中、下旬调查3次，每年12月至翌年3月，每间隔1个月调查1次。调查方法：沿着橡胶树林中方便路线随机观察。发现为害状后随机取10片叶，用放大镜检查统计虫口数，并估测和记录发生面积。② 定点定期调查。调查时间和次数：每年4—11月，六点始叶螨易暴发期间，每月定调查3次，每年12月至翌年3月，每月调查1次。调查方法：在有代表性的固定林段的东南西北中5个方位各随机调查2株橡胶树，在树冠中下部的东、南、西、北方位随机取10片叶，用放大镜检查六点始叶螨，统计虫口数量，并统计调查株出现受害斑、黄化及落叶等症状的叶片数量，根据虫口数量及为害症状进行虫情分级。

第三章

木薯病虫害

木薯（*Manihote sculentacrantz*）为大戟科木薯属灌木状多年生作物，起源于热带美洲地区，有4 000多年的栽培史。木薯块根富含淀粉，与马铃薯、甘薯并称三大薯类作物。16世纪，葡萄牙人首次把木薯从南美洲带到非洲西海岸的几内亚湾地区。18世纪中期，木薯经海路传播到印度和斯里兰卡，随后才扩散到东南亚地区。

目前，全球木薯广泛栽培于南北纬30°之间，海拔2 000 m以下，年平均气温18℃以上的热带和部分亚热带地区，非洲、南美洲、亚洲等100多个国家均有种植。中国将木薯主要用作工业原料以生产淀粉及相关产品，由于产量不能满足需求，近年来一直是世界上最大的进口国，东南亚地区的泰国、越南等国是主要的进口国。木薯在非洲、南美洲等属于粮食作物，但在东南亚地区，主要用作工业原料。东南亚地区的菲律宾、越南、老挝、柬埔寨、泰国、缅甸、马来西亚、印度尼西亚、菲律宾等国家均种植有木薯。

木薯种植中，各类严重发生的病虫害是主要限制性因素之一。世界范围内为害木薯的病害有40多种。有关东南亚地区木薯病害方面的研究还很少，主要集中在细菌性萎蔫病和近年来新发生的丛枝病、花叶病防控技术方面。

东南亚地处热带，中南半岛大部分地区为热带季风气候，一年中有旱季和雨季之分，木薯一般在雨季播种，旱季收获。马来群岛的大部分地区属热带雨林气候，终年高温多雨，木薯可随时播种和收获。在这些病害中，花叶病为病毒性病害，凉爽的天气发生严重，高温时期发生较轻或不发生，其他病害均在高温高湿条件下发生重。

中国热带农业科学院环境与植物保护研究所联合相关国家的产学研等机构，对东南亚地区开展了多次病虫害调查并进行了学术交流，了解到东南亚地区的木薯病害有花叶病、丛枝病、细菌性萎蔫病、褐斑病、根腐病、炭疽病、棒孢霉叶斑病、藻斑病、白点病、茎腐病等；木薯虫害主要有木薯害螨、木薯粉蚧、木薯粉虱、蔗根锯天牛和铜绿丽金龟等。在这些病虫害中，花叶病、细菌性萎蔫病和丛枝病是世界范围内严重为害的检疫性病害，褐斑病和炭疽病为重要病害，棒孢霉叶斑病、白点病、根腐病、藻斑病为常见病害。本章对5种重要病害和5种重要害虫进行了简要介绍。

木薯花叶病（类）

木薯受病毒侵染后，叶片上均可出现褪绿、变黄等症状，和正常绿色部分形成"花叶"状，称为"花叶病"。该病是世界范围内木薯中的重要病害，也是近年来东南亚地区为害最严重的病害。

【分布与为害】

木薯花叶病以前仅在南亚的印度、斯里兰卡等国发生。2014年前后，病害经种茎交流入侵东南亚地区。中国热带农业科学院环境与植物保护研究所经过实地调查和学术交流，了解到该病目前在泰国北部、柬埔寨东北部和北部、越南南部和东南部，以及马来西亚的柔佛州等木薯种植区均有发生。目前在中国海南、广东、云南和广西等木薯主产区零星发生。

【症状】

木薯植株在整个生长阶段均可受花叶病为害。幼龄植株更易感染，典型症状为系统花叶。感病植株首先在叶片上出现褪绿的小斑点，随后逐渐扩大并与正常绿色形成花叶状（图3-1）。受侵染叶片背面有时可见突起，叶片普遍变小，叶片中部和基部常收缩成蕨叶状（图3-2）。病害在田间常成片发生并向四周扩散，重病田几乎所有植株均出现花叶病症状（图3-3至图3-7）。发病植株通常矮缩，结薯少而小，严重时块根甚至不能形成，导致产量降低或绝收（图3-8）。受气候、株系、木薯品种、植株生育期、田间管理措施等因素影响，田间条件下花叶病出现轻度花叶状、病叶卷曲、叶片变形、植株矮化等不同症状。

图3-1　柬埔寨特本克蒙省，木薯花叶病
（受害叶片上最初出现褪绿斑点，随后变黄）

图 3-2　木薯花叶病病叶
（左：来自越南；中：来自泰国；右：来自柬埔寨）

图 3-3　柬埔寨上丁省，木薯苗期花叶病病株及重病田

图 3-4　柬埔寨桔井省，木薯生长中期花叶病病株

图 3-5 柬埔寨蒙多基里省，木薯生长后期花叶病病株

图 3-6 柬埔寨上丁省，木薯生长中期花叶病重病田

图 3-7 柬埔寨桔井省，木薯生长后期花叶病重病田

图3-8　柬埔寨桔井省，木薯受害植株块根变小

【病原】

木薯花叶病（类）由联体病毒科（*Geminivieidae*）菜豆金黄色花叶病毒属（*Begomovirus*）或乙型线状病毒科（*Alphaflexiviridae*）马铃薯X病毒组（*Potexvirus*）侵染引起。该病在非洲地区由非洲木薯花叶病毒（*African cassava mosaic virus*）、东非木薯花叶病毒（*East African cassava mosaic virus*）等7个株系侵染引起，在南美地区有木薯普通花叶病（*Cassava common mosaic virus*）、加勒比木薯花叶病毒（*Cassava Caribbean mosaic virus*）等多个株系，在南亚地区有印度木薯花叶病毒（*Indian cassava mosaic virus*）和斯里兰卡木薯花叶病毒（*Sri Lankan cassava mosaic virus*）2个株系，西亚地区的阿曼由东非木薯花叶病毒桑给巴尔株系（*East African cassava mosaic Zanzibar virus*）引起。

在东南亚地区，已证明柬埔寨、越南等地区的花叶病为斯里兰卡木薯花叶病毒（*Sri Lankan cassava mosaic virus*）株系侵染引起。

该病毒株系属于菜豆金黄色花叶病毒属（*Begomovirus*），粒体为双生状，等轴对称球状20面体结构，每一面为五边形，分子量约为 4.24×10^6 Da。病毒粒体中基因组DNA占总重量的22%，其余为蛋白质成分。病毒基因组包括两条环状DNA分子，分子量分别为2.8 kb和2.7 kb（图3-9）。

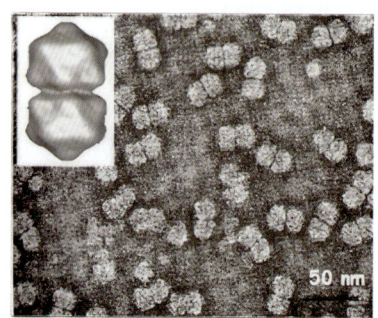 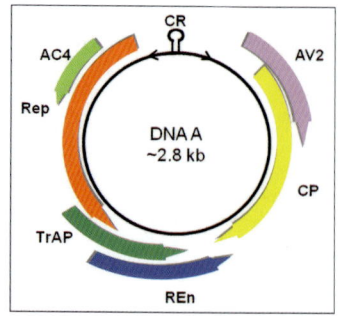 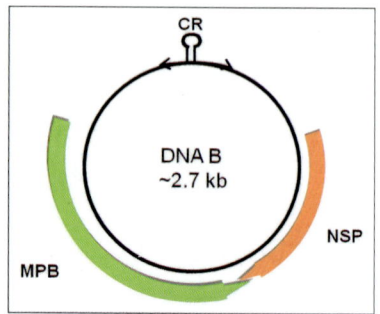

图3-9　木薯双生病毒粒体（左）、基因组A链（中）和B链（右）

【发生规律】

病毒粒体存在于木薯植株的维管束内，可通过多种途径传播，如农事操作、嫁接、汁液接种、种茎及昆虫介体等，但汁液接种难传播，种子和菟丝子不能传播，通过感染的块根可进行长距离传播。田间条件下，病害主要借助烟粉虱以专化性持久循环型方式进行短距离传播。除木薯外，斯里兰卡木薯花叶病毒还能够侵染麻疯树。

病害在整个生长季节均可发生。病害症状严重程度随株系、季节、品种、田间管理不同而异，杂草多的田块病害发生重。病害的发生有一个明显的起始发病中心，发生为害情况和烟粉虱的种群数量相关，有利于烟粉虱种群发生的天气因素有助于病害的传播蔓延（连续降雨不利于烟粉虱种群的繁殖）。在凉爽的季节，病害症状表现最严重，夏季常隐症或浅花叶。不同木薯品种对该病的抗性有差异，植株感病后病毒可在植株内长期存在。柬埔寨引种自中国的华南系列、桂热系列，以及当地泰国089、KM98（米蓉）等主栽品种对该病均不具备抗性。

【防治方法】

木薯花叶病一旦发生，极难防治。该病应采取检疫监测、农业措施和控制传毒介体相结合的综合防治策略。

（1）检疫监测。严禁从发病区引进感病的活体木薯、麻疯树等植物种植材料及携带病毒的烟粉虱。在木薯繁殖材料调运、贸易重要节点地区，例如大型交易市场、港口等地区，加强病害的监测工作，发现带病种植材料后及时采取相关措施。

（2）农业防治。加强田间监控，发现病株后及时拔除，进行焚烧或深埋处理。合理进行水肥管理，清除田间杂草，提高木薯植株对病害的抵抗能力。种植时注意选用来自非发病区的无病繁殖材料，收获后注意进行田间清理并对病残体进行焚烧（或深埋）处理。必要时喷洒几丁聚糖、氨基寡糖素等诱抗剂，诱导植株提高抗病能力。必要时，重病田块可以和谷物类作物进行轮作。

（3）控制传毒介体。利用烟粉虱对黄色、橙黄色的强烈趋性，可将纤维板或硬纸板表面涂成橙黄色，再涂上一层黏性油（可用10号机油），每公顷设置450～600块黄板，置于与植株同等高度的地方，进行成虫的诱杀。必要时，用螺虫乙酯加阿维菌素各2 000倍混合液喷雾或用10%氟啶虫酰胺和70%吡虫啉两种药剂1∶1混合后稀释1 500倍液喷雾，或用扑灭灵、灭螨猛、联苯菊酯等药剂进行烟粉虱防治。

木薯细菌性萎蔫病

【分布与为害】

木薯细菌性萎蔫病,又名木薯细菌性枯萎病、木薯细菌性疫病,是世界性木薯病害,每年均造成严重的经济损失。重病田块产量损失在30%以上。

目前,该病在柬埔寨东北部、泰国东北部和中部、越南南部、马来西亚的沙巴州等地区常年发生。调查结果表明,柬埔寨的桔井省、上丁省,泰国北柳府为重病区。我国海南、广西、广东、云南、江西等木薯主产区普遍发生。

【症状】

病原菌主要为害木薯的叶片和茎秆,在木薯整个生育期均可发生。苗期主要为害中下部叶片和茎秆,造成下层叶片脱落或植株死亡;生长中后期主要为害木薯叶片和茎秆。叶片受侵染后,最初出现水渍状角形病斑,病斑背面常出现黄褐色的菌脓;严重时病斑扩大或汇合(图3-10至图3-12)。天气干燥时形成褐色、角形或块状病斑,边缘略呈水渍状。温湿度条件适宜时,叶片病斑迅速扩展,呈深灰色水渍状,常腐烂或萎蔫(图3-13和图3-14)。植株上受害的叶片常出现提前凋萎、干枯而脱落。嫩茎和嫩枝发病初期出现水渍状病斑,湿度大时常溢出白色的菌脓,菌脓在空气中逐步变为黄色、黄褐色至褐色并干枯(图3-15)。生长中后期的重病田块,植株上大量叶片受害,凋萎变黄并提前脱落(图3-16)。茎秆上发病部位常凹陷并变为褐色,后期变成梭形凹陷或开裂状,严重时上端着生的叶片出现凋萎,形成顶端回枯。染病的茎秆和根系的维管束出现干腐、坏死。受害严重时嫩梢枯萎,甚至整株死亡(图3-17)。

图3-10 马来西亚沙巴州,木薯细菌性萎蔫病(角形病斑)

图3-11 柬埔寨桔井省,木薯细菌性萎蔫病(水浸状角形病斑及黄色菌脓)

图 3-12 柬埔寨桔井省,木薯细菌性萎蔫病病叶
(病斑扩大形成褐色、块状斑块)

图 3-13 柬埔寨上丁省,木薯细菌性萎蔫病苗期重病田

图3-14 柬埔寨桔井省,木薯细菌性萎蔫病生长中期病株

图3-15 柬埔寨上丁省,木薯细菌性萎蔫病苗期病株（茎秆上出现白色至褐色菌脓）

图3-16 柬埔寨菩萨省,木薯细菌性萎蔫病生长中后期病株（大量病叶凋萎变黄,提前脱落）

图 3-17　泰国北柳府，木薯细菌性萎蔫病收获期重病田
（受害枝条干枯坏死）

【病原】

该病由地毯草黄单胞木薯萎蔫致病变种（*Xanthomonas axonopodis* pv. *manihotis*, Xam）侵染引起。在 YPG 培养基平板上，病原菌菌落初为乳白色，后变为淡黄色，表面光滑，黏稠状（图 3-18）。菌体杆状，革兰氏染色为阴性，极生单鞭毛，多为单个排列，无荚膜，不产生芽孢。

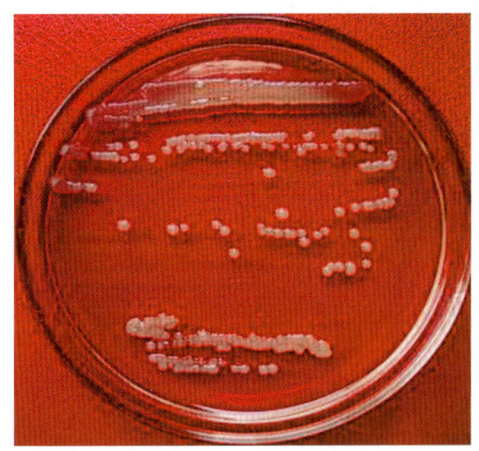

图 3-18　木薯细菌性萎蔫病菌菌落（YPG 培养基）

【发生规律】

病害在木薯苗期至收获期的整个生长过程均可发生为害，发生时间和为害程度与田间初始菌源数量、天气条件、木薯品种的敏感性、植株生育期等因素密切相关。木薯细菌性萎蔫病菌可在土壤、病株残体和带病块根中存活并顺利越冬，是下一个种植季节田间病害的初侵染来源。病害常年流行的木薯园，由于病菌数量多病害发生早且发生重。田间病害主要通过雨水、排灌水、叶片接触及带菌工具等进行近距离蔓延和传播，而带病繁殖材料的调运是病害远距离传播的主要途径。高温高湿或连续降雨天气下，病害易于流行。台风雨季节湿度大，加上台风对植株的伤害作用，病害常严重暴发为害。苗期由于木薯生长缓慢，植株矮小、叶量少，田间湿度较低，病害通常发生轻或不发生，但苗期雨水多时同样有可能严重发生。木薯封行以后，田间湿度大，有利于病害的发生流行。田间管理差、杂草多的田块，植株长势弱，抗病能力弱。

【防治方法】

该病应采用农业措施为主，药剂处理为辅的综合防治技术方法。

（1）农业防治。严格实行植物检疫，不从发病区（特别是重病田）调运木薯繁殖材料。选用耐病（或抗病）品种，繁育和栽植无病种茎（苗），或留种无病木薯园的健康繁殖材料。加强田间水肥管理，提高植株的抗病能力。重病田块可与甘蔗、玉米等进行轮作。苗期发现零星病株后及时拔除并进行补种。收获后清理木薯园，并焚烧病株残体。

（2）化学防治。对病害常年流行的木薯园，在病害零星发生且雨季来临前喷施乙蒜素、噻唑锌等药剂进行防治。另外，可采用低浓度的甲醛溶液浸泡繁殖材料，减少繁殖材料带菌率。时涛等（2016）对来自东南亚、中国、非洲和南美洲的病原菌进行了抗铜性评价，发现该病对铜离子具有较高的抗性，因此常用的氢氧化铜、噻唑酮等铜基杀菌剂不宜用于防治该病。

木薯丛枝病

【分布与为害】

该病由多组植原体侵染引起,以受害植株呈"扫帚状"为典型症状,主要发生于东南亚和拉丁美洲,是世界范围内木薯种植区的检疫性病害。

该病在越南北部、南部和中部,柬埔寨东南部、北部,老挝靠近越南和柬埔寨的南部,泰国东部,印度尼西亚的加里曼丹岛,菲律宾东部等地区均有发生。该调查结果表明,2018年柬埔寨磅湛省等地区部分木薯园严重受害。

2010年前后,该病在东南亚地区流行,越南、泰国、菲律宾部分地区严重为害。越南北部、中南部共6万hm^2木薯受害,产量损失在10%~15%,淀粉含量降低25%~30%。

【症状】

木薯受侵染后,叶片出现黄化现象,植株矮化(图3-19)。茎秆上腋芽大量萌发、节间缩短、叶片小且薄、叶序紊乱,整个植株呈"扫帚状"(图3-20至图3-22)。重病田块几乎所有植株均呈"扫帚状"(图3-23)。带病种茎发芽率低、植株矮小且不能恢复正常生长(图3-24)。苗期染病,结薯小或不结薯,中后期染病,薯块小且干瘪。病株薯根淀粉含量也大为降低。发病茎秆韧皮部及部分木质部变为褐色(图3-25),发病块根韧皮部变黄褐色(图3-26)。

图3-19 2011,越南,木薯丛枝病
(初期叶片变黄)(引自 Elizabeth Alvarez,2009)

图 3-20　2009，越南安沛省，木薯丛枝病
（左：病叶变黄；右：植株生长缓慢）（引自 Elizabeth Alvarez，2009）

图 3-21　2009，泰国罗勇府，木薯丛枝病
（左：叶片变小；右：腋芽大量萌发）（引自 Elizabeth Alvarez，2009）

图 3-22　2011，菲律宾，木薯丛枝病
（左：叶序紊乱；右：植株矮化）（引自 Elizabeth Alvarez，2009）

图 3-23 2009，越南芽庄省，木薯丛枝病"扫帚状"病株（腋芽大量萌发，节间变短）（引自 Elizabeth Alvarez, 2009）

图 3-24 柬埔寨磅湛省，木薯丛枝病重病田

图3-25 木薯丛枝病受害茎秆韧皮部及部分木质部变为褐色
（左：受害茎秆；右：健康茎秆）
（引自 Álvarez E，2012）

图3-26 木薯丛枝病块根韧皮部变黄褐色
（左：受害块根；右：正常块根）
（引自 Elizabeth Alvarez，2009）

【病原】

木薯丛枝病由16Sr Ⅰ、16Sr Ⅻ、16Sr Ⅻ～ⅩⅤ、16Sr ⅩⅤ、16Sr ⅩⅤ～Ⅵ、16Sr Ⅲ、16Sr Ⅵ等多组植原体侵染引起（图3-27）。

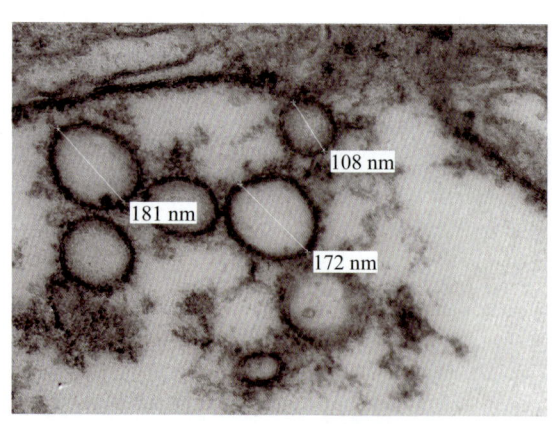

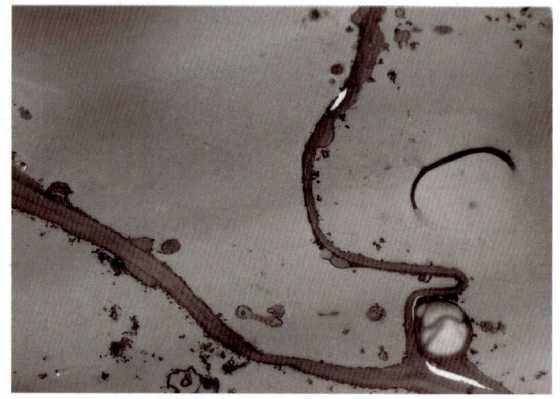

图3-27 木薯丛枝病植原体
（左：受害植株韧皮部内出现植原体细胞；右：健康植株组织）

【发生规律】

病害在木薯园内的蔓延有明显的发病中心，农事操作和昆虫介体是田间传播的主要途径。病害在不同地区间的传播主要与人为引种带病种茎有关。不同木薯品种对该病的敏感性是不同的。越南种植的KM94、KM140、SM 937-26，引种自中国的华南205，泰国自行培育的罗勇7号、Huay Bong60等品种对该病均不具备抗性。

【防治方法】

丛枝病为害严重且属于检疫性病害，因此应采取检疫、田间管理和控制传播介体相结合的综合防治措施。

（1）检疫措施。严格实行植物检疫，严禁从病区引进木薯及麻疯树等近源植物种植材料。

（2）田间管理。田间筛选或人工培育抗病（或耐病）木薯品种；种植时应从无病田调运健康种茎，劳作时对农具进行消毒（灼烧或用5%的甲醛清洗）；加强田间水肥管理，及时清除杂草，增强植株长势和抗病能力；注意进行田间监控，发现病株后及时进行焚烧（或深埋）处理，必要时喷洒四环素或几丁聚糖、氨基寡糖素、三乙膦酸铝和苯丙噻二唑等诱抗剂，提高植株抗病能力；重病田可以和谷物类等作物进行轮作处理。

（3）控制传毒介体。采用氰戊菊酯、溴氰菊酯等药剂控制叶蝉、飞虱等昆虫传播介体。

木薯褐斑病

【分布与为害】

褐斑病是世界木薯种植生产中发生面积最大的病害，几乎所有木薯种植区均有该病发生。

褐斑病在东南亚地区的越南、柬埔寨、泰国、缅甸等主要种植国均有发生。调查结果表明，柬埔寨的特本克蒙省、桔井省、上丁省、暹粒省、磅同省、磅湛省、实居省、蒙多基里省、腊塔纳基里省和实居省等，越南的富寿省、北江省，缅甸的伊洛瓦底省，泰国的董里府、宋卡府、北柳府、罗勇府等地区均有发生，是东南亚地区发生面积最大的病害。

【症状】

病原菌最初为害植株的下层叶片，随后向植株高处和四周扩散。同一植株上，通常下部叶片受害最为严重，从下到上逐步减轻（图3-28）。叶片受侵染后，初期出现水渍状斑点，随后扩大成墨绿色病斑，近圆形或不规则形，进一步变成浅黄色，最终形成黄褐色病斑（图3-29）。典型成熟病斑的正反两面均为褐色，近圆形或不规则形，病斑中央色泽较

图3-28　柬埔寨桔井省，木薯褐斑病病株（叶片受害程度从下往上逐步减轻）

深并有同心轮纹,边缘黑褐色,病斑周围的叶脉常出现轻微变色(通常为黑色)(图3-30和图3-31)。病斑有时扩展并汇合成不规则大斑块(图3-30和图3-32)。发病后期病斑中央破裂,穿孔(图3-33)。潮湿时,叶片下表皮病斑上有灰橄榄色的粉状物,是病原菌子实体及分生孢子。发病叶片最终黄化,干枯并提前脱落(图3-34)。重病田叶片大量脱落,严重时仅保留上部少量叶片(图3-35)。

图3-29 柬埔寨上丁省,木薯褐斑病病叶(墨绿色和浅黄色病斑)

图3-30 缅甸伊洛瓦底省,木薯褐斑病病叶
(左:褐色病斑;右:部分病斑扩展成不规则大斑块)

图3-31 越南北江省,木薯褐斑病病叶

图3-32 马来西亚沙巴州,木薯褐斑病病叶(部分病斑扩展成不规则大斑块)

图3-33 泰国宋卡府,木薯褐斑病(部分病斑破裂、穿孔)

图3-34 柬埔寨菩萨省,木薯褐斑病(病叶变黄,提前脱落)

图3-35 柬埔寨实居省,木薯褐斑病重病田(重病株仅剩上部少量叶片)

【病原】

木薯褐斑病病原菌无性态为半知菌亚门（Deuteromycotina）丝孢纲（Hyphomycetes）丝孢目（Hyphomycetales）暗色孢科（Dematiaceae）钉孢属（*Passalora*）亨宁氏钉孢［*Passalora henningsii*（Allesch.）R.F. Castaneda & U. Braum］，有性阶段是球腔菌属（*Mycosphaerella*）。

木薯褐斑病菌近似于专性寄生菌。裴月令等（2013）发现其能够在多种人工培养基上生长，但生长非常缓慢（PDA平板上28℃培养30 d菌落直径小于20 mm），菌落形状不规则，边缘菌丝光滑，表面灰黑色，呈不规则隆起，气生菌丝致密（图3-36）。

图3-36　木薯褐斑病菌菌落

田间条件下，病原菌能够在木薯叶片表皮下形成近球形、褐色的子座，直径18.0～50.0 μm。分生孢子梗紧密簇生，浅灰褐色，成簇时色泽较深，均匀，直立至弯曲，不分枝，0～2个曲膝状折点，顶部圆锥形，0～1个隔膜，不明显，大小为（16.5～57.5）μm×（3.5～6.0）μm，孢痕疤明显加厚。人工诱导条件下能够形成和田间一致的大型分生孢子，圆柱形，直立或稍弯曲，顶部钝圆，基部钝圆或倒圆锥形，新生的分生孢子浅灰色，成熟分生孢子浅灰褐色。2～9个隔膜，大小为（20.0～80.0）μm×（5.0～7.0）μm，基脐明显。小型分生孢子通过出芽生殖或大孢子的断裂产生，圆柱形，无隔膜，大小为（8.0～19.0）μm×（3.0～7.0）μm（图3-37）。

【发生规律】

高温有利于木薯褐斑病的发生，湿度大时病害发生更为严重。苗期病害不发生或发生轻，木薯封行后，田间湿度增加，病害易于发生流行，因此生长中后期容易发病，特别是种植5个月以后发病尤为严重。田间条件适宜时，病斑上能产生大量分生孢子，借助风雨进行传播。在适宜的湿度条件下，分生孢子萌发，长出芽管，然后通过细胞间的空隙入侵到叶片组织中。当病斑成熟后，产生分生孢子，借助风雨再传播到其他叶片上。病原菌常在田间木薯病残体上越冬，成为第二年的侵染来源。病害常见流行的木薯园，由于田间初始菌量多，病害发生早且为害严重。

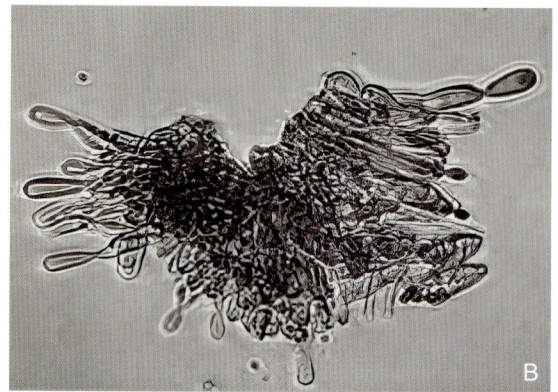
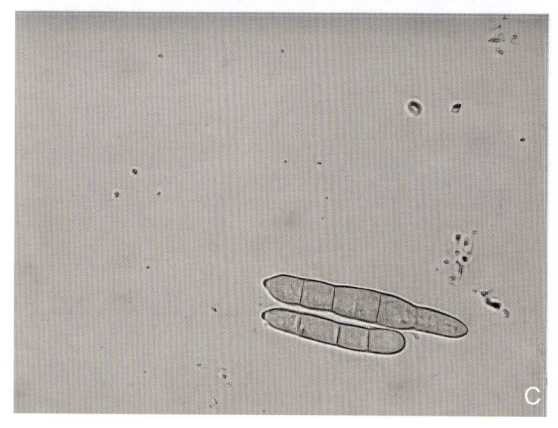
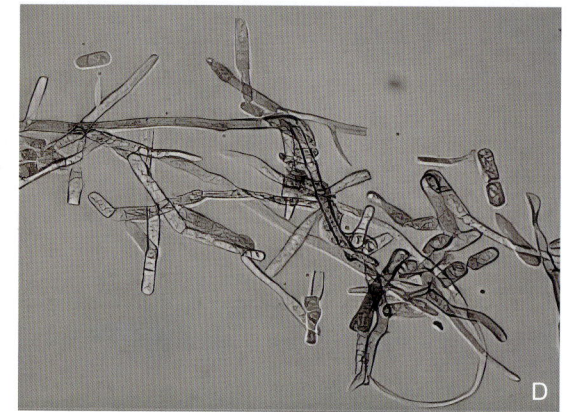

A.病叶上的子座；B.分生孢子梗和新生的分生孢子；C.大型分生孢子；D.大型分生孢子断裂形成小型分生孢子

图 3-37　木薯褐斑病菌

【防治方法】

采用农业措施为主，农药处理为辅的防治方法。

（1）农业措施。加宽株距可直接降低田间湿度，削弱病原菌侵染能力，减轻病害发生情况。平衡施肥、清除杂草能增强植株的抗病能力，减轻病害为害程度。搞好田间清洁，收获后收集并烧毁病叶可减少田间病原数量，减轻下个种植季节病害的为害程度。不同木薯品种对木薯褐斑病的抗性不同，而且症状表现也不完全相同，因此种植抗病品种最为经济有效。

（2）化学防治。在必要时可以施用农药以减轻病害为害。施药时注意选择合适的施药时机，通常在木薯封行前后，病害零星发生且雨季来临前进行施药。常用的有效药剂包括多菌灵、咪鲜胺、中生菌素、丙环唑等（时涛等，2019）。

木薯炭疽病

【分布与为害】

木薯炭疽病主要发生在非洲和亚洲,在东南亚地区也是常见病害。调查结果表明,柬埔寨的桔井省、实居省,越南的北江省和富寿省,马来西亚的沙巴州,泰国的甲米府、罗勇府等地区均有发生。我国海南、广东、广西、云南等地发生普遍。该病主要为害木薯叶片和茎秆。

【症状】

木薯嫩叶最先受害,病菌侵染后,发病部位出现褪绿、然后形成淡褐色或暗褐色、近轮纹状的病斑(图3-38和图3-39)。叶片扭曲、干枯,部分或者全部坏死(图3-40)。病

图3-38 泰国宋卡府,木薯炭疽病病斑

图3-39 柬埔寨实居省,木薯炭疽病病斑

斑中央浅褐色，边缘褐色，发病严重时叶片脱落。病原菌也能为害幼嫩枝条，形成溃疡和干枯。湿度大时，病斑中心常出现粉红色小点，即为病原菌的分生孢子堆。病原菌同样能够侵染嫩茎和叶柄，最初出现褪绿斑点，随后形成淡褐色至暗褐色，梭形、椭圆形或不规则的病斑，常连接成片（图3-41），后期病斑上产生黑色小点，即病原菌的分生孢子盘。当病斑环绕茎秆后，其上部分即逐渐枯死。发病植株长势变弱，产量降低。

图3-40　柬埔寨菩萨省，木薯炭疽病叶片症状

图3-41　泰国罗勇府，木薯炭疽病枝部症状
（左：发病叶柄上出现暗褐色病斑；右：嫩茎上出现连接成片的暗褐色病斑）

【病原】

该病病原菌为半知菌亚门（Deuteromycotina）腔孢纲（Coelomycetes）黑盘孢目（Melanconiales）黑盘孢科（Melanconidaceae）刺盘孢属的胶孢炭疽菌（*Colletotrichum gloeosporioides*）。其有性态为子囊菌亚门（Ascomycotina）核菌纲（Pyrenomycetes）球壳目（Sphaeriales）疔座霉科（Polystigmataceae）小丛壳属的围小丛壳［*Glomerella cingulata*（Stonem.）Spauld et Schrenk］。

在PDA培养基平板上，菌落为白色，圆形，边缘整齐；气生菌丝旺盛，基内菌丝不发达；不产生色素（图3-42）。菌丝有分隔，无色；在PDA培养基平板上，能产生分生孢子，分生孢子着生于孢子梗上。分生孢子圆柱形，两端椭圆，直立，单胞，无色，表面光滑，中间有一个油滴，平均大小为 15.47 μm × 5.07 μm（图 3-43）。

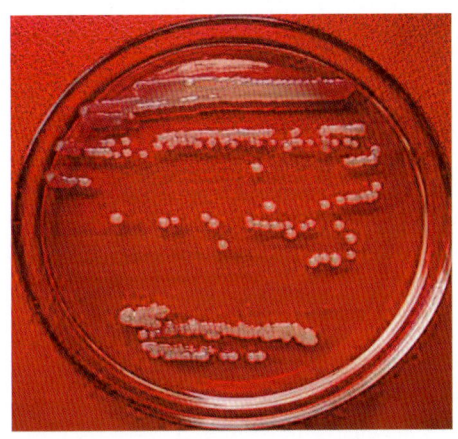

图 3-42　木薯炭疽病菌菌落

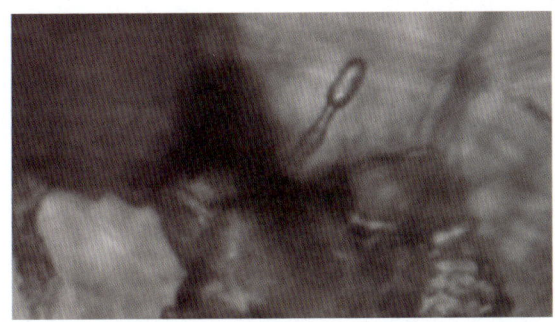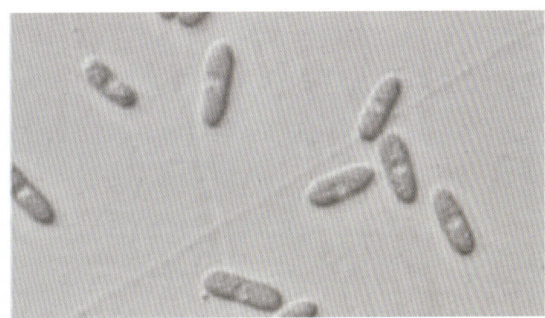

图 3-43　木薯炭疽病菌分生孢子梗（左）和分生孢子（右）

【发生规律】

该病害常在多雨季节发生，田间湿度大时容易发生。气候适宜时，病原菌能在发病组织上产生大量分生孢子，成为病害传播中心，分生孢子借风雨传播而造成病害蔓延，连续长时间下雨易流行。病原菌能够在老熟茎秆上存活，多在田间病枝或枯枝上越冬而成为翌年的侵染来源。

【防治方法】

防治该病应以农业措施为主，必要时采用化学防治。

（1）农业措施。选用抗病或者耐病木薯种质，种植时尽量避免大雨或连续降雨的季节，注意从无病田选用健康种茎。加强田间管理，合理施肥，提高木薯植株对病害的抵抗能力。收获后进行田间清理，以减少下个种植季节的病原菌侵染来源。

（2）化学防治。注意加强田间监控，特别是在封行后、病害易发生季节，发现病害后要抓紧防治。常用的有效药剂主要有多菌灵、咪鲜胺、丙环唑和氟硅唑等。

木薯害螨

1. 木薯单爪螨和麦氏单爪螨

【分布与为害】

木薯单爪螨 [*Mononychellus tanajoa* (Bondar, 1938)] 和麦氏单爪螨（*M. mcgregori* Flechtmann & Baker, 1970）均属叶螨科单爪螨属，世界检疫危险性害螨。木薯单爪螨原产于南美洲，后传入非洲和亚洲，是木薯的重要害虫。目前在泰国分布广泛，尤其在东北部主产区为害严重，越南南部和中部高原、柬埔寨湄公河流域、印度尼西亚爪哇岛和苏门答腊岛、菲律宾吕宋岛和棉兰老岛等地区也受影响；麦氏单爪螨广泛分布热带地区，包括东南亚、南亚及拉丁美洲。东南亚主要发生在马来西亚、泰国、越南、印度尼西亚等国家。在我国主要为麦氏单爪螨，目前主要在我国海南、云南、广西、广东、江西、福建、新疆等地发生为害。单爪螨主要为害木薯顶芽、嫩叶和茎的绿色部分，受害叶片均匀布满黄白色斑点，受害严重时可导致叶片褪绿黄化，甚至畸形，枝条干枯，严重时整株死亡。

【形态特征】

成螨： 体长 350 μm 左右，绿色。须肢端感器粗，长度不到宽度的 1.5 倍。口针鞘前端钝圆。气门沟末端球状。肤纹突明显，前足体后端肤微网状。前足体背毛，后半体背侧毛和肩毛的长度与它们基部间距相当。后半体背中毛长度约为它们基部间距的 1/2。足 I 胫节有 5 根触毛和 1 根纤细感毛，胫节有 5 根触毛和 1 根纤细感毛。足 II 跗节有 3 根触毛和 1 根纤细感毛，胫节有 7 根触毛（图 3-44 和图 3-45）。

图 3-44 木薯单爪螨

图 3-45 麦氏单爪螨

【发生规律】

在北移种植及机械化生产条件下的发生为害在不同年份不同地域差异较大,目前在中国海南和云南呈现1个发生高峰(10—11月),田间28~30℃高温干旱条件下易暴发成灾,30℃以上高温下发生较轻;卵单粒分散产于叶背,为害严重时也可产在叶表、叶柄等处;对宽叶木薯品种(种质)具有嗜食性;可随风进行短距离扩散,随木薯种植材料如插条等进行远距离传播。

2. 二斑叶螨

【分布与为害】

二斑叶螨(*Tetranychus urticae*)是20世纪80年代中期从国外传入我国的新害螨,目前该螨在东南亚主要分布于泰国、越南、马来西亚、菲律宾、柬埔寨和老挝。在我国大部分落叶果树栽培区几乎都有分布,寄主多达200多种;喜群集在叶背主脉附近并吐丝结网于网下为害,刺穿细胞,吸取汁液,受害叶片先从近叶柄的主脉两侧出现苍白色斑点,随着为害的加重,可使叶片变成灰白色甚至暗褐色,抑制光合作用的正常进行,严重者叶片焦枯以至提早脱落,大发生或食料不足时,常千余头群集于叶端成一虫团;取食中的二斑叶螨每隔30 min会把相当于身体25%的水分通过后肠以尿的形式排出。另外,该螨还释放毒素或生长调节物质,引起植物生长失衡,以致有些幼嫩叶呈现凹凸不平的受害状,大发生时树叶、杂草、农作物叶片呈焦枯现象。

【形态特征】

成螨:雌螨体长约0.48 mm,宽约0.32 mm,体椭圆形,深红色或锈红色,体背两侧各有一对黑斑。须肢端感器长约2倍于宽,背感器梭形,与端感器近于等长。口针鞘前端钝圆,中央无凹陷,气门沟末端呈"U"形弯曲,后半体背表皮纹构成菱形图,肤纹突呈三角形至半圆形。背毛12对,刚毛状;缺臀毛。腹面有腹毛16对,气门沟不分支,顶端向后内方弯曲成膝状。须肢跗节的端感器显著,长6.7 μm,宽3.3 μm;足Ⅰ附节前后双毛的后毛微小,爪间突分裂成几乎相同的3对刺毛,无背刺毛。雄螨背面观略呈菱形,比雌螨小。体长0.37 mm,宽0.19 mm;体色淡黄色。须肢跗节的端感器细长,背感器稍短于端感器,刺状毛比锤突长。背毛13对,阳具的端锤很微小,两侧的突起尖利,长度约相等。卵长0.13 mm,球形,浅黄色,孵化前略红。

幼螨:有3对足。若螨4对足,形态与成螨相似(图3-46)。

图3-46 二斑叶螨

【发生规律】

二斑叶螨有很强的吐丝结网集合栖息特性，有时结网可将全叶覆盖起来，并罗织到叶柄，甚至细丝还可在树株间搭接，螨顺丝爬行扩散；借助风力、流水、昆虫、鸟兽、人畜、各种农具和花卉苗木携带传播；在热带地区年发生20代以上，世代重叠，发生期持续的时间较长，温度高于25℃，种群易扩散；营两性生殖，受精卵发育为雌虫，不受精卵发育为雄虫。

3. 朱砂叶螨

【分布与为害】

朱砂叶螨 [*Tetranychus cinnabarinus*（Boisduval）] 在东南亚主要分布于越南、泰国、马来西亚、印度尼西亚、菲律宾、柬埔寨和老挝。在中国各地均有发生。卵多单产于叶背主脉两侧，为害严重时也可产在叶表、叶柄等处，喜欢群集在植株中上部叶片叶背吸取汁液为害；木薯受害后，叶片褪绿黄化，严重时整株落叶，并对细叶木薯品种（种质）具有嗜食性。

【形态特征】

成螨：雌成螨长为 0.42～0.5 mm，宽约 0.3 mm，椭圆形。体背两侧具有一块三裂长条形深褐色大斑。雄成螨体长 0.4 mm，菱形，一般为红色或锈红色，也有浓绿黄色的，足 4 对（图 3-47）。

图 3-47　朱砂叶螨

幼螨：卵孵化后为 1 龄，仅具 3 对足，称幼螨。幼螨蜕皮后变为 2 龄，又叫前期若螨，前期若螨再蜕皮，为 3 龄，又称后期若螨，若螨均有 4 对足。雄螨一生只蜕 1 次皮，只有前期若螨。幼螨黄色，圆形，长 0.15 mm，透明，具 3 对足。若螨体长 0.2 mm，似成螨，具 4 对足。前期体色淡，雌性后期体色变红。

卵：近球形，直径 0.13 mm，初期无色透明，逐渐变淡黄色或橙黄色，孵化前呈微红色。

【**发生规律**】

朱砂叶螨年发生代数随地区和气候而不同，温度越高代数越多；活动温度范围在 7～42℃，最适温度为 25～30℃，最适相对湿度为 35%～55%。高温干燥是朱砂叶螨猖獗的重要原因，田间 28～33℃高温干旱条件下易暴发成灾，33℃以上高温下发生较轻。

【**防治方法**】

以上害螨防治方法如下。

（1）浸种预防。种植前，用 40% 啶虫脒可溶性粉剂 1 500 倍液和 5.7% 甲氨基阿维菌素苯甲酸盐水分散粒剂 2 000 倍液混合液浸泡种茎 5～10 min 后种植。

（2）药肥预防。按每亩 1 kg 40% 啶虫脒可溶性粉剂和 1 kg 5.7% 甲氨基阿维菌素苯甲酸盐颗粒剂和基肥一同施于种植沟中后再种植。

（3）化学防治。发生为害时，合理使用 5.7% 甲氨基阿维菌素苯甲酸盐水分散粒剂 5 000 倍液，或 3.2% 高氯·甲维盐微乳剂 3 000 倍液，或 20% 阿维·杀虫单微乳剂 2 000 倍液，或 25% 噻虫嗪水分散粒剂 3 000～4 000 倍液，或 5% 唑螨酯悬浮剂 2 800～3 300 倍液，或 11% 乙螨唑悬浮剂 5 000～7 500 倍液，或 50% 四螨嗪悬浮剂 2 000～3 000 倍液，或 5% 噻螨酮乳油或 5% 噻螨酮可湿性粉剂 1 500～2 000 倍液，或 34% 螺螨酯悬浮剂 4 000～5 000 倍液，或 95 g/L 喹螨醚乳油 2 000～3 000 倍液喷雾，或 50% 苯丁锡可湿性粉剂 1 000～1 500 倍液，或 43% 联苯肼酯悬浮剂 1 500～2 500 倍液，或 4.5% 高效氯氰菊酯微乳剂 2 000 倍液，或 2.5% 高效氯氟氰菊酯水乳剂 2 000 倍液，或 40% 啶虫脒可溶性粉剂 1 500 倍液，或 25% 噻嗪酮可湿性粉剂 1 000～1 200 倍液，均匀喷雾，对害螨具有良好的药效，注意不同类型药剂要轮换使用。

木薯粉蚧

1. 木瓜秀粉蚧

【分布与为害】

木瓜秀粉蚧（*Paracoccus marginatus* Williams & Granara de Willink）原产于中美洲和墨西哥，之后很快扩散到北美洲和亚洲的多个国家，在东南亚柬埔寨、泰国、老挝、越南、马来西亚等木薯产区快速蔓延。目前主要在中国海南、云南、广西、广东严重发生与为害。木瓜秀粉蚧为害木瓜、木薯、朱槿、木槿、琴叶珊瑚等作物和园林观赏植物的叶片和果实，严重时导致叶片黄化、畸形、落叶，果实畸形和糖分减少等，影响果品外观与价值；同时分泌蜜露引发"煤烟病"，影响植株的光合作用，并伴随黑刺蚁和其他蚂蚁的发生。

【形态特征】

卵椭圆形，长约 0.29 mm，宽约 0.16 mm，黄绿色，产在卵囊里。卵囊为身体的 34 倍，覆盖白色蜡质物。

初孵若虫长 0.3～0.55 mm，宽 0.15～0.2 mm，此时体背上尚未分泌蜡粉，初孵若虫活动活跃，寻找合适的地方即固定取食为害。1 龄若虫雌雄不分，浅黄绿色，触角 6 节。2 龄后若虫体被白色蜡粉，雌虫 4 龄，雄虫 5 龄，雌虫黄绿色，雄虫粉红色；木瓜秀粉蚧 4 龄雄若虫不再取食，分泌白色蜡丝，将身体包裹，形成长筒形蛹室，准备化蛹。

蛹粉红色，长椭圆形，长约 0.9 mm，宽约 0.3 mm。

雌成虫体椭圆形，黄绿色，体被白色薄蜡粉，未能完全覆盖身体。体缘蜡丝发达，16 对，尾丝大约为身体长度的 1/4。雌虫体长 1.8～2.6 mm，宽 1.0～1.6 mm。触角 8 节，第 8 节最长。腹面有横向褶皱。雌虫卵囊覆盖蜡丝，为体长的 3～4 倍；雄成虫体微小，红褐色，体椭圆形，长约 1.0 mm，宽约 0.3 mm。触角 10 节，长约为体长的 1/2。足细长，发达。腹部末端有 1 对白色长蜡丝（图 3-48）。

图 3-48　木瓜秀粉蚧

【发生规律】

木瓜秀粉蚧为聚集分布，且个体间相互吸引，在木薯上主要分布在中上层，这主要是由于木瓜秀粉蚧对生境的选择不同。影响木瓜秀粉蚧的主要环境因子为降水量、最冷季的平均气温、年平均气温变化和最湿润季度的降水量，其中，降水量贡献率达 23.7%，是最重要的环境因素。木瓜秀粉蚧的种群数量在 5 月最高，而 1 月最低，其发生发展和空间分布受温度和湿度影响。

2. 美地绵粉蚧

【分布与为害】

美地绵粉蚧（*Phenacoccus madeirensis* Green）原产于中南美洲，在亚洲的日本、巴基斯坦、菲律宾、越南和中国均有发现；我国海南、云南、广西、广东和台湾均严重发生与为害。粉蚧可在干、枝、叶片和果实上为害，但更喜在叶片背面、嫩枝和芽上为害，可以造成叶片畸形、生长受阻，还可引发煤污病。

【形态特征】

雌成虫活虫体常绿色。在玻片上虫体长约 3.0 mm，宽约 1.80 mm。触角 9 节。足发达，爪有齿。后足胫节有少量透明孔。腹脐横椭圆形，通常两侧细长延伸。刺孔群 18 对，除末对有 3 根锥刺、眼对具有 3～4 根刺外，其他对均具有 2 根锥刺。多格腺在腹部第 4～7 节背面成行或带，缘区或亚缘区可向前延伸至第 1 腹节；有时在胸部缘区有少量，但胸部中区和亚中区通常无。多格腺在腹面分布在腹部体节上，成行或带。五格腺仅在腹面。管状腺3种大小：大管腺直径大于三格腺，在腹部背面各节形成稀疏行，及腹部腹面缘区；小管腺在腹部腹面成行或带；中管腺分布在胸部中区。背刚毛短、锥状，许多刺基附近有1个或2个三格腺；在头、胸部背中区和亚中区的一些刚毛成对，基部有少量三格腺，形成背刺孔群（图3-49）。

图3-49 美地绵粉蚧

【发生规律】

该虫30～40 d完成1代，1龄若虫10 d，2龄10 d，3龄雌若虫6 d，雌虫产卵前期11天；雄虫的预蛹期、蛹期和成虫期分别为2.36 d、4.95 d和6 d。雌虫产卵量（375.4±64.7）粒。卵的孵化率达95.2%。

3. 双条拂粉蚧

【分布与为害】

双条拂粉蚧［*Ferrisia virgata*（Cockerell）］在世界的分布范围非常广，是一种重要的农林害虫，寄主非常广泛。目前主要在中国海南、云南、广西、广东、福建严重发生与为害。双条拂粉蚧主要以雌成虫和若虫聚集在嫩枝、叶片刺吸为害，初孵若虫从卵囊下爬出，固定在叶片和嫩枝上吸食汁液造成叶片变黄枯萎、脱落，树枝干枯，并且可排泄蜜露诱发煤烟病，影响树体的光合作用。

【形态特征】

雌虫体卵圆形，体色淡而亮，触角8节，体边缘深"V"形，仅具1对刺孔群，通常体表除背部中央外，覆盖白色粒状蜡质分泌物，沿背部具2暗色长条纹，无蜡状侧丝，但尾端有 2 根长蜡丝，可达体长的 1/2。双条拂粉蚧在斑纹及个体大小上，与扶桑绵粉蚧（*Phenacoccus solenopsis*）相近，但双条拂粉蚧尾部的蜡丝较长，腹部的斑纹呈长条形而区分（图 3-50）。

图 3-50　双条拂粉蚧

【发生规律】

该虫聚集在果实、嫩枝叶上为害，受害果实表皮变褐，若虫在母体附近活动，3 龄若虫、成虫体外被有白色绵状物，附近常伴有蚂蚁取食其分泌的蜜露，部分个体受惊扰后向外扩散或随风传播。卵单产，若虫 3 龄，根据不同温度雌虫若虫期为 43.2～92.6 d，雄虫若虫期约 25.4 d。雌成虫寿命 12～31 d，产卵量 64～78 头，卵期仅 2.11～2.62 h。

【防治方法】

以上粉蚧防治方法如下。

（1）浸种预防。种植前，用 40% 啶虫脒可溶性粉剂 1 500 倍液和 5.7% 甲氨基阿维菌素苯甲酸盐水分散粒剂 2 000 倍液混合液浸泡种茎 5～10 min。

（2）药肥预防。按每亩 1 kg 40% 啶虫脒可溶性粉剂和 1 kg 5.7% 甲氨基阿维菌素苯甲酸盐颗粒剂和基肥一同施于种植沟中后再种植。

（3）化学防治。发生为害时，合理使用 4.5% 高效氯氰菊酯微乳剂 2 000 倍液，或 2.5% 高效氯氟氰菊酯水乳剂 2 000 倍液，或 40% 啶虫脒可溶性粉剂 1 500 倍液，或 70% 吡虫啉水分散粒剂 3 000 倍液，或 10% 吡虫啉可湿性粉剂 2 000 倍液，或 50% 吡蚜酮可湿性粉剂 1 000～2 000 倍液，或 3.2% 高氯·甲维盐微乳剂 3 000 倍液，或 20% 阿维·杀虫单微乳剂 2 000 倍液，或 25% 螺虫乙酯悬浮剂 2 000～2 500 倍液，或亩用 22.4% 螺虫乙酯悬浮剂 20～30 mL，或 25% 噻虫嗪水分散粒剂 3 000～4 000 倍液，或 6% 乙基多杀菌素悬浮剂 2 000 倍液，或 25% 噻嗪酮悬浮剂 800～1 200 倍液，或 37% 噻嗪酮悬浮剂 1 200～1 500 倍液喷雾等，均匀喷雾防治，对粉蚧具有良好药效。注意不同类型药剂要轮换使用，喷雾时应注意喷头对准叶背，将药液尽可能喷到粉蚧体上。当粉蚧普遍严重发生时，可按药剂稀释用水量的 0.1% 加入其他展着剂，以增药效。

木薯粉虱

1. 螺旋粉虱

【分布与为害】

螺旋粉虱（*Aleurodicus dispersus* Russell）于1957年入侵到太平洋诸岛、东南亚等地，在越南、柬埔寨、老挝和缅甸等东南亚国家发生为害，是一种入侵中国海南和台湾的重要害虫，具有传播方式多样、寄主种类多和繁殖速度快等特点。若虫与成虫可直接以口针于叶背吸食寄主植物汁液，在该虫严重发生时虽可使寄主叶片提前落叶，但尚不会使寄主植物致死；若虫可分泌大量白色蜡粉、絮毛，不仅影响寄主植物之外观，且其分泌物随风吹散引人厌恶；若虫分泌之蜜露能诱发煤烟病，除影响寄主植物的光合作用，亦影响植株外观并引来蚂蚁与蝇等昆虫。该虫不仅影响粮食作物、经济果树等之产量，且导致观赏植物检疫存在威胁。

【形态特征】

卵：卵呈半透明无色，初产时白色透明，随后逐渐发育变为黄色。长椭圆形，表面光滑，卵的一端有一柄状物。

若虫：共有4龄。各龄初蜕皮时均透明无色、扁平状，但随着发育逐渐变为半透明且背面隆起。各龄体形相似，但随发育程度由细长转为椭圆形。第1龄若虫具分节明显的触角和具功能性的足，而其他龄期若虫的触角与足则均退化。前1～3龄若虫分泌的蜡粉量较少且短，至第4龄若虫时分泌的蜡粉量才大增且其絮毛可长达8 mm。

成虫：初羽化时翅透明，几小时后翅面覆有白粉。成虫腹部两侧具有蜡粉分泌器。雌雄个体均具有两种形态，即前翅有翅斑型和前翅无翅斑型。前翅有翅斑的个体明显大于前翅无翅斑的个体（图3-51）。

图3-51 螺旋粉虱

【发生规律】

雄虫较雌虫早羽化,雌雄性比为 1.5∶1,羽化盛期在 6∶00—8∶00,交尾发生于下午。成虫迁飞盛期于 5∶00—7∶00,但气温低或阴天,其活动时间延后。一般而言雄虫迁飞力较雌虫弱,多停留在原寄主植物叶上。雌虫卵巢内卵的成熟度与日龄有关,至第三日龄后雌虫才开始陆续由原寄主植物处向上盘旋迁飞,以寻找新寄主植物之嫩叶产卵。雌虫产卵于叶背,边产卵边移动并分泌蜡粉,其移动轨迹多为产卵轨迹,典型的产卵轨迹为螺旋状,该虫亦因此得名。每一个卵圈内的卵数 11～53 粒不等。分散方式除借助成虫本身迁移外,尚可借助受害植株、其他动物或交通工具(车、船)等携带传播。

【防治方法】

(1)浸种预防。种植前,用 40% 啶虫脒可溶性粉剂 1 500 倍液和 5.7% 甲氨基阿维菌素苯甲酸盐水分散粒剂 2 000 倍液混合液浸泡种茎 5～10 min。

(2)药肥预防。按每亩 1 kg 40% 啶虫脒可溶性粉剂和 1kg 5.7% 甲氨基阿维菌素苯甲酸盐颗粒剂与基肥一同施于种植沟中后再种植。

(3)化学防治。使用 50% 吡蚜酮可湿性粉剂 1 000～2 000 倍液,或 70% 吡虫啉水分散粒剂 3 000 倍液,或 10% 吡虫啉可湿性粉剂 2 000 倍液,或 10% 烯啶虫胺可溶液剂 2 000～4 000 倍液,或 25% 噻虫嗪水分散粒剂 3 000～4 000 倍液,或 6% 乙基多杀菌素悬浮剂 2 000 倍液,或亩用 10% 醚菊酯悬浮剂 30～40 mL,或 2.5% 多杀霉素悬浮剂 1 000～1 500 倍液,或 25% 噻虫嗪水分散粒剂 3 000～4 000 倍液,或亩用 48% 噻虫啉悬浮剂 7～13 mL,或 4.5% 高效氯氰菊酯微乳剂 2 000 倍液,或 2.5% 高效氯氟氰菊酯水乳剂 2 000 倍液,或每公顷可用 99% 敌死虫乳油(矿物油)1～2 kg,或植物源杀虫剂 6% 绿浪(烟百素)(nicotine+tuberostemonine+toosendanin)、40% 绿菜宝(abamectin+dichlorvos)、20% 甲氰菊酯乳油 375 mL 等喷雾。

2. 烟粉虱

【分布与为害】

烟粉虱(*Bemisia tabaci* Gennadius)是一种外来入侵世界性害虫,原发于热带和亚热带区,20 世纪 80 年代以来,随着世界范围内的贸易往来,烟粉虱借助花卉及其他经济作物的苗木迅速扩散,在世界各地广泛传播并暴发成灾,现已成为印度、巴基斯坦、苏丹、以色列、泰国、印度尼西亚、越南和柬埔寨等国家农业生产上的重要害虫。在我国 25 个省份有分布,严重为害木薯、番茄、黄瓜、辣椒、棉花、烟草等。

【形态特征】

卵: 有光泽,呈长梨形,有小柄,与叶面垂直,卵柄通过产卵器插入叶表裂缝中,大多不规则散产于叶背面,也见于叶正面。卵初产时为淡黄绿色,孵化前颜色慢慢加深至深褐色。

若虫：烟粉虱若虫为淡绿色至黄色，1 龄若虫有足和触角，能活动；在 2～3 龄时，烟粉虱的足和触角退化至只有一节，固定在植株上取食；3 龄若虫蜕皮后形成伪蛹，蜕下的皮硬化成蛹壳。

伪蛹：蛹壳呈淡黄色，长 0.6～0.9 mm，边缘薄或自然下垂，无周缘蜡丝，背面有 17 对粗壮的刚毛或无毛，有 2 根尾刚毛。在分类上，伪蛹的主要特征为瓶形孔长三角形，舌状突长匙状，顶部三角形，具有 1 对刚毛，尾沟基部有 5 7 个瘤状突起。

成虫：主要寄生于叶背面，体淡黄白色，翅 2 对，白色，被蜡粉无斑点，体长 0.85～0.91 mm，比温室白粉虱小，前翅脉 1 条不分叉，静止时左右翅合拢呈屋脊状，脊背有一条明显的缝（图 3-52）。

图 3-52 烟粉虱

【发生规律】

温度、寄主植物和地理种群在很大程度上影响烟粉虱的生长发育和产卵能力，26～28℃为最佳发育温度，该温度下卵期约 5 d，若虫期约 15 d，成虫期寿命可达 30～60 d，整个世代历期 19～27 d。在热带和亚热带地区，一年发生的世代数为 11～15 代，并且世代重叠现象特别明显。每雌产卵 120 粒左右，卵多产在植株中部嫩叶上。成虫喜欢无风温暖天气，有趋黄性，气温低于 12℃停止发育，14.5℃开始产卵，气温 21～33℃，随气温升高，产卵量增加，高于 40℃成虫死亡。相对湿度低于 60% 成虫停止产卵或死去。暴风雨能抑制其大发生，非灌溉区或浇水次数少的作物受害重。

【防治方法】

烟粉虱的体表布满蜡质，有世代重叠现象，有着较快的繁殖速度，因此化学药剂很难防治，并且烟粉虱对多种化学药剂具有抗药性，但合理施用农药仍是发生初期非常重要的应急防治手段。

（1）浸种预防。种植前，用 40% 啶虫脒可溶性粉剂 1 500 倍液和 5.7% 甲氨基阿维菌素苯甲酸盐水分散粒剂 2 000 倍液混合液浸泡种茎 5～10 min。

（2）药肥预防。按每亩 1 kg 40% 啶虫脒可溶性粉剂和 1 kg 5.7% 甲氨基阿维菌素苯甲酸盐颗粒剂与基肥一同施于种植沟中后再种植。

（3）化学防治。用 50% 吡蚜酮可湿性粉剂 1 000 ～ 2 000 倍液，或 70% 吡虫啉水分散粒剂 3 000 倍液，或 10% 吡虫啉可湿性粉剂 2 000 倍液，或 10% 烯啶虫胺可溶液剂稀释 2 000 ～ 4 000 倍液，或 6% 乙基多杀菌素悬浮剂 2 000 倍液，或亩用 10% 醚菊酯悬浮剂 30 ～ 40 mL，或 2.5% 多杀霉素悬浮剂 1 000 ～ 1 500 倍液，或 25% 噻虫嗪水分散粒剂 3 000 ～ 4 000 倍液，或亩用 48% 噻虫啉悬浮剂 7 ～ 13 mL，或 4.5% 高效氯氰菊酯微乳剂 2 000 倍液，或 2.5% 高效氯氟氰菊酯水乳剂 2 000 倍液，或每公顷可用 99% 敌死虫乳油（矿物油）1 ～ 2 kg，植物源杀虫剂 6% 绿浪（烟百素）、40% 绿菜宝、20% 甲氰菊酯乳油等喷雾。

木薯地下害虫

1. 蔗根锯天牛

【分布与为害】

蔗根锯天牛［*Dorysthenes granulosus*（Thomson）］分布于泰国、越南、老挝、柬埔寨、缅甸和马来西亚等国家，在中国广泛分布于广西、广东、海南、福建、云南等主要产蔗地区。主要以幼虫取食种茎地下部分、种茎的内部组织和鲜薯，可将茎咬成空心，鲜薯取食至仅剩皮层，地下部分食空后可沿茎基部向上咬食，造成缺株或死苗，幼虫在土表下 20～30 cm 处活动，耐饥性强。

【形态特征】

卵：长椭圆形，一头较尖，乳白色至淡黄色。

幼虫：体长为 57～90 mm，圆筒形，前端扁平，后端稍窄。乳白色，老熟幼虫乳黄色。上颚、头和前胸背板黑褐或黄褐色，体表光亮，有少数细毛。头近方形，头盖中缝闭合，两侧叶后方突出，触角黑褐色，2 节。上颚粗壮，三角形。前胸背板宽阔，近前缘有一黄褐色几丁质化的波状横纹。前缘及两侧有长短不同的细毛，两侧近后端各有 1 条纵凹线。胸足较小，3 对。腹部第一至七节有步泡突，每一步泡突有 2 个横沟纹，步泡突隆起面光滑。

成虫：体近椭圆形，长为 15～63 mm，宽为 8～25 mm，个体大小差异较大（图 3-53）。体棕红色，前胸背板色泽较深，头部及触角基部 3 节棕黑色。头部前额中央凹陷，

图 3-53　蔗根锯天牛

上颚发达，向内弯勾。复眼很大，黑色，几乎占头部的一半。下颚须末节最长，端部宽。触角基瘤宽阔，彼此接近。雄虫触角粗大，扁宽，长达鞘翅末端，雌虫触角细小，长达翅鞘中部。前胸背板宽阔，两侧缘各有3个锯齿，鞘翅宽于前胸，每翅有2～3条纵脊线，靠中缝2条近端处相接。

蛹：裸蛹，初时体淡黄色，复眼紫红色。翅芽长到第四腹节，后足长到第六腹节末端。

【发生规律】

蔗根锯天牛2～3年发生一代，成虫在4—6月雨后羽化出土，高温干旱下，坡地、沙质地及木薯连作地受害较重；田间28～32℃高温潮湿条件下易暴发成灾。

2. 铜绿丽金龟

【分布与为害】

铜绿丽金龟（*Anomala corpulenta* Motschulsky）在我国东北、华北、华中、华东、西北等地均有发生，发生1代至少1年，日夜活动型；具有趋光性和趋腐性；主要以幼虫取食种茎、根系和鲜薯等，且有转移为害习性，严重时可将根茎、鲜薯取食殆尽或仅留土表个别老根，受害植株极易倒伏，造成缺株或死苗。

【形态特征】

卵：椭圆形，初为乳白色，后变淡黄色，表面光滑。

幼虫：老熟幼虫头黄褐色，胴部乳白色，胴部末节腹面除钩状毛外，尚有2排纵列的刺状毛，14～15对。

成虫：椭圆形。背面铜绿色，有光泽。额及前胸背板两侧边缘黄色。复眼红黑色，触角浅黄褐色，由9节组成，鞘翅铜绿色，上有不明显的3条隆起纵线。虫体的腹面及足均为黄褐色。足胫节和跗节红褐色（图3-54）。

图 3-54 铜绿丽金龟

蛹：裸蛹，初为乳白色，后变为淡褐色。

【发生规律】

高温干旱、坡地、沙质地及木薯连作地、甘蔗轮作地及花生间套作地受害较重。幼虫在云南、福建北移种植区的发生高峰期为6—9月，而在海南、广西、广东湛江机械化生产区的发生高峰期为4—8月，田间28～33℃发生重，33℃以上高温下发生较轻。

【防治方法】

以上木薯地下害虫的防治方法如下。

（1）浸种预防。种植前，用40%啶虫脒可溶性粉剂1 500倍液和5.7%甲氨基阿维菌素苯甲酸盐水分散粒剂2 000倍液混合液浸泡种茎5～10 min。

（2）毒饵诱杀。种植时，在种植行间按"Z"形间隔3～5 m挖一个30 cm×30 cm×30 cm的土坑，坑中放入5.7%甲氨基阿维菌素苯甲酸盐水分散粒剂5 000倍液的米糠混合物毒饵诱杀；或用90%晶体敌百虫0.5 kg或50%辛硫磷乳油500 mL，加水2.5～5 L，喷在50 kg碾碎炒香的米糠、豆饼或麦麸上，于傍晚在受害作物田间，每隔一定距离撒一小堆，或在作物根际附近围施，每公顷用75 kg；还可用90%晶体敌百虫0.5 kg，拌切碎的鲜草75～100 kg，每公顷用毒草225～300 kg。

（3）药肥预防。按每亩1 kg 40%啶虫脒可溶性粉剂和1 kg 5.7%甲氨基阿维菌素苯甲酸盐颗粒剂与基肥一同施于种植沟中后再种植。

（4）根基喷雾防治。发生为害时，合理使用5.7%甲氨基阿维菌素苯甲酸盐水分散粒剂5 000倍液，或3.2%高氯·甲维盐微乳剂3 000倍液，或20%阿维·杀虫单微乳剂2 000倍液，或4.5%高效氯氰菊酯微乳剂2 000倍液，或2.5%高效氯氟氰菊酯水乳剂2 000倍液，或40%啶虫脒可溶性粉剂1 500倍液，或40%辛硫磷乳油1 000倍液，或5%氟虫脲乳油1 000倍液，或10%虫螨腈悬浮剂1 000倍液，或45%菜园虫清（bate-cypermethrin）乳油1 500倍液，或25%噻虫嗪水分散粒剂3 000～4 000倍液等根基喷雾防治，对幼虫具有良好的药效，注意不同类型药剂要轮换使用。

第四章

香蕉病虫害

香蕉（*Musa* spp.）为芭蕉科芭蕉属植物，是重要的热带和亚热带水果，原产亚洲东南部。香蕉是许多国家和地区食物供应和经济收入的来源，仅在非洲和亚洲，就有大约5亿人靠香蕉为生，联合国粮农组织（FAO）将香蕉定位于发展中国家仅次于水稻、小麦、玉米之后的第四大粮食作物。

香蕉分布在东、西、南半球南北纬度30°以内的热带、亚热带地区。世界上栽培香蕉的国家有130个，以中美洲产量最多，其次是亚洲。世界主要生产基地有中美洲和西印度群岛的哥斯达黎加、洪都拉斯、危地马拉、墨西哥、巴拿马、多米尼加共和国、瓜德罗普、牙买加和马提尼克，南美洲的巴西、哥伦比亚和厄瓜多尔，非洲的加那利群岛、埃塞俄比亚、喀麦隆、几内亚和尼日利亚，亚洲的印度、泰国、菲律宾等热带国家都有大面积种植。

我国是世界上主要的香蕉生产国，香蕉栽培已有3 000多年的历史。2010年种植面积达35.33万hm^2左右，产量850多万t，在我国，香蕉是排在苹果、柑橘和梨之后的第四大水果，更是我国热区第一大水果。香蕉产业在我国热带、亚热带地区农业中占有相当重要的地位，已成为我国热区农业的一大支柱产业，既为热区农民增加了收入，又为热区农村经济的发展、社会稳定和农民生活水平的提高发挥了重要的作用。

香蕉种植中，各类严重发生的病虫害是相关产业发展的主要限制性因素之一。中国热带农业科学院环境与植物保护研究所联合马来西亚普特拉大学等相关国家的产学研等机构，对东南亚地区开展了多次病虫害调查并进行了学术交流。结果表明，东南亚地区的香蕉病害有香蕉枯萎病、香蕉褐缘灰斑病、香蕉黄条叶斑病、香蕉黑条叶斑病、香蕉花叶心腐病、香蕉束顶病、香蕉条斑病毒病、香蕉根结线虫病、香蕉细菌性枯萎病、香蕉穿孔线虫病、香蕉炭疽病等，共5类11种。在这些病害中，香蕉枯萎病、香蕉细菌性枯萎病和香蕉穿孔线虫病是世界范围内严重为害的检疫性病害，香蕉褐缘灰斑病、香蕉黄条叶斑病、香蕉黑条叶斑病、香蕉根结线虫病为重要病害，香蕉花叶心腐病、香蕉束顶病、香蕉条斑病毒病为常见病害，香蕉炭疽病为采后果实发生病害。香蕉虫害包括黄胸蓟马、香蕉根颈象甲、香蕉假茎象甲、香蕉弄蝶、黄斑蕉弄蝶、叶甲、香蕉交脉蚜、斜纹夜蛾、香蕉冠网蝽、橘小实蝇、辣椒果实蝇、大洋臀纹粉蚧、新菠萝灰粉蚧、菠萝灰粉蚧、香蕉肾盾蚧、黑褐圆盾蚧、杰克贝尔氏粉蚧、螺旋粉虱、菠萝长叶螨、二斑叶螨、七角星蜡蚧等20余种。其中新菠萝灰粉蚧、大洋臀纹粉蚧、南洋臀纹粉蚧、香蕉肾盾蚧、七角星蜡蚧、螺旋粉虱、橘小实蝇、辣椒果实蝇为检疫性害虫，黄胸蓟马、香蕉根颈象甲、香蕉假茎象甲、香蕉弄蝶、斜纹夜蛾、二斑叶螨为常见虫害。

香蕉枯萎病

【分布与为害】

自1874年在澳大利亚首先发现以来，除了美拉尼西亚、索马里和南太平洋的部分岛屿未见报道外，在全球范围内的香蕉种植区都有该病发生为害的报道。1896年香蕉枯萎病在巴拿马发生，给当地的香蕉产业造成严重损失，引起了人们的广泛关注，因此该病又称香蕉巴拿马病。20世纪初期，南美洲以优质大蜜哈香蕉[Gros Michel（AAA）]为主栽品种的地区，都遭受了当时为香蕉枯萎病菌1号生理小种的毁灭，90%以上的蕉园都感染了香蕉枯萎病。香蕉枯萎病对大密哈品种的毁灭是迅速彻底的，60年代，抗1号生理小种的Cavendish品种代替大蜜哈种植，才恢复了香蕉产业。1967年为害Cavendish品种的4号生理小种在我国台湾出现并鉴定，几年内便侵袭了台湾超过5万hm^2的蕉园，病原同时在加那利群岛和菲律宾出现，通过出口传播到全世界。目前，4号生理小种已经严重为害澳大利亚、非洲、南美洲以及部分亚洲国家的香蕉生产。

香蕉枯萎病在我国的广东、广西、福建、海南、云南和台湾的部分地区均有分布。台湾于1967年首次发现该病，并在20世纪70年代大面积流行，香蕉的种植面积由1965年的5万hm^2减少到2002年的4 908 hm^2。广东省中山市于20世纪70年代初发现香蕉枯萎病菌为害粉蕉。1996年香蕉枯萎病菌4号生理小种引起番禺的巴西蕉及广东2号品种发生香蕉枯萎病，并向周围市县传播，目前已有约1 000 hm^2农田弃种香蕉。香蕉枯萎病在蕉园的发病率为10%～40%，严重的可达90%以上。1999年和2001年福建省鉴定了香蕉枯萎病菌1号生理小种和4号生理小种，在漳州市有1 350 hm^2粉蕉发病，目前有许多地方无法种植粉蕉。

【症状】

香蕉的各个生长期，从幼小的吸芽至成株期都能发病。由于各个生长期土壤类型等情况的不同，外部症状也有些差异；病原菌的不同生理小种，也会导致不完全相同的症状。

受害蕉株初期老叶外缘呈现黄色，黄色病变初表现于叶片边缘，后逐渐向中肋扩展，致使整叶发黄迅速枯萎。叶柄在靠近叶鞘处下折，致使叶片下垂；随后病株除顶叶外，所有叶片自下而上相继变褐、干枯；心叶延迟抽出或不能抽出。病害后期，整株枯死，形成一条枯枝，倒挂着干枯的叶子。部分病株可以看到假茎基部出现纵裂，先在假茎外围近地面处开裂，继而开裂向内扩展。严重发病时整株死亡，有些病株虽能继续生长并抽蕾，但果实发育不良、果梳少、果指小，无食用价值（图4-1）。

A. 香蕉老叶外缘变黄，又称黄叶病；B. 假茎基部开裂
图4-1 香蕉枯萎病外部症状
（图片由黄俊生 提供）

横切病株球茎及假茎基部，中柱生长点和皮层薄壁组织间，出现黄色或红棕色的斑点，这是被病原菌侵染后坏死的维管束。这种变色也集中在髓部和外皮层之间，内皮层内面维管束形成一圈坏死。纵向剖开病株根茎，初发病的组织有黄红色病变的维管束，近茎基部，病变颜色很深，越向上病变颜色渐渐变淡。在根部木质导管上，常产生红棕色病变，一直延伸至根茎部；至后期，大部分根变黑褐色而干枯。病茎旁所生吸芽的导管也会受侵染，纵剖球茎，可以看到红棕色的维管束从母株延伸侵染的迹象。病害严重的植株，整个球茎内部明显地变为深红色及棕褐色，中柱和内层的叶鞘变褐色；剖开病组织，有一种特异而不是臭的气味。只有在其他微生物再次侵染后，才腐烂发臭。

总之，香蕉枯萎病的主要病症有三点：一是植株外缘老叶变黄，有条形黄斑，下垂；二是假茎基部纵向开裂；三是纵切假茎和球茎的维管束变棕红至黑色（图4-2）。凡符合上述条件的香蕉植株均可怀疑为感染香蕉枯萎病。

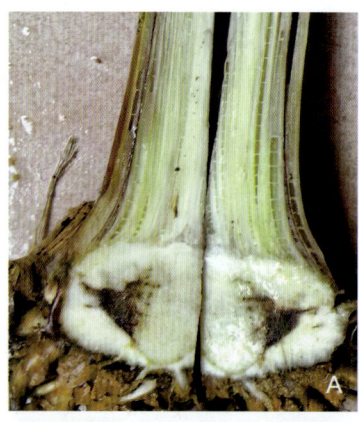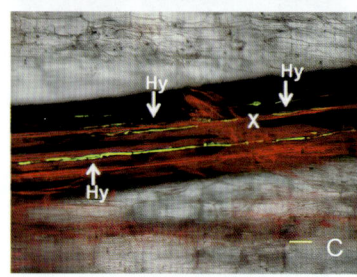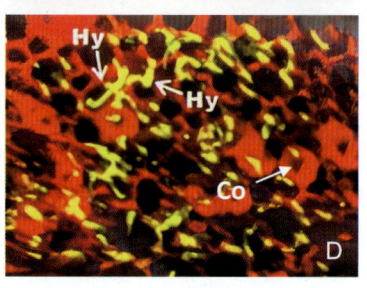

A. 香蕉种苗球茎纵切面出现黑褐色；B. 香蕉假茎横切面出现褐色或黑色；
C. 假茎纵切面显微图像显示，维管束组织有菌丝分布（Hy 表示菌丝）；
D. 球茎横切面显微图像显示感病位置有大量菌丝和孢子存在（Co 表示孢子）

图 4-2 香蕉枯萎病内部症状

（图片 A 和 B 由黄俊生提供，C 和 D 由郭立佳 提供）

【病原】

香蕉枯萎病又名香蕉镰刀菌枯萎病、香蕉尖镰孢枯萎病、香蕉巴拿马病、黄叶病，为半知菌亚门丝孢纲瘤座孢目镰刀菌属的尖孢镰刀菌［*Fusarium oxysporum* f. sp. *cubense* Snyder & Hansen，（FOC）］。

香蕉枯萎病菌有 3 种类型孢子：大型分生孢子、小型分生孢子和厚垣孢子（图 4-3）。大型分生孢子产生于分生孢子座上，大小为（30～43）μm×（3.5～4.3）μm，镰刀形，无色，具足细胞，3～7 个隔膜，多数为 3 个隔膜，这些孢子一般可在死亡植株的表面和分生孢子座群中发现。小型分生孢子在孢子梗上呈头状聚生，大小为（5～16）μm×（2.4～3.5）μm，单胞或双胞，椭圆形至肾形，数量大，是在被侵染植株导管中产生量最多的孢子类型。分生孢子萌发的温度范围为 8～36℃，最适温度为 28～30℃，pH 值范围为 3～10，最适 pH 值为 5～7。菌丝生长的温度范围为 8～34℃，最适温度为 26～28℃，pH 值范围为 3～10，最适 pH 为 6～7。厚垣孢子椭圆形或球形，顶生或间生，单个或成串，单个厚垣孢子大小为（5.5～6.0）μm×（6.0～7.0）μm，0～1 个隔，厚垣孢子从老的菌丝体或分生孢子上产生。

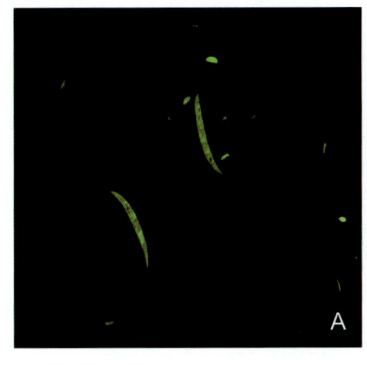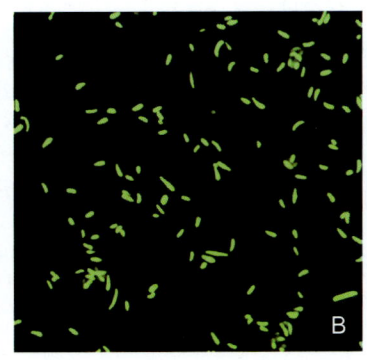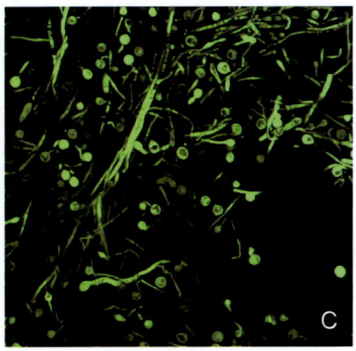

A. 大型分生孢子；B. 小型分生孢子；C. 厚垣孢子

图 4-3　尖孢镰刀菌古巴专化型孢子形态

（图中为转绿色荧光蛋白的病原菌，图片由郭立佳　提供）

香蕉枯萎病菌在 PDA 平板上菌落中心突起，絮状，粉白色、浅粉色，背面呈肉色，略带有紫色；菌落边缘呈放射状，菌丝白色致密（图 4-4）。病原菌可正常生长温度为 15～35℃，最适生长温度为 26～30℃。适宜弱酸性环境，pH 值 =5 条件下生长最好。香蕉枯萎病菌是兼性寄生菌，其腐生能力很强，在土壤中可以存活 8～10 年。病原菌进入寄主以后，采用死体营养方式，先降解寄主组织，再吸收营养。

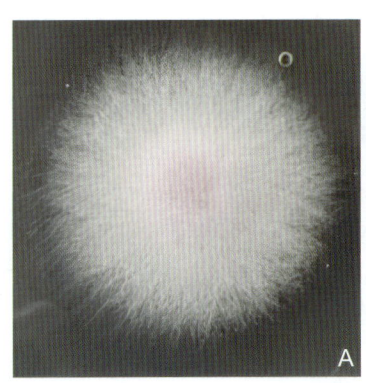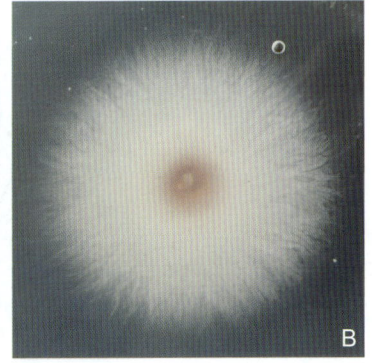

A. 正面；B. 背面

图 4-4　尖孢镰刀菌古巴专化型菌落形态

（图片由郭立佳　提供）

香蕉枯萎病病原菌有 4 个生理小种（表 4-1）。1 号生理小种（FOC1）感染香蕉的栽培种大蜜哈和龙牙蕉（*Musa* AAB），2 号生理小种（FOC2）在中美洲感染三倍体杂种布古（Bluggoe ABB）等，3 号生理小种（FOC3）感染野生的蝎尾蕉属（*Heliconia* spp.），4 号生理小种（FOC4）感染几乎所有的香蕉种类，如 Cavendish（AAA）、大蜜哈、野蕉（BB）和布古等，为害性最大。

表4-1　尖孢镰刀菌古巴专化型各生理小种及寄主或为害品种

生理小种	寄主或为害品种
1号	大密哈、龙芽蕉（AAB）、龙牙蕉、台湾拉屯旦（AAB）、IC2（AAAA）
2号	布古（ABB）、相近种、一些牙买加的四倍体（AAAA）
3号	蝎尾蕉属洪都拉斯、巴拿马、哥斯达黎加的野生种
4号	所有Cavendish品种（AAA）、台湾拉屯旦（AAB）、大密哈、蜡烛蕉（AA）、布古（ABB）

【发生规律】

香蕉枯萎病为土传、系统性维管束病害，初侵染来源主要是带菌的球茎、吸芽、病株残体及带菌土壤和水源。病原菌主要是从罹病蕉树的根茎通过导管延伸至繁殖用的吸芽内，当应用有病的吸芽进行繁殖时，病害就会传播开来。病蕉根部周围的土壤，也是病菌存留的场所，如在带病的土壤上种植蕉苗，病菌可以从根部侵入，并通过寄主维管束向茎上发展。土壤中病菌侵入寄主的方式一般是通过受伤或无伤的幼根，或受伤的根茎，进而向球茎及假茎蔓延。在茎基部侵入病菌可以沿着导管系统而进入吸芽。当母株发病枯萎后，吸芽还可以带病继续生长一段时间。全株枯死后，病原菌能在土壤中营腐生生活。

香蕉枯萎病菌随病株残体、带菌土壤、耕作工具、病区灌溉水、雨水、线虫等进行近距离传播蔓延，带菌吸芽、土壤、二级种苗及地表水成为远距离传播方式（图4-5）。病

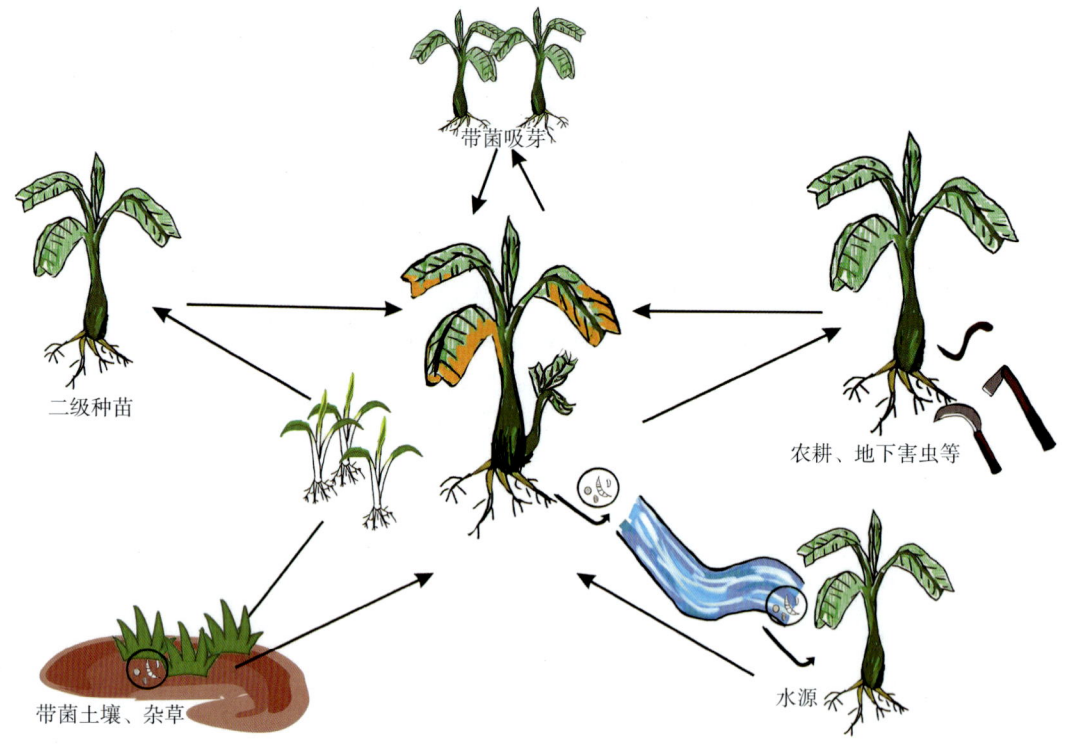

图4-5　香蕉尖孢镰刀菌古巴专化型侵染循环

菌能侵染一些杂草，但不表现症状，在没有种植香蕉时营腐生生活，待日后侵染。杂草中的病菌也可以通过农事操作进行传染。天气多雨，温度较高时病害严重；土壤pH值6以下，沙壤土、肥力低、土质黏重、排水不良、下层土渗透性差的地块，均有利于病害发生。

【**防治方法**】

香蕉枯萎病的防治技术包括：抗病品种选育、安全育苗、病原菌早期检测、农业防治、化学防治及生物防治。

（1）抗病品种选育。香蕉的抗性育种研究中，大多通过体细胞变异筛选进行选育。近年来，丹麦、奥地利、南非、巴西、马来西亚、中国都开展了香蕉诱变育种研究，并取得了一定进展。我国台湾选育出抗香蕉巴拿马枯萎病4号生理小种的台蕉1号、台蕉2号、台蕉3号和宝岛蕉等一系列品种（系）。广东等地也培育出农科一号，抗病效果较好。华南农业大学选育的香蕉新品系粤优抗1号抗病效果明显。据报道，印度国家香蕉研究中心培育出的AAB组品种Maca抗该菌1号生理小种。其他市面上主推的还有粉杂1号、粤丰1号、南天黄、抗枯5号和闽蕉6号等中高抗品种。但是，抗病品种一般农艺形状存在一定缺陷，如产量较低、叶柄脆弱、植株高大、生长周期长、果实脱绿期长、品质较差、商品价值低等。相关抗病品种的主要特征以及研发机构见Rocha等（2021）的综述。

（2）安全育苗。从20世纪90年代开始，香蕉种苗生产以组织培养繁殖香蕉组培苗为主。香蕉组培苗分为瓶苗和袋装苗，瓶苗是指小植株的一级组培瓶苗，袋装苗是指供大田定植的二级营养袋苗。瓶苗的培育包括外植体的准备、外植体的培养及继代培养、生根培养；袋装苗的培育包括大棚育苗、苗圃管理、种苗分级、炼苗、出圃。为避免由于种苗带菌而使香蕉枯萎病的远距离传播，在组培苗的育苗过程中必须采取一系列的安全措施。

（3）病原菌早期检测。香蕉枯萎病是土传病害，香蕉一旦感病后难以进行有效控制，加强检疫防控，对病害的发生进行早期预防是阻断病害蔓延的有效措施之一。其中，对种植地的土壤、灌溉用水源以及种苗等介质进行带菌测定，可为提前预防病害的发生起到指导性的预警作用；确定病原的种类可为防治病害提供参考；定位病害中心的位置可为有效控制病害的蔓延提供依据。目前，综合应用特异性专用培养基和分子检测技术可以做到对病原菌的检测，而定期对种植区进行监控，可以实现对病害发生的早期预警。

（4）农业防治。

① 轮作技术。常见的轮作植物为水稻，根据不同地形的要求，海南轮作玉米、甘蔗、番木瓜、西甜瓜和菠萝等。在广东省番禺地区，常见蕉农应用韭菜轮作或者套种的方法对香蕉枯萎病进行防控，效果比轮作甘蔗和水稻明显。

② 土壤深翻和消毒技术。把深层土地翻到地表暴晒，进行阳光消毒。改善土壤通透性，提高土壤保水保肥能力；种前通过机耕进行深翻，可降低土壤中病原菌数量，有效控制病害的发生。土壤化学消毒可用咪鲜胺和恶霉灵稀释溶液进行保湿处理，然后进行保湿

密闭消毒。植前施用土壤改良剂或石灰调节土壤酸碱度；对于根结线虫较重地块，施用淡紫拟青霉和芽孢杆菌复配生物有机菌肥进行协防，防止伤根，减少感染机会。

③ 合理施肥技术。香蕉是喜钾植物，栽种过程应注意氮、磷、钾配合施用并增施钙、镁肥，以增强蕉株抗病和耐病性能。种前以充分腐熟的农家肥作为基肥，植后前3个月以液施为主，施用含有复合拮抗微生物的有机菌肥，后期使用有机肥进行追肥，通过对土壤中微生物种群的调节，控制香蕉枯萎病菌的繁殖，是有效控制病害发生的方法之一。

④ 套种与生态覆盖技术。蕉园套种番薯、韭菜是高秆长生育期与矮秆短生育期作物的搭配，在充分利用空间和光热资源的同时，对蕉园进行生态覆盖，既可保持土壤湿度，又可增强生防菌剂、化学药剂等对病虫害的防治效果，且简便易行，综合效益高。

⑤ 病株处理技术。香蕉树病株体积大，直径 20～30 cm，尤其地下球茎部分，不易搬迁移除；病原菌主要集中在维管束部位，不易灭菌消毒，自然枯萎时间长，极易导致病菌以发病株为中心在田间蔓延扩散并引起大面积发病，因此对田间发病的植株应及时采取相应的配套措施进行处理。

a. 香蕉园一旦出现发病植株，应尽早进行假茎基部打孔灌药灭除处理，可应用专门杀菌致枯剂（含有咪鲜胺、多菌灵、草甘膦、二甲基亚砜、乙二醇和黄原胶）和打孔施药装置进行处理。病株周围喷施 45% 咪鲜胺水乳剂 3 000 倍液和生防芽孢杆菌剂后，用薄膜覆盖发病区域。b. 对病穴进行土壤消毒，病株除去后，病穴施石灰及多菌灵杀灭病菌，并以土覆盖。病穴周围 2 m 范围的蕉株用 50% 多菌灵可湿性粉剂 500 倍液淋根。c. 香蕉园如果根结线虫比较严重，会加重枯萎病为害。每月 2 次定期喷施水溶性淡紫拟青霉菌肥。d. 病区内实行独立排灌，严禁带菌水流入无病蕉园。e. 病区耕作用过的工具必须浸入 50% 福尔马林药液消毒后，才能用于无病蕉园耕作。f. 发病 30% 以上的蕉园，应改种水稻或水生作物，水淹 2 年后再种蕉。

⑥ 化学防治。香蕉镰刀菌枯萎病是为害香蕉产业的毁灭性病害之一，目前还没有特效的化学药剂。2003 年国际香蕉枯萎病研讨会上，Nel 等（2003）汇报了关于香蕉枯萎病化学防治的综述，认为除苯丙噻二唑对香蕉枯萎病有一定的防治效果外，其他化学药剂几乎无效。

⑦ 生物防治。在香蕉枯萎病的生物防治中主要有以下几类：生防细菌、真菌、放线菌。目前一般采用拮抗生防菌剂与生物有机肥复配或发酵后施用，建议复配具有拮抗互补作用的 2 种以上拮抗菌剂，能显著提高拮抗菌防功能抗土传病害的肥料防控香蕉枯萎病等土传病害等功效。复合生防菌肥的研制不仅可有效提高作物产量，改良土壤生态环境，而且有利于预防和防治土传病害发生和为害，减少农药的使用量，促进绿色农业的发展。

香蕉褐缘灰斑病

【分布与为害】

在香蕉的生产上，褐缘灰斑病是最严重的真菌病害之一，早在20世纪30年代初期已在中美洲和南太平洋地区普遍发生，褐缘灰斑病为害造成香蕉叶片大量干枯死亡，致使果实产量严重减产，同时影响果实的品质，特别是影响贮运保鲜，褐缘灰斑病为害香蕉后，导致果实在催熟过程中成熟不一致，着色不均匀，无商品价值。

Sigatoka：该病最早于1902年在印度尼西亚的爪哇被发现。1912年在斐济的Sigatoka广泛流行，并定名为Sigatoka。1962年以来，Sigatoka一直作为一种流行性病害在世界各地的香蕉种植区相继发生。

Black Sigatoka：1963年，斐济岛最早报道了该病。后来该病在整个太平洋群岛相继报道。1972年，美洲第一次有报道是在洪都拉斯，向北传播到危地马拉、洪都拉斯首都和墨西哥南部，向南拓展到萨尔瓦多、尼加拉瓜、哥斯达黎加、巴拿马、哥伦比亚、厄瓜多尔、秘鲁和玻利维亚。最近报道是在委内瑞拉、古巴、牙买加、多米尼加共和国，威胁着加勒比海的其他国家。Black Sigatoka在亚洲也有发生（不丹，中国台湾岛、海南岛，越南，菲律宾群岛，马来群岛以西，印度尼西亚苏门答腊岛）。在非洲，赞比亚于1973年第一次报道该病，1978年加蓬也有报道。Black Sigatoka沿着西海岸线到达喀麦隆、尼日利亚、贝宁湾、多哥、加纳、科特迪瓦。该病在刚果发生，向东最有可能跨过刚果民主共和国（不包括扎伊尔）到达布隆迪、卢旺达、坦桑尼亚以西、乌干达、肯尼亚和中非共和国。Black Sigatoka被认为是香蕉叶斑病害中最重要的病害。在大多香蕉种植区，Sigatoka很大程度上已被Black Sigatoka所代替。

【症状】

要正确区分Black Sigatoka和Sigatoka这两种病的症状有时非常困难。通常来讲，Sigatoka的第一症状是在叶子正面出现浅黄色条纹，而Black Sigatoka则是在叶背出现深褐色的条纹，两者开始都是长1~2mm，然后逐渐加剧扩大成有黄色晕圈和浅灰色中心的坏死组织。病斑汇合和传播后逐渐损毁大面积的叶片组织，导致减产和果实的早熟。相比之下，Black Sigatoka比Sigatoka更为严重，因为它会在更为早期的叶片上发病，从而损坏植物的光合组织，造成更大的伤害。而且，Black Sigatoka能侵染很多对Sigatoka产生抗性的品种（比如AAB）。

Sigatoka病症状病变过程（图4-6）：第一个可见症状是叶子的次要静脉之间略微变色（图4-6A）。随着时间的流逝，这些点发展成淡黄色条纹，棕色条纹和平行于次要静脉排列的椭圆形坏死斑。凹陷的灰色中心被黄色光环包围。随着病害的进展，病灶合并并覆盖大片叶子（图 4-6F）。

图 4-6　Sigatoka 病的症状发展过程
（图片由 Cordeiro ZCM、Gomes LIS 等　提供）

Black Sigatoka 的症状描述（图 4-7）：阶段 1 产生淡黄色斑点，仅在叶子的下侧可见不到 1 mm。此阶段先于 Meredith 和 Lawrence 的第 1 阶段，在叶子的下侧直径小于 0.25 mm 的锈棕色斑点。阶段 2 在叶子的下侧显示为红色或棕色条纹，随后在叶子的上侧

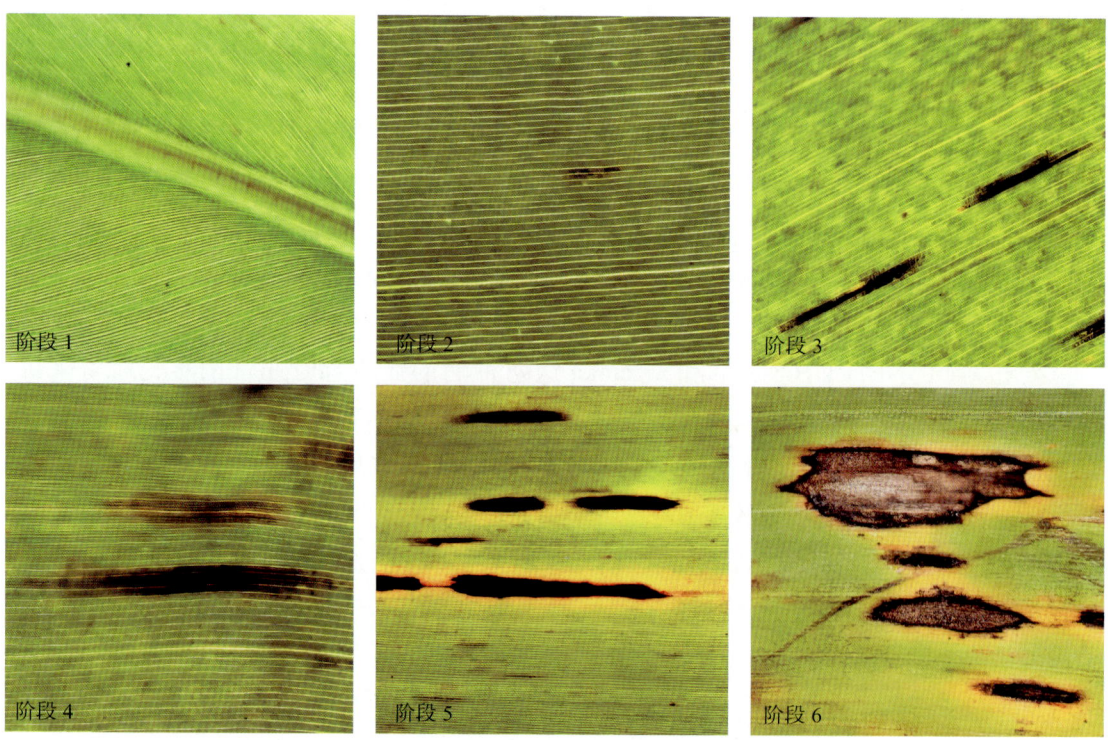

图 4-7　Black Sigatoka 的症状发展过程
（图片由 R. Le Guen，CIRAD　提供）

出现条纹。条纹的颜色在叶子的上侧将逐渐变为黑色。阶段 3 与前一个的区别在于条纹的尺寸变得更长且更大。阶段 4 在叶片的下侧显示为褐色斑点，叶部上端的斑点呈椭圆形或圆形。阶段 5 是两个坏死阶段中的第一个阶段，该斑点完全是黑色的，已经扩散到叶片的下侧，它被黄色光环包围。阶段 6 是斑点的中心变干，变成浅灰色并被轮廓分明的黑色环包围，黑色环本身被明亮的黄色光环包围。由于环仍然存在，因此在叶片变干后这些斑点仍然可见。

【病原】

香蕉褐缘灰斑病病原菌在分类上存在很大的争议。现在一般报道为以下 2 个种：*Mycosphaerella musicola*（香蕉生球腔菌，无性阶段 *Pseudocercospora musae*）引起黄条叶斑病（Sigatoka 或 Yellow Sigatoka）；*M. fijiensis*（斐济球腔菌，无性阶段 *Paracercospora fijiensis*）引起黑条叶斑病（Black leaf streak disease 或 Black Sigatoka）。

M. musicola：分生孢子梗无色，叶片两面生，丛生，直立或稍弯曲，瓶状，多数无分隔，无明显孢痕。分生孢子单个着生，大多数圆筒形，有些倒棍棒形，直立或曲膝状弯曲，有 1～5 个横隔膜，基部无明显的脐点（孢子痕）。

M. fijiensis：分生孢子梗主要在背叶生，单生或者 2～5 个簇生，常从叶背气孔伸出，淡色至浅褐色，曲膝状，孢子痕较厚（图 4-8）。分生孢子倒棒形或圆筒形，有 1～10 个分隔，基部有明显脐点（孢子痕），从脐端到顶部渐变狭窄，有明显的底部。*M. fijiensis* 病原菌在 PDA 培养基上生长的速度很慢，室温下培养 1 个月，菌落直径大小

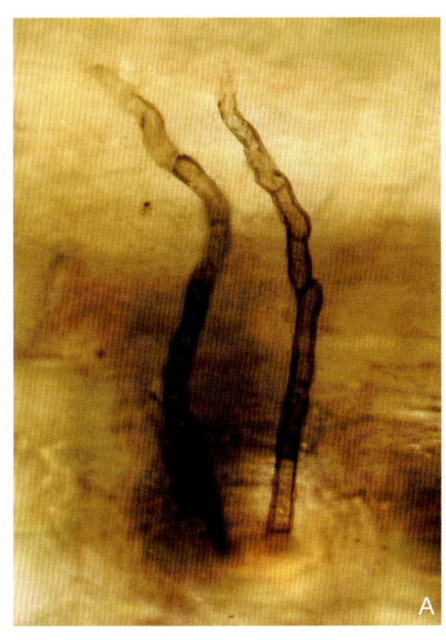
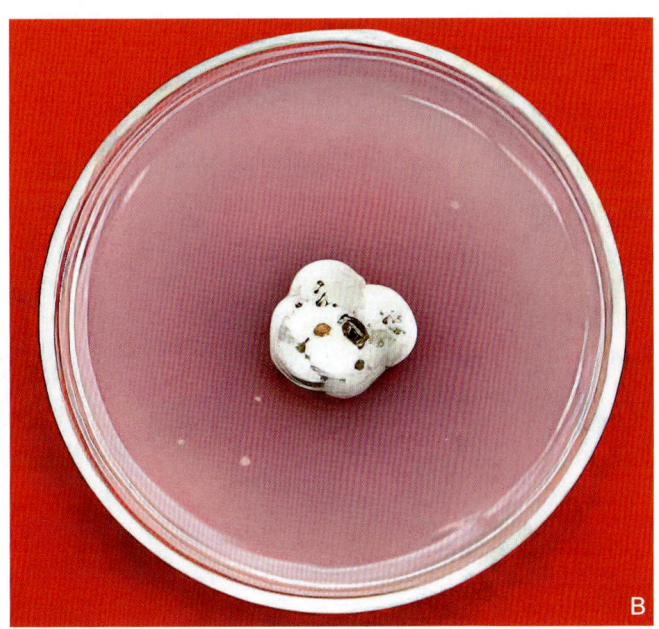

图 4-8　*M. fijiensis* 分生孢子梗（A）；在 PDA 平板上的菌落形态（B）
（图片由谢艺贤　提供）

为 0.5～1 cm，产孢难且少，黑色坚硬的菌块往培养基下生长，表面长出灰色或灰白色菌丝，在培养过程中，有些菌落的菌丝变为很淡的粉红色（图 4-9）。菌落表面常伴有水泡状物生成。

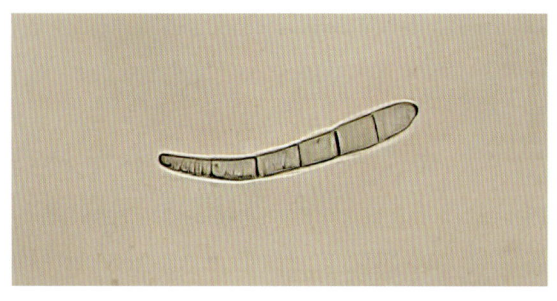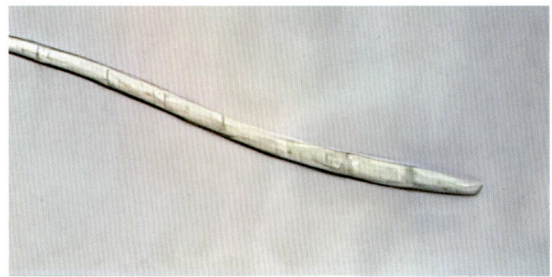

图 4-9　*M. fijiensis* 的分生孢子
（图片由谢艺贤　提供）

【发生规律】

香蕉褐缘灰斑病的侵染循环比较简单，病原菌以菌丝体和有性阶段孢子囊在病叶和干枯的叶片上越冬，春季子囊孢子或分生孢子传播到香蕉的嫩叶侵染，经过 15～25 d 潜伏期后出现为害症状，并在病斑上产生大量分生孢子，传播到新的叶片和植株。但在我国香蕉植区，病菌的有性阶段很少观察到。

香蕉褐缘灰斑病的发生与流行与气候密切相关，高温高湿利于病害的发生为害。香蕉褐缘灰斑病在我国香蕉上全年都发生为害，高温高湿季节是病害流行季节，病害的发展蔓延及病原菌的产孢量与下雨天数关系密切；冬季和早春，气温较低，雨量少，香蕉褐缘灰斑病的病斑中只镜检到单生的尾孢菌的孢子，4 月初，气温回升，才镜检到病斑中有丛生于暗色子座上的分生孢子梗和分生孢子，4 月中旬，丛生的尾孢菌孢子大量产生，出现一个产孢高峰期；5 月以后，丛生的尾孢菌孢子虽常镜检到，但它的数量和密度均比 4 月少得多，直到 8 月初，香蕉植株已经长大封行，叶片数多且大，香蕉园内荫蔽，湿度大，丛生的尾孢菌孢子才迅速增加，出现第二个产孢高峰。10 月以后，雨量少，连续下雨天数少，褐缘灰斑病的严重度及丛生的尾孢菌产孢的数量和密度均减少。病害的发展与香蕉的叶龄有关，香蕉褐缘灰斑病的分生孢子侵染香蕉的幼嫩叶片，潜伏期过后发生为害，下层叶片先感染先发病，因此，下层叶片病害比上层叶片重。香蕉抽蕾期消耗大量营养物质，抗病性弱，病害发展也较快。

香蕉褐缘灰斑病的分生孢子借雨水露水传播。

【防治方法】

由于病菌对苯并咪唑类杀菌剂已产生抗性，目前防效较好的为三唑类杀菌剂，如 25% 丙环唑乳油。在国外香蕉大面积种植地区，在病害流行期，采用丙环唑 + 矿物油进行飞机低容量喷雾防治（图4-10），15～20 d 喷1次，每年共喷8～10次，可以有效控制病害的为害。在我国主要采取以下措施进行综合防治。

（1）种植密度合适，定期修除枯叶，除草和去掉多余的吸芽，进行地面覆盖，保持蕉园通风透光。

（2）加强肥水管理。施足基肥，增施有机肥和钾肥，不偏施氮肥；旱季定期灌水，雨季注意排水，促进香蕉植株生长旺盛，提高抗病力。

（3）割除病枯叶，减少侵染菌源。

（4）化学防治。在病害发生初期开始定期喷药，轻病期15～20 d 喷一次，重病期10～12 d 喷一次，重点保护新叶嫩叶，一年喷药约8次。目前防治效果较好的农药为丙环唑、吡唑醚菌酯、苯醚甲环唑、醚菌酯等杀菌剂，浓度按说明书使用；三唑类杀菌剂与代森锰锌混配使用效果好。

图 4-10　直升机喷洒杀菌剂
（图片由 G. Kema　提供）

香蕉花叶心腐病

【分布与为害】

香蕉花叶心腐病从 20 世纪 20—30 年代开始在大洋洲、亚洲和南美洲等地发生为害，目前，东南亚国家菲律宾、印度、巴西等国家先后有报道。该病于 1974 年在我国广东省广州市郊部分地区及东莞个别地点首次被发现，后蔓延扩展较快，现已成为香蕉重要病害之一，在广东、广西、福建、云南和海南等种植区均有发生，有些蕉园发病率高达 80%～90% 以上，一般发病率为 5%～10%。

【症状】

香蕉花叶心腐病有两种典型症状：一是花叶，即病株叶片上出现断断续续的褪绿黄色条纹或梭形圈斑；二是心腐，在嫩叶黄化或出现斑驳症之后，心叶或假茎内部断而出现水渍状病变，横切假茎病部可见黑褐色块状病斑，中心变黑腐烂、发臭，顶部叶片有扭曲的倾向，最后整株腐烂枯死。病株抽蕾时，果轴或花出现黄色圈斑，果实出现黑斑，发育不良，无经济价值（图4-11）。

图 4-11 香蕉花叶心腐病田间为害（A）及病株表现花叶和心叶腐烂（B）症状
（图片由刘志昕 提供）

【病原】

香蕉花叶心腐病的病原是黄瓜花叶病毒（*Cucumber mosiac virus*，CMV），它是一种分布范围最广、发生最普遍的植物 RNA 病毒，能侵染 100 科 1 200 多种单子叶、双子叶植物；CMV 在分类上属于雀麦花叶病毒科（*Bromoviridate*）黄瓜花叶病毒属（*Cucumovirus*）。

香蕉花叶心腐病的诊断除了观察典型症状外，可根据指示植物生物学接种、病毒粒体电镜观察、利用多克隆抗血清和单克隆抗体进行血清学实验对其病原 CMV 进行检测而被科学诊断。

【发生规律】

该病寄主范围甚广，寄生范围除香蕉外，还有黄瓜、番茄、十字花科植物以及一些杂草等。香蕉花叶心腐病的初侵染源主要是田间病株和吸芽，近距离传播主要靠蚜虫，也可以通过汁液摩擦或机械接触方式传播；远距离传播主要是通过带毒吸芽的调运。此病的发生与蚜虫数量、植株生育期和蕉园间作方式等有密切关系。温暖而干燥的年份有利于蚜虫繁殖活动，因而发病往往较重。幼株较成株易感病。蕉园间作或周围大面积种植蔬菜，尤其是茄科、葫芦科蔬菜，蚜虫在这些作物上辗转繁殖、传播病毒，则病害发生严重。

【防治方法】

（1）加强检疫。选择不带病毒的苗繁殖，带毒苗应及时销毁，原来发病株的吸芽不能再用。

（2）合理栽培。远离葫芦科、茄科等蔬菜作物，避免在香蕉园或附近种植瓜、豆类植物，以避免病毒传播。

（3）清理蕉园。发现病蕉必须挖出，带出田外深埋沤制，同时深翻土，进行土壤消毒。

（4）药剂防虫。可选用吡虫啉防治蚜虫，每隔 7～10 d 喷 1 次。

（5）诱导抗病。在病害发生初期或抽蕾期之前，使用叶面宝、植病灵、病毒威、病毒 A 等抗病毒制剂。

香蕉束顶病

【分布与为害】

香蕉束顶病于1889年首先在斐济被发现，目前印度、巴基斯坦、东南亚国家印度尼西亚、菲律宾、越南、太平洋诸岛屿、加蓬、埃及、刚果等国家均有发生。在我国台湾，关于香蕉束顶病的最早的记载是1900年，之后曾多次有不同程度的流行为害。1954年福建省漳州地区有关香蕉束顶病的最早记载。20世纪50年代和90年代，香蕉束顶病在我国广东、广西、福建、云南和海南等香蕉主要产区多次流行为害，部分产区的发病率占5%～25%，重病蕉园发病率可高达80%以上，可发展到毁灭性程度，严重影响我国香蕉产业的发展。

【症状】

香蕉束顶病的典型症状是植株束顶状矮缩，在香蕉在整个生长季均可发病，症状和为害分别有以下表现。

（1）苗期染病植株呈矮缩状，新抽叶片变短变窄，束状丛生呈束顶状，支脉、中脉及茎脉上首先出现深绿色点线状的"青筋"，其后叶缘逐渐褪绿黄化、皱缩（图4-12），叶质脆硬，假茎由上向下逐渐枯黄或呈烂心状，最后病株枯死。

图4-12 香蕉束顶病症状，示植株束顶矮缩、叶缘黄化和叶片"青筋"
（图片由刘志昕 提供）

（2）中苗期染病植株新抽嫩叶初呈黄白色，逐渐变暗，出现暗色条纹，从叶缘变白逐渐向主脉扩展，呈连片白枯状，缺绿，致病株不孕穗现蕾。

（3）孕穗后期染病，新抽嫩叶失绿，抽穗停滞。

（4）初穗期染病，病株呈花叶状，穗轴不再下弯，香蕉停止生长。

（5）抽穗后期染病，穗轴虽能下弯，但香蕉生长停滞，不能食用，病株根系生长不良或烂根，假茎基部变成微紫红色，解剖假茎有的可见褐色条纹，外层鞘皮随叶片干枯变褐或焦枯。

（6）少数晚期受感染的植株，果形细小而弯曲、果味变淡，失去商品价值。

【病原】

香蕉束顶病的病原是香蕉束顶病毒（Banana bunchy top virus，BBTV），它属于矮缩病毒科（Nanaviridae）香蕉束顶病毒属（Babuvirus）。BBTV 为 18～20nm 的等轴二十面体粒子，基因组至少由 6 个大小为 1.0～1.1 kb 的环状单链（ss）DNA 组分所组成，外壳蛋白约 20 kDa。BBTV 在 Cs_2SO_4 中的浮力密度为 1.28～1.29 g/mL，在等动力蔗糖密度梯度中，BBTV 粒子呈现核蛋白的紫外吸收光谱特征，$OD_{260/280}$ 的比值为 1.33，最大紫外吸收值在 258 nm，最小吸收值在 245 nm，沉降系数为 46 S。病毒粒子能够在 1%（W/V）的乙酸双氧铀、0.1 mol/L 磷酸钾溶液或 pH 值 7.4 的 PBS 缓冲液中稳定存在；而在 pH 值 8.5、0.1 mol/L Tris-HCl 或 0.1 mol/L 硼酸中，大部分病毒粒子被破坏；在 pH 值 9.6、0.05 mol/L 的碳酸盐溶液中，病毒颗粒几乎完全被破坏（图 4-13）。

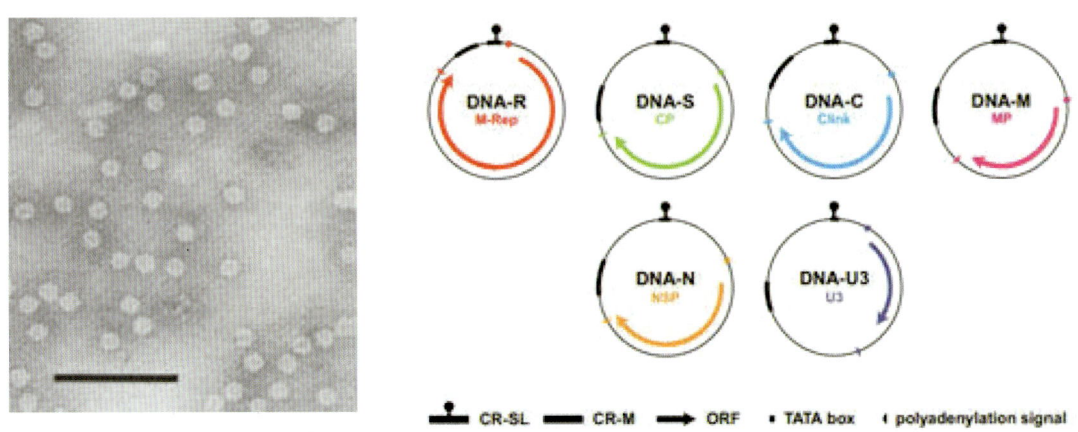

图 4-13　香蕉束顶病毒粒体电镜图片（左图引自 Harding R M, et al., 1991）及基因组示意图（右图引自 ICTV 第 9 次报告）

高灵敏度的检测技术对从源头控制 BBTV 是必要的。至今，已成功应用的检测方法有 ID-ELISA、DAS-ELISA、同位素或非同位素标记的核酸探针的 Dot-blot 或 Southern blot、PCR 以及免疫吸附电镜法等。

【发生规律】

国内外对香蕉束顶病传播方式及特性的研究表明，BBTV 不能通过汁液摩擦和土壤传播，健病植株根部自然交接和菟丝子也均不能传播，仅由香蕉交脉蚜（*Pentalonia nigronervosa*）以持久方式传播，香蕉交脉蚜的最短获毒时间为 30 min，最短接毒时间为 15 min，循回期在 1 d 左右，一次获毒后可以保毒 14 d，但带毒蚜虫的后代不传毒。被染病的繁殖材料是该病初侵染源，交脉蚜为次侵染源。香蕉为宿根性作物，主要借吸芽繁殖。植株染病后，母体发病，吸芽也均带病（极个别的吸芽可以避免被感染不带毒）。所以，BBTV 的远距离传播靠带病的繁殖材料，而短距离传播则靠香蕉交脉蚜传染。大量种植带病蕉苗是病区迅速扩展的直接原因，而介体香蕉交脉蚜活动猖獗和管理粗放是病害严重发生和流行的主导因素。

【防治方法】

香蕉束顶病的防治至今还没有十分有效的办法，种植无毒香蕉苗、及时铲除田间病株和有效控制蚜虫的传播对于控制病害发生蔓延具有一定效果。

（1）种植无病蕉苗是蕉园无病化的前提条件。因此要加强蕉苗市场管理，对用于组培的吸芽进行检测，首先确保蕉苗没有携带病毒。

（2）田间及时发现并清除病株，减少病毒传染源。香蕉束顶病株在蕉园中呈现均匀分布的空间分布型，显症病株周围有一定数量的无症"健株"，这些"健株"中有一部分是带病毒的，铲除病株的同时，须铲除病株周围一定数量的带毒"健株"更有效。

（3）化学药物防治，切断虫媒，确保蕉园无蚜虫大量发生。香蕉束顶病田间靠交脉蚜传播，最重要的是及时和坚持不懈地铲除显症的病株，同时防治传毒介体香蕉交脉蚜。

（4）因地实行生态防控。实行稻蕉轮作能够改善土壤环境，有利于香蕉和水稻的生长，取得蕉粮双丰收。

香蕉条斑病毒病

【分布与为害】

香蕉条斑病毒病又称香蕉线条病，1974 年以后首先在科特迪瓦种植的香蕉品种中发现，目前在喀麦隆、马拉维、桑给巴尔、摩洛哥、加纳、贝宁、尼日利亚、乌干达、哥斯达黎加、约旦、毛里求斯、厄瓜多尔、南非、马达加斯加、印度、巴西和东南亚国家的香蕉产区均发现该病。一些产蕉地发病率可高达 90%，产量损失可达 4.5～30 t/hm^2。在我国台湾、广东、云南等地种植的香蕉上也发现有此病毒存在，但尚未有报道造成严重为害。

【症状】

香蕉条斑病毒病侵染香蕉后可以产生多种症状，典型症状是叶片出现断续或连续的褪绿条斑及梭条斑，随着症状的发展可逐渐成为坏死黑色条斑，假茎、叶柄及果穗有时也会出现条纹症状。症状严重还会造成植株矮化，甚至不开花，即使开花结果，也果穗小，果实不饱满。

香蕉条斑病毒病与香蕉花叶心腐病的症状非常相似，在大田间易于混淆，但香蕉条斑病在后期可以发展成为坏死条斑，从而加以区分。该病侵染还可造成许多其他症状，如假茎内部坏死成为心腐症状、假茎基部肿大、假茎分开和生长排列不规则、叶皱缩卷曲、木栓化和叶片变窄等症状（图 4-14）。

【病原】

引起香蕉条斑病毒病的病原是香蕉条斑病毒（Banana streak virus，BSV），是花椰菜花叶病毒科杆状 DNA 病毒属（*Badnavirus*）的成员，这类病毒被称作内源拟逆转录病毒（Endogenous pararetroviruses，EPRV）。该病毒有两种存在形式：蛋白衣壳包被的游离态和寄主基因组整合态。现有证据表明某些香蕉品种中整合有 BSV 序列，并且某些整合序列在组培或逆境条件的诱导下可游离出来，可再侵染为害寄主。

由于 BSV 具有症状不稳定、易于同 CMV 引起的花叶病相混淆、不能通过机械摩擦接种、无指示植物等特点，这就给生物学鉴定带来很大困难。目前，国际上已制备出 BSV 抗血清，并建立了 ELISA 检测方法用于 BSV 检测，但由于 BSV 存在许多分离物，且存在无外壳蛋白的形态以及基因整合形态，也使血清学方法的应用受到限制。PCR 的灵敏度高于 ISEM 及 ELISA 法，为了避免整合序列的影响，有效地检测游离状态的病毒粒子，发展了免疫捕捉 PCR（IC-PCR），但还不能对所有分离物进行检测。

A. 断续或连续的褪绿条斑；B. 梭形条斑；C. 叶片黑条坏死病；D. 中脉坏死、黑色条斑

图 4-14　香蕉条斑病毒病症状（图片由刘志昕　提供）

【发生规律】

（1）传染方式。BSV 最重要的传播方式是通过无性繁殖材料（吸芽、组培苗等）进行传播，这是引起香蕉条斑病毒病流行的主要途径。自然条件下，BSV 通过粉蚧的传播一般仅局限在小面积范围内，很少扩散蔓延。种子也可带毒传播，但不能通过机械摩擦和土壤传播。在一定的自然条件下，甘蔗杆状病毒（Sugarcane bacilliform virus，SCBV）也可以由粉蚧从甘蔗传播至香蕉，并造成香蕉条斑病症状。

（2）传播介体。BSV 可通过柑橘粉蚧（Planococcus citri）和甘蔗红粉蚧（Saccharicoccus sacchari）以半持久方式进行传播。康氏粉蚧（Pseudococcus comstocki）和菠萝粉蚧（Dysmicoccus brevipes）可以传播 BSV。粉蚧的卵、若虫、成虫均可传毒，若虫的传毒效率高于成虫，传毒效率还因蕉类品种的不同而存在差异。

（3）流行规律。大部分香蕉种植苗都来自组织培养途径，而组培是 BSV 传播的主要途径之一。BSV 可随着组培中香蕉分化芽的繁殖，通过游离病毒形式或病毒基因组整合进香蕉基因组的形式逐代传递。BSV 的症状表达受很多因素的影响，包括香蕉品种、病毒株系及环境条件等，从而导致症状表达不稳定、症状范围广，症状的发生有时很严重，有时则很轻，甚至隐症。例如，野生长梗蕉、蕉麻、Awak 等在 BSV 侵染的情况下无症状或仅表现极轻微的症状，而有些品种，如 Cavendish 系列、TMPx 系列等，则表现出明显的条纹症状。温度也影响 BSV 症状的表达，低温（22℃）有利于症状表达，并且植株内

BSV 的浓度高；高温（28～32℃）时大部分病株隐症，这就导致症状只在一年中的某个特定时期才能表达，从而使表达具有时期性。

【防治方法】

（1）栽培无病苗。目前种植的香蕉多为试管苗，建立无病育苗系统，确保使用无毒的材料进行组培育苗，以杜绝初侵染源，是阻止病害流行的最重要措施。

（2）应用抗耐病品种 BITA-3、PITA-14、PITA-16、TMPx 等品种、品系对 BSV 有较好的抗（耐）病性。

（3）通过检疫阻止病株的调运及扩散。在国家、地区间进行香蕉种质资源交流以及进行香蕉种质保存时，为了保证安全性，都需要进行病毒检测。

（4）铲除初侵染源及阻止介体的二次传播。发现带毒植株要及时铲除、销毁，并对原带毒植株所在穴洞撒施石灰等进行消毒。

香蕉根结线虫病

香蕉根结线虫主要包括南方根结线虫、爪哇根结线虫、花生根结线虫等（图4-15）。

1. 南方根结线虫（*Meloidogyne incognita* Chitwood）

雌雄异形。

雌虫膨大，呈球形或梨形，有突出的颈部；唇区稍突起，略呈帽状，会阴花纹变异较大，一般背弓高；花纹明显呈椭圆形或方形，背弓顶部圆或平，有时呈梯形，背纹紧密，背面和侧面的花纹从波浪形至锯齿形，有时平滑，侧区常不清楚，侧纹常分叉。雌虫体长597.7（493.5～676.5）μm，最大体宽402.5（331.5～526.4）μm。

雄虫线形，体长1 508.0（1 047.5～1 681.5）μm；最大体宽35.1（33.4～41.2）μm。唇区平至凹，不缢缩，常有2～3条不完整的环纹；口针圆锥体部尖端钝圆，杆状部常为圆柱形，靠近基球位置较窄，基球圆形。

J2：体长395.4（355.4～479.6）μm，最大体宽15.7（13.5～18.2）μm。

2. 爪哇根结线虫（*M. javanica* Chitwood）

雌雄异形。

雌虫梨形或近球形，体长715.8（589.0～865.0）μm，最大体宽455.5（425.0～612.3）μm。颈较长，与虫体纵轴在一条直线上或略弯向一侧，与体分界明显；口针基球与基杆分界明显，会阴花纹在群体内变异很大，通常为椭圆形至圆形，形成一个套一个的同心圆，背弓有低有高，线纹平滑、细密、连续，有明显的侧线，很少有线纹通过侧线，也有些种群的侧线不明显。

雄虫线形，体长1 540.0（1 107.5～1 679.0）μm，最大体宽36.5（33.2～43.0）μm。头冠宽，前端圆，有2条不完全环纹，头区与体部分界不明显，口针锥体向基部渐粗，基杆圆柱形，中食道球明显，瓣门大。侧区有4条侧线。尾端阔圆。

J2：体长432.2（352.2～478.1）μm，最大体宽15.3（13.5～17.0）μm。

3. 花生根结线虫（*M. arenaria* Chitwood）

雌雄异形。

雌虫膨大，呈梨形或球形，体长705.8（589.0～885.0）μm，最大体宽465.5（425.0～601.3）μm。唇区稍突起，略呈帽状；会阴花纹变异较大，花纹明显呈椭圆形，一般背弓扁平至圆形，大多时候弓上的线纹在侧线处分叉，有明显的侧线，有线纹通过侧线，背面和侧面的花纹波浪形至锯齿形，侧纹常分叉，有时纹断续并分叉；有些种群没有侧线。

雄虫线形，体长1 340.0（1 007.5～1 674.0）μm，最大体宽35.1（33.2～40.0）μm。唇区平至凹，不缢缩，常有1～2条不完整的环纹；口针圆锥体部尖端钝圆，杆状部常为圆柱形，靠近基球位置较窄，基球圆形。

J2：体长412.2（352.6～478.9）μm，最大体宽16.3（13.5～17.0）μm。

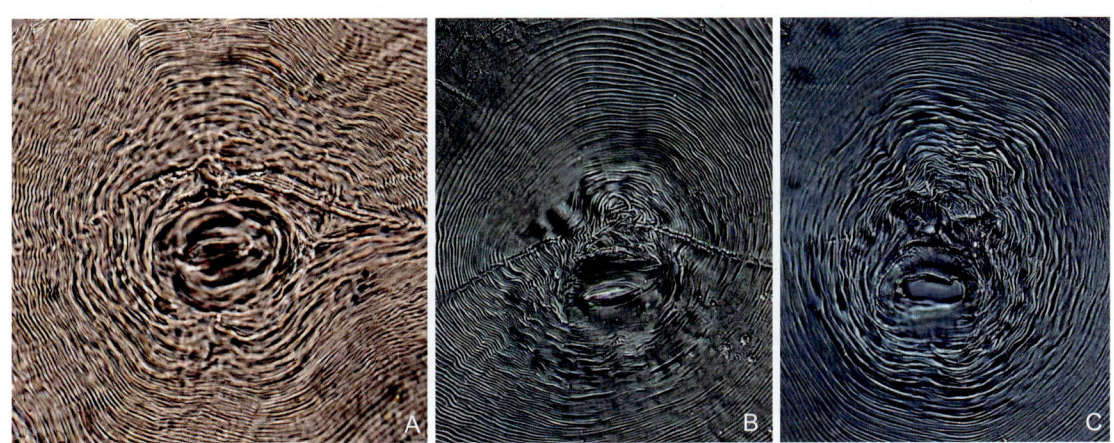

A. 南方根结线虫；B. 爪哇根结线虫；C. 花生根结线虫

图4-15 香蕉根结线虫雌虫会阴花纹（图片由符美英 提供）

【分布与为害】

香蕉根结线虫病是香蕉上的一种重要土传病害，主要分布于中美洲和西印度群岛的墨西哥、巴拿马、哥斯达黎加、洪都拉斯、危地马拉、多米尼加、瓜德罗普、牙买加和马提尼克，南美洲的巴西、厄瓜多尔，非洲的埃塞俄比亚、喀麦隆、几内亚、尼日利亚和加那利群岛，亚洲的菲律宾、泰国、越南和印度等生产香蕉的国家和地区。该病发生频率高，为害严重，可造成大幅度的经济损失。我国是根结线虫病的重发区域，在广东、广西、海南、福建、云南、贵州和台湾等地的香蕉产区，该病均有不同程度发生与为害，尤其是连续多年种植的蕉园发病严重。

根结线虫的寄主范围极广，除了寄生香蕉以外，还可侵染蔬菜、果树、花卉、油料、南药和野生杂草等114科的3 000多种植物。根结线虫的种类繁多，世界上已报道有90多种，国内已记载的有30多个有效种。我国寄生香蕉的根结线虫有南方根结线虫、爪哇根结线虫和花生根结线虫。该病一般导致香蕉产量损失20%～30%，严重者达50%以上，甚至绝收。

【症状】

根结线虫为害香蕉根系，侵入根组织后能引起寄主植物的一系列病变，表现为线虫取食时分泌毒素刺激根细胞膨大，使根系上形成大小不等的瘤状物即根结。根结初为白色，表面光滑，后逐渐变褐色。随着侵入病原线虫数量的增加，整个根系布满根结，连接成不规则串珠状根结团，阻碍或破坏根系对肥水的吸收和输送功能，同时诱发其他病原菌的复合侵染，从而导致整个根系腐烂。根结线虫为害初期，植株地上部病状不明显，随着病情加重，地上部逐渐呈现生长不良，长势衰弱，叶片自下至上褪绿黄化、无光泽，似缺肥缺水症状，严重时叶片脱落，终致植株枯死。

图 4-16　香蕉苗期根结线虫病症状（图片由符美英　提供）

【病原】

根结线虫属线虫门侧尾腺纲垫刃目异皮科根结线虫属。雌虫和雄虫形态明显不同。雄虫细长，呈线状，圆筒形，无色透明，尾部短，尾部钝圆，体表环纹清楚；唇区稍突起，无缢缩，口针发达，基部球明显；食道圆筒形，中食道球纺锤形，峡部较短；排泄孔位于神经环位置稍后处；交合刺细长，无交合伞。雌虫成熟后呈梨形或柠檬形，乳白色；唇区略呈帽状，有 6 个唇瓣；头小且尖，口针发达，基部球明显，背食道腺开口于基部球稍后处；食道圆筒形，中食道球球形，排泄孔位于中食道球前面；阴门和肛门位于虫体的末端，阴门周围的角质膜形成特征性会阴花纹；多行孤雌生殖，卵椭圆形或肾脏形。从卵孵化出的二龄幼虫（J2）线形，无色；口针纤细，中食道球卵圆形；尾尖透明区明显，尖端狭窄。我国香蕉上的根结线虫优势种群为南方根结线虫，其次为爪哇根结线虫和花生根结线虫。

【发生规律】

香蕉根结线虫主要以卵、幼虫和雌虫在土壤和病根组织内越冬，翌年气温回升到 10℃ 以上时开始活动。在海南岛等热带地区，根结线虫无越冬现象，可周年发生。卵经过胚胎发育后在卵壳内形成一龄幼虫，从卵中孵化出来的幼虫为二龄侵染幼虫（J2）。J2 在土壤中活动并侵染香蕉幼根，寄生于根部皮层与中柱之间，进行取食，同时分泌毒素刺激根细胞过度生长和分裂，形成多核的巨形细胞，致使根部形成大小不等的根结。幼虫初期无两性分化，侵入香蕉根，并在其中寄生，经历三、四龄期后发育为雌、雄成虫。成熟雌虫固着在根组织内生活和繁殖,将卵产于露在根外的胶质卵囊中,每条雌虫可产卵 500～1 000 粒。卵粒散落到土壤中成为再侵染源。香蕉根结线虫在广西南宁一年发生 9 代,世代重叠明显。世代历期随气温和降水量的变化而不同,一般为 30～50 d。根结线虫在土壤中自行移动的速度十分缓慢,因而主要是借助流水、农具、带病有机肥、病苗、病土和人畜活动进行传播。

【防治方法】

(1)轮作。染病坡地因地制宜地采用非寄主作物、免疫或高抗作物(如玉米、木薯、甘蔗等)交替种植,水田采用水稻或水生作物轮作 1 年以上,均可大大减轻病害。

(2)清除病残组织与翻耕晒垡。前茬作物为香蕉根结线虫的寄主时,于收获后和香蕉移苗种植前,彻底清除病残体,减少土壤中病原根结线虫的种群数量基数。

(3)生物熏蒸和阳光消毒。非寄主作物收获后均匀撒施石灰 750 kg/hm^2,并将秸秆翻犁入耕作层直至秸秆腐烂。或上茬作物完全收获后于土壤表面撒施:稻草 7 500kg/hm^2+50% 石灰氮 1 500kg/hm^2,或稻草 7 500 kg/hm^2+ 鸡粪 3 750 kg/hm^2+17.2% 碳酸氢铵 1 005 kg/hm^2,一并翻犁入 20 cm 以下耕作层,用农用薄膜封盖 15 d 以上,翻土通气 5～7 d 后移栽。或盛夏高温季节对耕作层土壤实施深翻晒垡 15 d 以上。

(4)培育无病种苗。应选用不携带香蕉根结线虫的种苗。大棚工厂化培育无病苗时,应选取无线虫污染的土壤和培养基质制备营养杯,以杜绝香蕉苗感染根结线虫。

(5)植前土壤消毒。香蕉苗移栽前,蕉园地块用 35% 威百亩水剂 45 kg/hm^2 加水 4 500 kg,或用 98% 棉隆微粒剂 75～150 kg/hm^2 穴施和覆土,并用地膜覆盖熏蒸 7 d 后,翻土释放毒气,7 d 后移栽。

(6)加强水肥管理。染病地块增施堆肥、鸡粪、猪粪等有机肥,也可施用蟹壳粉、骨粉、黄豆粉、芝麻渣等有机添加物。按蟹壳粉:堆肥=1:20 的比例施于土壤中,可有效地控制根结线虫病的发生。

(7)植前和生长期施用杀线虫剂。香蕉园已染病或香蕉生长季节里发现植株发病,可选用 10% 噻唑膦颗粒剂 15.0～22.5 kg/hm^2,或 0.5% 阿维菌素颗粒剂 45.0 kg/hm^2 沟施或穴施。也可选用 2.5% 二硫氰基甲烷可湿性粉剂 1 500～3 000 倍液,或 1.8% 阿维菌素乳油 1 000～1 500 倍液灌根。

香蕉细菌性枯萎病

【分布与为害】

香蕉细菌性枯萎病（Moko disease）是香蕉生产上最具毁灭性的病害之一。其病原菌在我国属于具有潜在入侵风险的危险性外来有害生物，被列入《中华人民共和国进境植物检疫性有害生物名录》。成株被侵染后，症状在1.5～3个月后出现，系统侵染导致水分传导障碍而引起植株萎蔫。菲律宾、印度尼西亚、马来西亚印度、墨西哥、中南美洲和加勒比海各国（留尼汪、格林纳达、危地马拉、伯利兹、萨尔瓦多、洪都拉斯、哥斯达黎加、巴拿马、特立尼达和多巴哥、委内瑞拉、圭亚那、苏里南、秘鲁、巴西等）。据报道，该病于2005年传播到坦桑尼亚，并于2006年传播到肯尼亚和布隆迪。

【症状】

香蕉细菌性枯萎病是维管束病害，各发育阶段均感病。幼年植株感病，迅速萎蔫而死亡，中间叶片锐角状破裂，不变黄。成株期感病，首先内部叶片近叶柄处变成黄色，叶柄崩溃，叶片萎蔫而死亡，同时从里到外的叶片逐渐脱落、干枯，根部开裂，叶鞘变黑。感病植株若开始结果，果实停止生长，香蕉畸形，变黑皱缩。若成熟的果实感病，外部可能没有症状，果肉变色腐烂。感病假茎横切面可见维管束变绿黄色至红褐色，甚至黑色，尤其是里面叶鞘和果柄、假茎、根围及单个香蕉上均有暗色胶状物质及细菌菌脓。香蕉果肉最终当果皮开裂后形成灰色干腐的硬块。

香蕉细菌性枯萎病很容易与香蕉镰刀菌萎蔫病（即巴拿马病）的内部症状相混淆，诊断时必须仔细观察内部和外部症状结合病原菌的分离。巴拿马病最初发病是最老的叶片或最低的叶片开始变黄、萎蔫而变褐，然后扩展至内部叶片，果实上没有症状。而香蕉枯萎病往往内部三张叶片变黄或淡绿色，后扩展至外，且果实上有症状（图4-17）。

A. 枯萎和变黄的叶子倾向于沿着叶片折断；B. 从假茎渗出的乳膏至淡黄色细菌菌脓；
C. 枯萎的雄芽和果实成熟不均匀是典型的症状；D. 果实腐烂，果肉变色范围从棕色到黑色

图4-17　香蕉细菌性枯萎病的症状

（图片来源于http：//www.promusa.org/Xanthomonas）

【病原】

香蕉细菌性枯萎病菌为 Burkholderia solanacearum (E. F. Smith) Yabuuchi et al.，属于原核生物界（Procaryotes）薄壁细菌门（Gracilecutes）假单胞杆菌科（Pseudomonadaceae）伯克氏菌属（Burkholderia）。

主要侵染芭蕉属（Musa spp.）和蝎尾蕉属（Heliconia spp.）。接种能侵染芭蕉、香蕉、大蕉、蝎尾蕉等几乎所有品种，有些能侵染其他寄主如番茄。

【发生规律】

香蕉细菌性枯萎病菌主要在病残植株、繁殖材料如根茎等上越冬，病菌在土壤中存活可达 18 个月。病菌通过伤口侵入根系维管束或通过昆虫侵入花序维管束，沿着木质部导管扩散至薄壁细胞，溶解细胞壁，积累细菌引起萎蔫。研究表明，接触传染可能与线虫的侵染有关，并且伤口与接种源均使根部感病机会增多。摘除叶片、收获果实、摘除花芽及农业工具造成伤口均有利于病菌的传播蔓延。昆虫传带病毒是该病一个重要的蔓延途径。昆虫接触病株雄花蕊上的细菌菌脓携带细菌，传至健康植株的花蕊上，由花梗、花序的自然孔口，病果的干裂处侵入植株引起发病。

由于该病通过机械伤口侵染根部或由昆虫传播至花序，环境因子对该病的影响程度相对较小。低温可避免或延缓病害发展，土壤湿度有利于病菌的存活和扩散，发病较重。高温、高湿、强风等有利于造成伤口的因子均有利于发病。

【防治方法】

（1）实行严格检疫。香蕉细菌性枯萎病菌是我国公布的《中华人民共和国进境植物检疫危险性病、虫、杂草名录》中规定的二类危险性细菌，应严格限制自疫区引进种苗和带土寄主植物，入境后必须隔离检疫，对传病昆虫应严格检疫（检验检疫方法按照中华人民共和国出入境检验检疫行业标准 SN/T 1390—2004 执行）。在我国口岸检疫中，一直沿用传统的分离培养、鉴别寄主反应、生理生化鉴定和血清学检测等方法。国外主要应用分子生物学方法鉴定和区分香蕉细菌性枯萎病菌及其亚群。国内应用实时荧光 PCR 检测方法可检测到的模板稀释限点是 24.6 fg/μL。

（2）严格预防措施。在最后一把蕉抽出后移去雄芽，可以防止昆虫传播细菌，保持切割工具清洁可避免通过污染的工具传播。

（3）去除受感染的植物。使用无病的种植材料进行重新种植之前，将患病植株连根拔起并清除植物残体。

香蕉穿孔线虫病

【分布与为害】

香蕉穿孔线虫 [*Radopholus similis*（Cobb）Thorne, 1949] 广泛分布于东南亚各国，是造成香蕉减产的重要因素，许多国家和地区将其列为重要的检疫性有害生物。香蕉穿孔线虫的寄主植物达 360 多种，包括香蕉、柑橘、胡椒等多种经济作物，以及天南星科、棕榈科、竹芋科等观赏花卉植物，对发生区种植业造成巨大经济损失。香蕉穿孔线虫对香蕉和胡椒的为害是毁灭性的。在其分布地区，香蕉产量的损失主要是由其为害引起的，一般能造成香蕉减产 40%～80%。1969 年苏里南的香蕉由于该线虫的为害减产 50% 以上。

【症状】

植物生长发育迟缓和缺乏活力；减少叶片的数量和大小；叶片变黄；过早脱叶枯萎的可能性增加；减产；增加了连续收获的时间间隔；增加植物的倒伏率。

如果将根清除土壤，然后纵向切成两半，则可以看到从表面向中心延伸的红棕色坏死，但没有进入中柱。球茎可能显示红棕色坏死。线虫的进食和隧穿会在整个皮质中产生特征性的红棕色损伤，但不会在中柱中产生。感染后 3～4 周，当形成广泛的空洞时，在根部表面出现一个或多个边缘升高的深裂纹。真菌和细菌入侵会导致坏死，并穿透中柱，导致根部萎缩。当线虫迁移到根茎皮层时，会引起弥漫性黑色病变。这些症状很容易与枯萎病的症状区分开，因为后者的症状仅限于中柱上的维管组织，并且不延伸到根表面。

【病原】

雌虫：头部唇区低，半圆形，有时缢缩，常有 3～4 环，头架重骨化。角质膜显著细环化，口针粗壮，18～19 μm，基部圆形并向前突出。中食道圆至卵形，瓣门清晰。食道腺叶从背面和侧背面覆盖肠端，并以背部覆盖最显著。排泄孔在峡部，后部水平。双向双卵巢，前伸；阴门明显，在体中部稍后。受精囊球形。尾端细圆，有环或无环。侧尾腺口常位于尾中部。

雄虫：头部唇区高，半球形，缢缩，侧唇片及头架欠发达，常有 3～5 环。口针及食道退化，单睾丸，前伸。交合伞常为 2/3 尾长不到尾端，边缘粗锯齿状。泄殖腔口微突出。交合刺刺头发达，远端尖细。引带伸出泄殖腔口，远端有细尖突，整体呈匙状。

香蕉穿孔线虫虽然是在斐济首次被发现，但该线虫几乎在世界上所有热带和亚热带香蕉种植区中都有分布，除了以色列、加那利群岛、佛得角群岛、塞浦路斯、克里特岛、毛里求斯、东非、南非大部分地区、莫桑比克和墨西哥南部的部分地区，其他地区都发现了该线虫。

【发生规律】

香蕉穿孔线虫是迁移性内寄生线虫，寄生在植物根部，2龄及其以上各虫均有侵染能力。在寄主和土壤中都能完成生活史，在 24～32℃条件下，完成 1 代需 20～25 d。香蕉穿孔线虫在休闲土壤中只能存活 12 周，但有报道，在不种香蕉的情况下，其在土壤中需 5 年才全部死亡，猜测可能有其他寄主。

香蕉穿孔线虫极易随着香蕉、观赏植物和其他寄主植物的地下部分以及所黏附的土壤进行远距离传播。在田间，农事操作和流水也可以传播，另外，在发病的果园里，还可以通过植物根系生长和相互接触以及线虫自身的移动进行近距离传播。

【防治方法】

目前，香蕉穿孔线虫的防治仍是世界性难题，高效低毒新型化学杀线虫剂的研究短期难以取得突破，单一措施也难以获得预期防控效果。因此，应采取严格检疫和综合防治的措施阻截香蕉穿孔线虫的传播蔓延和降低发生区的为害损失。

（1）严格检疫。禁止发生区寄主植物种植材料调入无病区，防止疫情蔓延扩大。对境外引进的香蕉种苗严格实施检疫检查和隔离试种，发现疫情立即销毁寄主植物，阻截香蕉穿孔线虫入侵为害。

（2）扑灭新疫情。一旦发现新传入香蕉穿孔线虫疫情，要立即报告植物检疫机构，采取封锁和扑灭措施。销毁染疫寄主和受污染植物，栽培介质和工具等进行无害化处理，地面保持无活的植物 6 个月以上，在线虫侵染区外围建立无植物隔离带。

（3）发生区综合防治。选择抗病品种，种植经检疫合格的健康无病苗。实行与非寄主作物轮作或水旱轮作，种植前彻底清除田间病株残体或对栽培介质进行彻底消毒处理，加强肥水管理，多施有机肥，提高植株抗逆性。作物种植期间合理使用化学杀线虫剂，交替轮换、科学用药，提高防治效果。

香蕉花蓟马

香蕉花蓟马 [*Thrips hawaiiensis*（Morgan）] 又叫黄胸蓟马、夏威夷蓟马，属缨翅目蓟马科，是为害香蕉花蕾和幼果的重要害虫（图4-18）。

【形态特征】

雌成虫： 体长 1.2～1.4 mm，头宽大于长，后部有横纹；单眼区位于两复眼间中后部，单眼间鬃位于前后单眼外缘连线之外，单眼月晕红色，眼后鬃呈一行排列，鬃Ⅱ甚小，小于鬃Ⅰ和鬃Ⅲ，鬃Ⅰ长于鬃Ⅲ；触角7节，念珠状或棍棒状，除第3节色浅，其余各节褐色；口器为锉吸式，口锥端部尖，伸至前胸腹板后缘。胸部橙黄褐色，腹部黑褐色。前胸背板布满横纹，后角鬃2对，外角鬃小于内角鬃，后缘鬃3对；后胸背片前中部有横纹，稍后有几个网纹，其后和两侧为纵纹，后胸前中鬃与前胸外角鬃近等长，但大于前缘鬃，其后有一对无鬃孔；中后胸腹片分离，仅中胸腹片叉骨有刺。翅膜质，前后翅较窄长，翅脉退化，翅边缘密生缨状长毛。前翅前缘鬃29根，前脉基鬃7根，端鬃3根，后脉鬃15根。背片两侧及腹片有横纹，第Ⅱ节背片背侧鬃3根，第Ⅴ～Ⅷ节背片微弯梳清晰，第Ⅷ节背片后缘梳完整；背侧片无附属鬃，第Ⅱ节腹片附属鬃4～5根，第Ⅲ～Ⅶ节腹片附属鬃14根左右。足跗节1～2节，跗节端部有泡囊。静止时4翅沿背平置，行走时腹端不时往上翘。

雄成虫： 体较雌虫略小，体长 0.9～1.0 mm，体黄色，腹部第Ⅲ～Ⅶ节腹片有蠕虫状腺域。

若虫： 体形与成虫相似。1龄若虫初孵化时乳白色，后逐渐变为浅黄色，由头、3个胸节、11个腹节、3对结构相似的足组成，无翅芽；2龄若虫为浅红色；3龄若虫触角变为鞘囊状，短而向前，翅芽外露；4龄若虫触角伸长且弯向头背后，翅芽增大。

卵： 淡黄色，肾形，细小。

【分布与为害】

该虫在东南亚主要分布在泰国、新加坡、印度尼西亚、越南、老挝、马来西亚、缅甸、菲律宾。若虫、成虫主要刺吸香蕉花子房及幼果的汁液。雌虫在幼果的表皮组织中产卵，虫卵周围的植物细胞因受刺激，而引起幼果表皮组织增生。果皮受害部位初期出现水渍状斑点，其后渐变为红色或红褐色小点，最后变为粗糙黑褐色突起小黑点（黑斑）。当虫口密度较大时，可在香蕉果实上产生密集的粗糙黑色虫斑，并招致黑霉发生，外观很差，严重影响香蕉果实外观品质，降低经济价值（图4-19）。

图 4-18 香蕉花蓟马形态和生活史

图 4-19 香蕉花蓟马对香蕉果实的为害症状

【发生规律】

香蕉花蓟马生活在香蕉花蕾内，营隐蔽生活。该虫有聚集快、侵入快的特点。香蕉花蓟马只在香蕉抽蕾开花时，才聚集飞到香蕉植株上，在蕉园中其以花苞为活动中心，使得花苞内的蓟马数量迅速增加。香蕉花苞片尚未展开时，蓟马已侵入花蕾吸食幼果汁液，雌成虫将卵产于幼果、花瓣或花蕊的表皮下；当花苞片张开时，蓟马转移到未张开的花苞片内，继续为害。香蕉花蓟马在香蕉植株上的动态具有一定的规律：香蕉抽蕾后，蕾苞内的蓟马逐渐增多，到抽蕾的第 6 天成虫的数量达到最高值，第 12 天后蕾苞内的成虫激减。高温干旱利于此虫大发生，多雨季节发生少。

【防治方法】

（1）农业防治。加强蕉园田间管理，减少园内外杂草滋生；加强肥水管理，促使花蕾苞片迅速展开。当雌花开放结束后，及时断蕾，减少虫源。

（2）化学防治。在香蕉刚抽出蕾尖时（15～20 cm），用花蕾注射器将 5～10 mL 10% 吡虫啉可湿性粉剂 1 500 倍液从花蕾前端注射到香蕉的花蕾内可有效防治香蕉花蓟马；或者在香蕉现蕾时，喷施 20% 吡虫啉可溶性液剂 1 500 倍液、22.4% 螺虫乙酯悬浮剂 3 000 倍液、25% 乙基多杀菌素 2 000 倍液，从抽蕾到断蕾间隔 5 d 喷 1 次，注意药剂的轮换使用。

香蕉假茎象甲

香蕉假茎象甲（*Odoiporus longicollis* Olivier）亦称香蕉双带象甲、香蕉双黑带象甲、香蕉扁黑象甲、香蕉大黑象甲、香蕉双带扁象，具有大黑型和双带型两种类型，属鞘翅目象甲科，为香蕉的重要害虫。

【形态特征】

成虫：体长 9.8～13.2 mm，宽 3.8～5.0 mm。体窄菱形，红褐色。前胸背板两侧各有 1 条前窄后宽的纵纹；鞘翅缝和鞘翅端部边缘以及头、触角、体腹面大部分为黑色；或体黑色，仅触角、跗节红褐色。头小，半圆形，额窄，有小窝；眼大，不突出于头的轮廓。喙略弯，稍侧扁，短于前胸，基部 1/4 较粗。向前缩窄，背面光滑，有些个体端部背面密布细小颗粒。触角着生于喙基部，触角沟坑状，柄节略长于索节之和；索节 6 节，棒节愈合，侧扁，端部 1/2 密生短绒毛，顶端为弧形隆脊。前胸长大于宽，基部最宽，两侧略平行，近端部向前缩窄，有缢缩，基部略突圆；背面扁平，两侧和前、后缘散布圆形刻点，顶区光滑，有些个体在中线两侧有两行略呈窄菱形不整齐的刻点。小盾片盾形。鞘翅肩部最宽，向后缩窄，圆形刻点排列成行纹，行间略隆，3、5、7、9 行间较宽。臀板外露，密布刻点和刚毛。前胸腹板后区较短，基部向后略突出；后胸前侧片较窄，中间略收缩，端部与腹板邻接；后胸腹板基部中间有条形细沟。足短，腿节棒状；胫节内端角有钩，端部有齿；跗节宽大；爪分离。

卵：长 2.4～2.6 mm，长椭圆形，表面光滑，初为乳黄色，渐变至茶褐色。

幼虫：淡黄白色，肥大，无足，头壳红褐色，后缘圆形，高龄幼虫较瘦，体多横皱，腹中部特别肥大。腹末端斜面的上沿着生深褐色粗刚毛 4 对，下沿 3 对。前胸及腹末斜面上的气门大小是其他节气门的 2 倍。

蛹：体长 14～16 mm，初为乳黄色，羽化时浅赤褐色。背面观前胸背板前缘内缢处

卵　若虫　蛹　茧　成虫

图 4-20　香蕉假茎象甲各龄虫态

各有 3 枚瘤刺排列于中线两侧；2～7 腹节亚背线及气门上线处，着生相距较远的刺突各 1 对；腹末节背面生 2 对瘤状刺突。纤维茧扁柱形。

【分布与为害】

该虫在东南亚主要分布在老挝、新加坡、越南、泰国、菲律宾、印度尼西亚、马来西亚。国内分布于广东、广西、河南、云南、贵州、四川、福建和台湾等地。香蕉假茎象甲主要以幼虫为害，幼虫蛀食香蕉的假茎，由外向内钻蛀，形成纵横交错的虫道，常引起假茎腐烂，植株遇风易折断，严重为害的蕉株抽不出蕾或者果穗很小（图 4-21 至图 4-25）。

图 4-21 受到香蕉假茎象甲为害的香蕉园

图 4-22 蛀食孔外口的透明胶质

图 4-23 香蕉假茎象甲为害导致香蕉整株枯死

图 4-24 香蕉假茎象甲为害导致香蕉无法抽蕾

图 4-25 香蕉假茎象为害导致香蕉易折断

【发生规律】

温度对香蕉假茎象甲有显著影响，其最适温度范围是 17～27℃。香蕉假茎象甲在春季、秋季产卵量较大，夏季产卵量较低，冬季产卵量最少，因此其幼虫发生高峰期在夏季、秋末和初冬季节。幼虫孵化后先在外层叶鞘取食，渐向植株上部中心钻蛀，有的可蛀食到果穗部分，但一般不蛀食球茎。成虫也取食假茎，但食量小。耐湿怕干，在潮湿情况下耐饥力强，数十天不死，但在高温干燥环境下，则只能活几天。耐低温、耐饥饿，无明显的休眠期，冬天各种虫态均可见。

【防治方法】

防治香蕉假茎象甲要勤查勤防，预防为主，综合防治。

（1）农业防治。选用象甲的抗性品系，加强香蕉园的管理，如施肥、护根、除草和去吸芽能够提高香蕉的生长活力，提高香蕉对象甲的抵抗能力。经常割除香蕉假茎外层腐烂叶鞘，并捕捉群集于叶鞘基部、枯老的假茎外鞘内的成虫。香蕉采收后，砍下的假茎要搬出园外集中处理。暂时留下的假茎待腐烂后应及时挖除清理，保持蕉园清洁卫生，消灭害虫孳生场所。对已经受害的蕉园，砍下带虫假茎和旧蕉头残体，投入粪坑沤肥，或纵切成4等份或剥开叶鞘暴晒5 d以上将幼虫杀死。由于象甲主要是通过带虫植株的移栽、搬运进行扩散传播，因此要禁止带虫蕉苗输入新种蕉区。用无虫蕉苗种植，最好选用组培苗。

（2）物理防治。新砍的香蕉假茎对假茎象甲具有很强的引诱作用，因此在已发生为害的蕉园，可利用收获香蕉后的假茎诱捕象甲成虫。

（3）化学防治。在成虫的发生高峰期用40%毒死蜱乳油1 000倍液、2.5%高效氯氟氰菊酯乳油1 500倍液自上而下喷洒假茎，重点喷叶柄叉和腐烂叶鞘部分，可以有效杀死隐藏在叶鞘中的成虫和部分幼虫；或者将毒死蜱颗粒撒在叶柄叉，药剂借助雨水流到假茎中，将成虫和若虫杀死。

香蕉根颈象甲

香蕉根颈象甲［*Cosmopolites sordidus*（Germar）］又称香蕉球茎象甲、香蕉象虫、香蕉黑筒象，隶属于鞘翅目象甲科，为香蕉的重要害虫（图4-26）。

【形态特征】

成虫：新生成虫浅红棕色，然后变成黑色。体略小，体长9.5～11.5 mm，宽3.8～4.5 mm。体长圆筒形，黑色，触角、跗节深褐色。头半圆形，额窄，有小窝；眼扁平，不突出于头的轮廓。喙圆柱形，短于前胸，末端内藏咀嚼式口器，基部有横缢，近基部较粗，触角着生于喙基部1/3处，触角膝状，柄节长于索节之和；索节6节，棒节愈合，端部1/3密覆绒毛，顶端凸圆。前胸长大于宽，略呈圆筒形，近端部缢缩；背面密布圆形刻点，仅中纵线中段留有光滑无刻点的直带纹。小盾片略呈圆形。鞘翅肩部最宽，向后渐缩窄；鞘翅有纵沟9条，行纹窄于行间，奇数行间略宽略隆，行间散布圆形刻点。臀板外露，密布短绒毛。前胸腹板基节间突很窄，在基节之间有横沟；腹板后区宽，不特别向后突起。后胸前侧片基部较宽，端部窄，与腹板邻接。足腿节棒状；胫节侧偏，刻点排成纵列，背隆线明显，内端角有钩，前足胫节外端角有1小齿；跗节短，跗节不呈叶状；爪分离。

卵：乳白色，长椭圆形，表面光滑，长1.8～2.2 mm，厚0.6～0.8 mm。

幼虫：幼虫乳白色，肉质身体，肥大，无足，长约12 mm，头壳深红褐色，最后的两个腹节盘状，从侧面看像是被砍断的感觉，第八腹节有一个大的加长气孔，而其他腹节的气孔很小，腹末斜面之上下沿各具褐色刚毛4对。

蛹：通常在靠近根茎的表面化蛹，成熟幼虫用嚼细的蕉茎纤维将隧道两端封闭，不结茧。体色乳白渐变乳黄至黄褐色，长11～13 mm。头基部具6对赤褐色刚毛，长短各3对；喙有许多横向凹陷的不规则边缘；前胸背板有12条同色刚毛，每2条并立，分生于前胸背板的前缘、前缘角侧面、背板中央及后角近侧方处；腹部末端背面具2个瘤突。

卵　　幼虫　　蛹　　成虫

图4-26　香蕉根颈象甲各龄虫态

【分布与为害】

香蕉根颈象甲起源于马来西亚和印度尼西亚，现已遍及东南亚的香蕉种植地；国内分布于海南、广东、广西、贵州等地。香蕉根颈象甲主要以幼虫蛀食香蕉植株近地面的茎基部和根茎，形成纵横交错的蛀道阻碍了水分和养分向上输送。植株受害后，叶片变黄、枯萎，直至全株死亡；成株受害，长势衰弱，抽穗延迟或不能抽穗或果穗、果指瘦小，严重被害植株的根茎变黑腐烂，遇到大风易倒伏，可导致香蕉产量损失20%以上，如果不加以防治，严重时可达100%，是中国主要外来入侵物种之一（图4-27）。

图4-27 香蕉根颈象甲对香蕉的为害（引自Okolle）

【发生规律】

香蕉根颈象甲一年发生4代左右，世代重叠严重，常同时可见各个虫态，在夏季和秋季发生数量较多，以幼虫在地下部茎内越冬。另外，海拔高度也影响根颈象甲的丰度，海拔1 000m以下象甲的丰度最高，1 500～1 600m丰度非常低，1 600m以上无象甲发生。

【防治方法】

（1）农业防治。选用象甲的抗性品系，加强香蕉园的管理如施肥、护根、除草和去吸芽能够提高香蕉的生长活力，提高香蕉对象甲的抵抗能力。由于象甲主要是通过带虫植株的移栽、搬运进行扩散传播，因此要禁止带虫蕉苗输入新种蕉区。用无虫蕉苗种植，最好选用组培苗。

（2）物理防治。香蕉根颈象甲成虫对性信息素具有特异引诱效果。利用性信息素可诱捕田间的雄虫，降低虫口基数和雌虫交配率。

（3）化学防治。在成虫的发生高峰期用40%毒死蜱乳油1 000倍液、2.5%高效氯氟氰菊酯乳油1 500倍液喷洒球茎和下部假茎，可有效杀死隐藏在球茎表面的成虫；或者将毒死蜱颗粒撒在叶柄叉，药剂借助雨水流到球茎中，将成虫和若虫杀死。

皮氏叶螨

【分布与为害】

皮氏叶螨（*Tetranychus piercei*）也称香蕉红蜘蛛，隶属于蛛形纲蜱螨亚纲真螨目叶螨总科叶螨科叶螨属（图4-28）。

【形态特征】

雌成螨：体长467 μm，含喙长541 μm，体宽338 μm。体呈椭圆形，成螨身体呈红褐色，足及颚体为白色，体侧一般有三裂形黑斑。须肢端感器柱形，长约为宽的1.5倍；背感器梭形，与端感器接近等长。螯肢端节特化成一对长鞭状、可活动的口针，基部愈合成囊状的口针鞘，口针鞘前端圆钝。气门位于颚体基部，1对，气门沟末端呈"U"形弯曲。背表皮纹在后半体构成菱形图案。背毛刚毛状，13对，具微绒毛，细长，不着生在毛突上，刚毛长度超过横列间距。具足4对，足Ⅰ跗节双毛近基侧有4根触毛和1根感毛，感毛与后双毛几乎在同一水平；胫节有9根触毛和1根感毛。足Ⅱ趾节双毛近基侧有3根触毛和1根感毛，另1触毛在双毛近旁；胫节有7根触毛。足Ⅲ跗节有9根触毛和1根感毛；胫节有6根触毛。足Ⅳ跗节有10根触毛和1根感毛；胫节有7根触毛。

雄成螨：体长297 μm，包喙长366 μm，体宽166 μm。体狭长，体色粉红色。须肢有拇爪复合体，跗节有端感器。须肢端感器柱形，长约为宽的2.5倍；背感器梭形，稍短于端感器。足Ⅰ爪间突为一对粗壮的爪，背面具背刺毛，足Ⅱ爪间突分裂成3对针状毛，背面也具背刺毛，足Ⅲ、Ⅳ爪间突同雌螨。足Ⅰ跗节双毛近基侧有4根触毛和3根感毛；胫节有9根触毛和4根感毛。足Ⅱ趾节双毛近基侧有3根触毛和1根感毛，另1触毛在双毛近旁；胫节有7根触毛。足Ⅲ、Ⅳ跗节和胫节的毛数同雌螨。阳具柄部宽阔，无端锤，末端弯向背面，微呈"S"形。

若螨：足4对，体小于成螨，呈淡紫或淡红色，体两侧黑斑呈深黑色。腹面刚毛数量少于成螨。

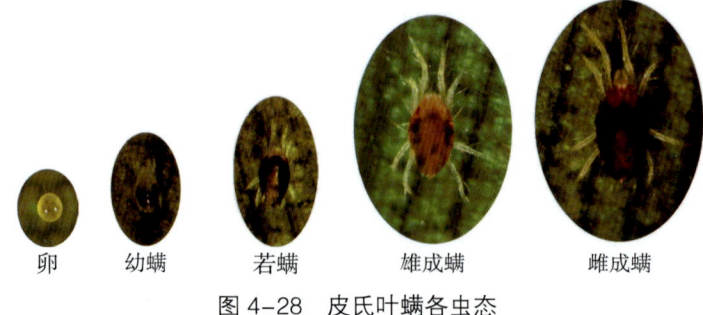

图4-28 皮氏叶螨各虫态

幼螨：足3对，初孵时乳白色，取食后为暗绿色，两侧具黑色带纹。

卵：圆形，初产时乳白色，孵化前淡黄至淡褐色。

该虫在东南亚主要分布在菲律宾。我国主要分布于广东、海南、广西、福建、江西、浙江、台湾等地。皮氏叶螨主要以成螨、若螨和幼螨栖息于香蕉叶背吸取叶片的汁液造成为害，香蕉受害后，被害部位退绿、变褐。虫口密度较小时，叶背退绿和变褐斑点稀少，受害面积小，叶面基本不表现症状；随着虫口密度增加，退绿、变褐斑点不断扩大，严重时整个叶背全部变成黑褐色，叶面变黄，最后整叶干枯。此外，皮氏叶螨具有吐丝织网特性，受害部位伴有大量蜕皮和丝网，影响植株光合作用。香蕉生长前期受害，可造成植株中下部叶片变黄干枯，严重影响中小苗植株生长；后期受害，则延迟果实成熟，影响香蕉的产量和品质（图4-29）。

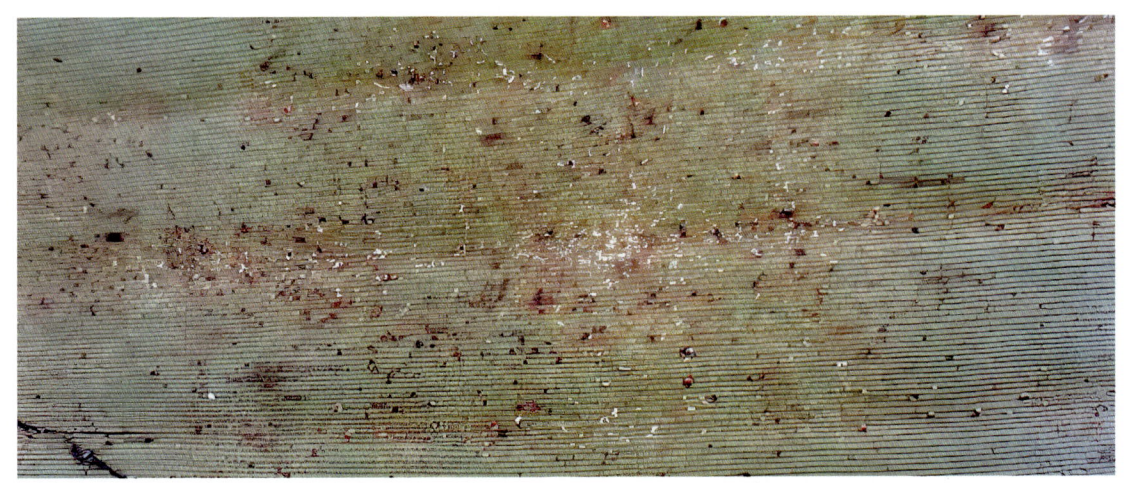

图4-29　皮氏叶螨为害的香蕉叶背面褐变

【发生规律】

皮氏叶螨在热带地区无越冬现象，终年可发生为害，高温干旱季节为害较为重。其栖息于叶片背面，以幼螨、若螨和成螨吸食叶片的汁液而造成为害，除未展开的嫩叶少有受害外，其他叶片均可受害，以为害老叶为主。为害初期密度低时，虫口在叶片呈群集分布，而后随着叶片虫口密度的提高而扩展至整个叶片。皮氏叶螨具有吐丝织网特性，受害部位伴有大量螨体脱皮和丝网。皮氏叶螨既能两性生殖，也可孤雌生殖。

【防治方法】

皮氏叶螨的防治应从蕉园生态系统出发，遵循"预防为主，综合防治"的植保方针。

（1）农业防治。清除香蕉园内其他寄主植物和杂草，可减少皮氏叶螨发生。

（2）生物防治。皮氏叶螨的天敌种类很多，有拟小食螨瓢虫、越南食螨瓢虫、小花蝽、蓟马和捕食螨等多种天敌，其中食螨瓢虫和捕食螨为果园优势天敌。在不常喷药的蕉园中，天敌种类和数量十分丰富，在后期常能控制其为害。因此，在进行香蕉园害虫防治时应注意保护利用天敌，在叶螨大量发生为害时，选用对皮氏叶螨针对性强的杀螨剂，少用广谱性的杀虫杀螨剂；在皮氏叶螨低密度时，尽量利用天敌对其进行控制。

（3）化学防治。在干旱少雨、食料充足，皮氏叶螨的发生为害严重时期，是防治的关键时期，在做好虫情预报基础上，及时进行药剂防治。1.8%阿维菌素乳油4 000倍液、24%螺螨酯悬浮剂5 000～6 000倍液、11%乙螨唑悬浮剂4 000～5 000倍液、22.4%螺虫乙酯悬浮剂3 000～5 000倍液等药剂对皮氏叶螨均有良好防治效果。由于该螨在叶片背面为害，在施用农药时应注意将药液喷施到叶背。注意轮换用药，避免抗药性。

香蕉弄蝶

香蕉弄蝶（*Erionota torus* Evans）又叫黄斑蕉弄蝶、芭蕉卷叶虫、蕉苞虫、蕉弄蝶，属鳞翅目弄蝶科，为香蕉的叶部害虫（图 4-30）。

【形态特征】

成虫：雌成虫体长 28～31 mm，翅展 60～80 mm；雄成虫体长 23～26 mm，翅展 54～65 mm。体黄褐色或茶褐色；头部和胸部密被黄色或灰褐色鳞毛；复眼黑褐色，半球形，被褐色细短眼球毛；触角锤状，黑褐色，近膨大部呈白色；前翅黄褐色，翅中央有 2 个黄色方形大斑，近外缘有 1 个黄色方形小斑，这 3 个斑呈三角形排列，前翅前缘近基部被灰黄色鳞毛；后翅黄褐色或茶褐无斑纹，缘毛白色。

卵：圆球形而略扁，横径 1.8～2.2 mm，卵顶微陷，卵壳表面有放射状白色纵纹 19～26 条，初产时黄白色，渐变红色，近孵化时转变为灰黑色。

幼虫：初孵幼虫长 6 mm，头大而黑，胴部蛋黄色。老熟幼虫体长 52～65 mm，淡黄或带微绿色，体被白色蜡粉；头部黑色，略呈三角形；胴部第一、二节细小如颈，第三至第五节逐渐增大，第六节以后大小均匀，各体节有横皱纹 5～6 条，并密生短微毛；腹足 4 对，尾足 1 对，均有细小环形排列的趾钩。

蛹：雌蛹体长 32～47 mm，雄蛹体长 28～44 mm，长圆柱形，淡黄白色，被白粉。喙长，直伸到腹末，其末端与体分离，腹部臀棘末端具许多刺钩。蛹发育大体分 2 个阶段，初化蛹由黄白色发育至褐色为第一阶段；翅芽由黄白色发育至茶褐色，淡红色斑点转黄白色为第二阶段。

卵　　　幼虫　　　蛹　　　成虫

图 4-30　香蕉弄蝶各虫态

【分布与为害】

香蕉弄蝶在东南亚主要分布在缅甸、越南、泰国、新加坡、马来西亚；在我国分布于海南、广东、广西、福建、云南、贵州、台湾等地。

幼虫取食时从叶苞上端与叶片相连的开口处伸出虫体的前部自上而下取食，边吃边卷，加大叶苞。同时嚼食叶苞上端或卷苞内部的叶片，被害蕉叶虫苞累累，严重的造成整株光秆，只剩几根叶中脉。香蕉弄蝶的为害严重时，可导致香蕉果实延迟成熟和减产（图4-31）。

香蕉弄蝶虫苞　　　　　　　　　　　　被为害的香蕉叶片

图4-31　香蕉弄蝶对香蕉的为害状

【发生规律】

香蕉弄蝶一年发生4～6代，世代重叠，以老熟幼虫在叶苞中越冬，其中幼虫越冬以5龄虫居多，但是在食料缺乏时，也可以3、4龄幼虫滞育越冬，高龄幼虫的耐寒能力强。越冬幼虫化蛹、成虫羽化期不一。成虫在早晨日出及傍晚日落前后活动最频繁，中午较少活动，阴天可整天活动，取食花蜜、交配、产卵；飞翔迅速，并喜欢在阴凉的蕉丛林下停息。成虫羽化后当天或第二天就可以交配。雌虫通常交尾2～4次，每头雌虫一生可产卵80～150粒。卵散产或聚产在寄主叶面或叶背、叶脉或嫩茎上。幼虫多在5:00—8:00孵化，幼虫孵化后，先咬食卵壳，然后各自爬到叶缘啃食叶片成缺刻，而后吐丝缀连卷叶成圆筒形叶苞以藏身，幼虫在阴天全天可取食，晴天多在早、晚活动。取食时，幼虫从叶苞上端与叶片相连的开口处，探身苞外取食附近叶片，边吃边卷，加大叶苞。取食和卷叶均朝着叶的中肋方向进行，幼虫取食期，如蕉叶完整没有撕裂的，幼虫在一个虫苞内边取食边卷苞，直到老熟化蛹。而蕉叶有多处破裂的，一般到3龄后转苞为害。但幼虫转苞为害绝大多数都在初孵的叶片上进行，能转移到第二张为害的极少。如食料缺乏时，则迁移到叶片其他部位或其他叶片上另结新苞。幼虫老熟后，吐丝封闭苞口，并在卷苞内化蛹。

【防治方法】

（1）农业防治。冬、春季清除枯叶，消灭越冬幼虫，减少虫源；人工摘除叶苞消灭幼虫。

（2）化学防治。幼虫孵化期，未结苞前喷洒10%吡虫啉可湿性粉剂2 500倍液、80%敌敌畏乳油800～1 000倍液、2.5%溴氰菊酯乳油2 000～2 500倍液、48%毒死蜱乳油1 000～1 500倍液、2.5%氯氟氰菊酯乳油2 500～3 000倍液，叶面喷雾，杀死幼虫。

香蕉冠网蝽

香蕉冠网蝽 [*Stephanitis typica*（Distant）] 是芭蕉科植物的重要害虫，又称香蕉网蝽、香蕉花网蝽、亮冠网蝽、军配虫，属半翅目网蝽科（图4-32）。

【形态特征】

成虫：成虫体长2.1～2.4 mm，刚羽化时呈银白色，后逐渐转变为灰白色。头小，棕褐色，复眼大而突出，黑褐色。触角4节，第3节细长，约为全长的1/2，末节稍膨大，棕褐色。具刺吸式口器，喙4节，末端黑色，伸达后足基节间。在前胸背两侧及头顶部分有一块白色膜突出，上具网状纹，形状特异，似"花冠"，侧背板呈翼状扩展，并向上翘起，前部形成囊状头兜，前尖后圆，覆盖头部，后部与三角突的壁状中脊相连接，两侧为小翼状的侧脊。胸部腹板的中央两侧隆起，中央呈槽状，前窄后宽，喙置于槽中。足细长，跗节1节，末端具2爪。前翅膜质近透明，长椭圆形，基部窄，端部宽圆，凹凸不平，膜质透明，具网状纹，翅基及近端部有黑色横斑，翅缘具毛，前翅远超过腹末；后翅狭长无网纹，仅达腹末，宽约为前翅的1/3，无网纹，有毛。雌虫腹部可见8节，末端锥形，产卵器明显；雄虫腹部瘦长，可见7节，腹末平截，具1对镰刀状抱器。

卵：卵长0.5 mm，宽0.2 mm，长椭圆形，稍弯曲，顶端有一卵圆形的灰褐卵盖，初产时无色透明，后期白色。

若虫：1龄，体长0.5～0.7 mm，刚孵化白色，以后体色渐深，体光滑，体刺极不明显。头部淡黄褐色，复眼淡红色，喙伸达第4腹节。胸部及足白色，胫节被密毛。腹部瘦长，中部浅黄褐色，末端稍尖。2龄，体长0.8～1.2 mm，头部黄褐色，复眼红色。体刺明显可见，头部可见5根，前胸两侧缘各1根，中胸及自第2腹节起各腹节侧缘及背板各1根。自2龄起，腹部中段黑褐色。3龄，体长1.4～1.6 mm，头部棕褐色，复眼深红色，喙伸达第3腹节，翅芽出现。体刺肉眼可见。4龄，体长1.7～1.9 mm，头部褐色，复眼紫红色，喙伸达第2腹节，翅芽明显可见，伸达第1腹节，腹部中段黑褐色。5龄，体长2～2.1 mm，头部黑褐色，复眼紫红色，喙伸达第1腹节。前胸背板盖及头部基半，两侧缘稍突出。翅芽已达第3腹节，其基部及末端有一黑色横斑。

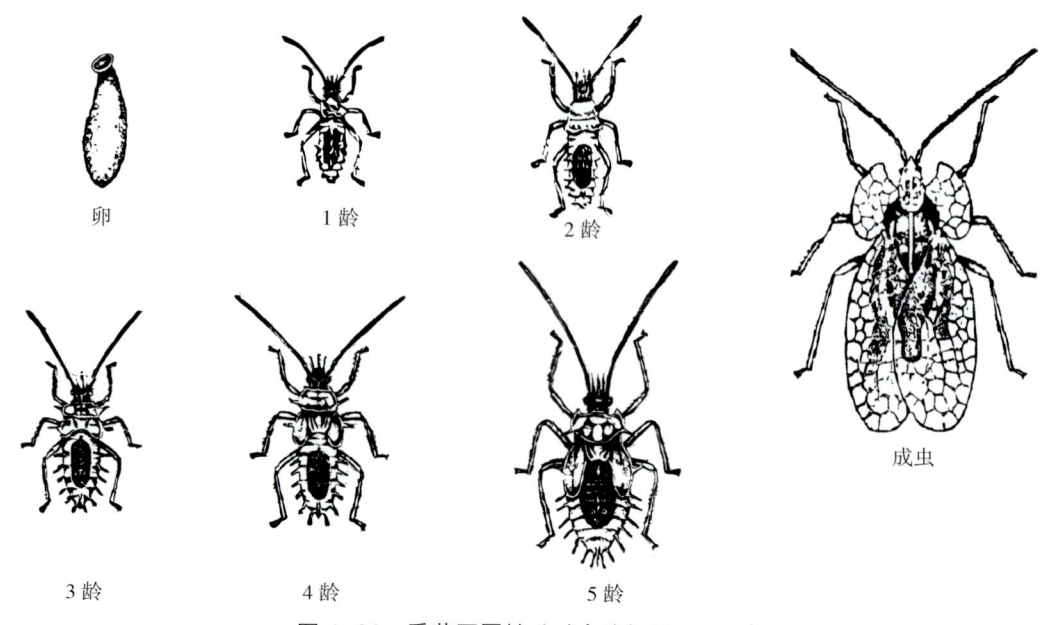

图 4-32 香蕉冠网蝽（引自陈振耀，1984）

【分布与为害】

香蕉冠网蝽在东南亚主要分布在印度尼西亚、马来西亚、缅甸。我国主要分布于海南、广东、广西、云南、福建、台湾等地。香蕉冠网蝽以成虫、若虫常群集在香蕉的中下部叶片背面，在叶片背面刺吸汁液，叶片受害后，叶背面出现许多黑褐色液滴状排泄物，并附着许多幼虫脱落的皮；正面呈现许多黄白色斑点，严重时叶片呈暗灰黄色，影响光合作用，当虫口密度较大时，叶片局部发黄甚至全叶枯死，导致植株生长缓慢，影响香蕉产量和质量。此外，香蕉冠网蝽还可传播香蕉簇矮病（图 4-33）。

图 4-33 香蕉冠网蝽对香蕉的为害症状

【发生规律】

成虫喜欢在蕉株顶部1～3片嫩叶叶背取食和产卵为害。卵成簇产于叶背的叶肉组织内，并分泌胶状物覆盖保护。幼虫孵化后栖叶背取食，孵化和蜕皮时会短距离爬行，但是仍在同一叶片上，直到叶片枯萎。气温下降到15℃低温时成虫静伏不动，待温度回升后再恢复活动。在夏秋季发生较多，旱季为害较为严重，台风、暴雨对其生存有明显影响。

【防治方法】

（1）农业防治。割除严重受害叶片，集中烧毁或埋入土中，以减少虫源。

（2）化学防治。在3龄高峰期，在叶片正反面喷施48%毒死蜱乳油1 000～1 500倍液、50%敌敌畏乳剂800～1 000倍液、20%三唑磷乳油1 000～2 000倍液，隔5 d后再喷施1次，可以有效防治香蕉冠网蝽。

斜纹夜蛾

斜纹夜蛾［*Spodoptera litura*（Fabricius）］是鳞翅目夜蛾科害虫，俗称乌头虫、麻条子虫、五花虫、夜盗蛾和莲纹夜蛾（图4-34）。

【形态特征】

成虫：成虫体长14～20 mm，翅展35～46 mm，体暗褐色，胸部背面有白色丛毛，前翅灰褐色，花纹多，内横线和外横线白色，呈波浪状，中间有明显的白色斜阔带纹，故称斜纹夜蛾。

卵：卵扁平，呈馒头状，初产黄白色，后变为暗灰色，块状黏合在一起，每块数十粒至几百粒，上覆黄褐色绒毛。

幼虫：共6龄，体色变化很大。幼虫体长33～50 mm，头部黑褐色，胸部从乳白色到浅灰色到黄色到黑绿色，颜色多变，各种颜色都有，因环境条件变化而变化；体表散生小白点，末节有近似三角形的半月黑斑一对。

蛹：蛹长15～20 mm，圆筒形，红褐色，尾部有一对短刺。

图4-34 斜纹夜蛾幼虫、成虫

【分布与为害】

在东南亚，其主要分布在文莱、柬埔寨、印度尼西亚、老挝、马来西亚、缅甸、菲律宾、新加坡、泰国、越南。在我国，其主要分布在黄河流域以南地区。斜纹夜蛾是一种杂食性害虫，能取食99科290多种植物，主要为害蔬菜、水稻、玉米、大豆、花生、甘薯、茶、桑、香蕉等。主要为害香蕉的苗期和生长期。初孵幼虫一般群集于香蕉叶片背面取食下表皮和叶肉，仅留上表皮，呈窗纱状，之后蕉叶失绿卷缩。2～3龄后幼虫开始分散到叶面或附近的叶片上为害，将叶片吃成孔洞或缺刻，为害严重时，除主脉外，将整叶吃完。在香蕉苗期，斜纹夜蛾往往还取食心叶或咬断嫩茎，导致整株死亡（图4-35）。

图4-35 斜纹夜蛾对香蕉的为害症状

【发生规律】

成虫昼伏夜出，白天隐藏在植株茂密处、土缝、杂草丛中，黄昏后出来取食、交配和产卵，以20：00—24：00活动最盛。卵多产于离地面1 m左右的香蕉叶片端部的背面，每雌能产卵块10个左右，每个卵块有卵粒几十至几百粒不等，每雌产卵量约1 100粒。初孵幼虫食量较小，4龄后食量大增，5～6龄为暴食期。幼虫有假死性，畏阳光照射，因此，白天常藏伏于阴暗处，4龄后幼虫则栖息于地面或土缝，傍晚取食为害。幼虫老熟时入土作土室化蛹，化蛹深度1～3 cm。斜纹夜蛾是一种间歇性猖獗为害的害虫，最适温度为28～30℃，耐高温。

【防治方法】

（1）农业防治。一是清除杂草伏耕晒垡。铲除田边地埂上的杂草，同时收获后耕翻土壤，伏秋晒垡，初冬灌水，使其虫蛹场所被破坏，不能化蛹越冬。二是结合农事加强田间管理。在施肥、中耕、修剪、巡园时，如发现田块或农作物叶片有卵块、初孵幼虫，及时摘除，以减少虫卵来源。

（2）生物防治。斜纹夜蛾常见的捕食性天敌有蛙类、鸟类、螳螂、蜘蛛和蠋蝽等，寄生性天敌有寄生蜂（如赤眼蜂等）、寄生蝇、致病微生物（如真菌、病毒）、寄生线虫等，应大力推广运用苏云金芽孢杆菌、白僵菌、核型多角体病毒等微生物制剂，以防治斜纹夜蛾。

（3）物理防治。利用斜纹夜蛾成虫的趋光性，在成虫盛发期用黑光灯诱杀。利用趋化性和对糖醋酒液的敏感性，在成虫盛发期配成糖∶醋∶酒∶水=3∶4∶1∶2加少量敌百虫的液体进行诱蛾捕杀，减少田间落卵量和幼虫量。

（4）化学防治。斜纹夜蛾高龄幼虫耐药性比较强，化学防治时应掌握"治早治小、压低3代、巧治4代、挑治5代"的防治策略，即在卵孵高峰至3龄幼虫分散前，用足药液量，均匀喷雾叶面及叶背，使药剂能直接喷到虫体和食物上，触杀、胃毒并进，增强毒杀效果。可选用10%虫螨腈悬浮剂、20%除虫脲悬浮剂1 500～2 000倍液，或10%氯氰菊酯乳油、0.5%甲维盐微乳剂、5%三氟氯氰菊酯乳油、50%氰戊菊酯乳油2 000～3 000倍液，每隔7～10 d喷1次，连续喷2～3次。

矢尖蚧

矢尖蚧 [*Unaspis yanonensis*（Kuwana）] 又名箭头介壳虫、矢尖介壳虫、矢尖盾蚧、矢根蚧、箭形纵脊介壳虫、箭羽竹壳虫等，是半翅目盾蚧科害虫（图4-36）。

【形态特征】

雌成虫：介壳黄褐色或棕色，边缘灰白色，前端尖，后端宽，中央有一条明显的纵背，似箭头形，体长形，粉白色，棉絮状，背后有3条纵脊，脱皮壳位于前端，淡黄褐色。

雄成虫：长0.5 mm，翅展1.7 mm。体橘橙色，腹部末端具针状交尾器。

卵：卵长约0.2 m，椭圆形，橙黄色。

若虫：初孵若虫体扁平，椭圆形，橙黄色，半透明，前端有一壳点，后端介壳由粉白棉絮状蜡质物组成，背上有3条纵脊，前端有1个黄色壳点。

蛹：前蛹长0.7～0.8 mm，长卵形，橙黄色，腹末黄褐色，眼黑褐色。蛹体长为0.8～0.9 mm，色较前蛹深，触角已见分节，尾节的交配器突出。

图4-36 矢尖蚧形态特征

【分布与为害】

在东南亚，矢尖蚧主要分布在印度尼西亚、马来西亚、缅甸、菲律宾、泰国、越南；在我国主要分布于海南、广东、广西、云南、四川、湖北、湖南、福建、台湾等地。以雌成虫、若虫固着于叶片、果实和嫩梢上吸食汁液，使叶片褪绿变黄，严重时，叶片干枯（图4-37）。

图 4-37　矢尖蚧对香蕉的为害症状

【发生规律】

矢尖蚧一年发生 2～4 代，世代重叠，以雌成虫和少数幼龄若虫越冬，成虫在平均温度 19℃ 以上开始产卵繁殖，当平均温度 17℃ 以下停止产卵繁殖。温暖湿润有利于矢尖蚧生存，高温干燥可使矢尖蚧若虫大量死亡。

【防治方法】

（1）农业防治。冬季彻底清园，剪除严重的虫枝、干枯枝和郁闭枝，改善通风透光条件，减少虫源。

（2）生物防治。日本方头甲、整胸寡节瓢虫、湖北红点唇瓢虫、矢尖蚧蚜小蜂、花角蚜小蜂和寄生菌红霉菌等为矢尖蚧的天敌。

（3）化学防治。选用 4.5% 高效氯氰菊酯水乳剂 25～40 mL/亩、40% 毒死蜱微乳剂 1 500～2 000 倍液、20% 噻嗪·哒螨灵乳油 800～1 000 倍液、45% 马拉硫磷乳油 450～720 倍液等药剂交替喷雾防治，间隔 15 d 左右喷 1 次，喷 1～2 次。

香蕉褐圆蚧

香蕉褐圆蚧[*Chrysomphalus aonidum*（L.）]又名褐圆盾蚧、黑褐圆盾蚧、茶黑介壳虫、鸢紫褐圆蚧，是半翅目盾蚧科害虫。

【形态特征】

雌成虫：介壳圆形，紫褐色，边缘淡褐色，中央隆起，壳点在中央，呈脐状，黄褐色或金黄色。介壳直径约 2 mm。虫体倒卵形，头胸部最宽，胸部两侧各有一刺状突起，臀板边缘有臀角 3 对。第 1、2 对大小和形状均相似，内外缘各有一凹陷；第 3 对内缘平滑，外缘呈齿状。缘鬃先端呈锯齿状，在第 1、2 臀角之间各有 2 根，在第 2～3 臀角之间有 3 根，围阴腺孔 4～5 群。

雄成虫：介壳紫褐色，边缘部分为白色或灰白色，长椭圆形，后端延长，灰白色，长约 1 mm，宽约 0.7 mm。虫体橙黄色，足、触角、交尾器及胸盾片为褐色，体长 0.75 mm，翅透明，长 0.7 mm。

卵：长卵形，橙黄色，长约 0.2 mm。

若虫：体卵形，长略过于宽。口器发达，极长，伸过腹部末端。触角相当长，1～3 节分节明显。第 1 节极大，第 2 节圆柱形，第 3 节极短，第 4 节极长，第 5 节微曲有毛，亦很长，具环状纹。体色橙黄，体长 0.23～0.25 mm。

蛹：褐黄色，椭圆形，长约 0.8 mm。

【分布与为害】

在东南亚，其主要分布在印度尼西亚、马来西亚、缅甸、菲律宾、新加坡；在我国主要分布于海南、广东、广西、福建等地。主要为害香蕉的叶片和果实，香蕉叶片受害后常表现褪绿和产生黄褐色斑点，影响光合作用和植株长势，果实被害后，果面斑迹累累，商品品质下降，常易脱落。

【发生规律】

一年发生 3～6 代，后期世代重叠，主要以若虫越冬。褐圆蚧雌蚧产卵期长达 2～8 周，卵不规则地堆积于雌介壳下面。产卵时，雌虫体向前端收缩，让出的空隙被先后产出的卵充满。初孵若虫活动能力强，可到处爬行，爬出母壳，转移到新梢、嫩叶、果实上取食。雌虫多固定在叶背及果实表面，在叶背边缘者较多。雄虫多固定在叶面上（图 4-38）。

图4-38 香蕉褐圆蚧及其对香蕉的为害症状

【防治方法】

（1）农业防治。重剪虫枝，结合用药挑治，加强肥水管理，增强树势。

（2）生物防治。保护利用天敌，将药剂防治时期限制在第二代若虫发生前或在果实采收后，可少伤天敌。也可引移释放天敌。

（3）化学防治。防治若虫可选用40%毒死蜱乳油、25%喹硫磷乳油1 000～2 000倍液，25%噻嗪酮可湿性粉剂1 500倍液，机油乳剂100～200倍液。防治雌成虫可任选一种前述有机磷农药加上机油乳剂兑水后喷雾，其混配的体积比依次为1∶60∶3 000（有机磷农药∶机油乳剂∶清水）。

香蕉交脉蚜

香蕉交脉蚜［*Pentalonia nigronervosa*（Coqueral）］又名蕉蚜、蕉黑蚜,是半翅目蚜科害虫。

【分布与为害】

该虫在东南亚主要分布在马来西亚、印度尼西亚、老挝、缅甸、柬埔寨、越南、泰国;在我国主要分布于广东、广西、云南、福建、台湾等地。香蕉交脉蚜以口器刺入植株幼嫩组织内,吸食汁液,主要传播香蕉束顶病,并能分泌蜜露,诱发煤烟病。

【形态特征】

可分为无翅蚜和有翅蚜两种类型。有翅蚜长卵形,体长约 1.7 mm,头、胸黑色,腹部红褐色至黑色,头顶两侧额瘤明显。复眼红棕色,触角、腹管和足的腿节、胫节的前端呈暗红色,触角 6 节,并在其上有若干个圆形的感觉孔,腹管圆筒形,前翅径脉与中脉段交会,形成一个四边形闭室,翅脉附近有许多黑色小点。后翅翅脉退化,只有一根斜脉。无翅蚜体长 0.8～1.6 mm,卵圆形,红褐至黑褐色,额瘤明显,尾片圆锥形,具瓦纹。

【发生规律】

香蕉交脉蚜田间种群数量发生的密度与气候关系密切,一般在干旱年份发生较多,有翅蚜出现亦多,而雨量充沛的年份则发生较少。干旱或寒冷季节,蕉株生长停滞,蚜虫多躲藏在叶柄、球茎或根部,并在这些地方越冬,停止吸食为害;到春天环境条件适宜时,蕉株恢复生长,蚜虫开始活动、繁殖。

【防治方法】

（1）农业防治。及时清理蕉园杂草和病株,消灭虫源。

（2）生物防治。香蕉交脉蚜的天敌有蜘蛛、瓢虫、蚜茧蜂、寄生蝇等,采用有利于天敌繁衍的耕作措施,选择对天敌安全的农药或减少使用农药,保护利用天敌昆虫来控制香蕉交脉蚜的种群。

（3）物理防治。香蕉交脉蚜具有明显的趋光性,因此可以用杀虫灯对有翅蚜进行诱杀,降低种群数量。

（4）化学防治。田间发生虫害时,应及时用药喷杀,可选用 80% 敌敌畏乳油 1 500 倍液、50% 抗蚜威可湿性粉剂 1 500 倍液、2.5% 氯氟氰菊酯乳油 5 000 倍液、2.5% 溴氰菊酯乳油 5 000 倍液、10% 氯氰菊酯乳油 5 000 倍液喷施。

新菠萝灰粉蚧

新菠萝灰粉蚧［*Dysmicoccus neobrevipes*（Beardsley）］隶属于半翅目蚧总科粉蚧科灰粉蚧属，为《中华人民共和国进境植物检疫性有害生物名录》中的检疫性有害生物。

【分布与为害】

在东南亚，其主要分布在马来西亚、菲律宾、新加坡、泰国、越南。新菠萝灰粉蚧主要以若虫和成虫聚集在香蕉叶片上刺吸香蕉的汁液为害，可造成香蕉植株营养不良，树势衰弱，其分泌的蜜露可引起煤烟病。

【形态特征】

雌成虫的体长 2.5～4.5 mm，宽 1.5～2.0 mm；体呈椭圆形，灰白色，体外被白色蜡粉覆盖，虫体周缘有 17 对蜡丝。触角 8 节；尾瓣腹面有长方形的硬化区。长是宽的 2 倍或 2 倍以上；第 7 腹节背面中脊两侧的刚毛较短（约 15 μm），肛环前无成对背毛。

雄虫虫体比较细长，体长约 1.0 mm。有一对具有金属光泽的翅，触角 9 节。

【发生规律】

新菠萝灰粉蚧的发生数量受气温影响，具有季节性，高峰主要出现在 3—4 月和 11—12 月，1 月和 9 月发生较轻。

【防治方法】

（1）农业防治。首先在种植或移植植物初期，认真筛选无蚧虫感染的植株，避免将带有新菠萝灰粉蚧虫源的植株带到栽培区，以减少初次感染源；栽培制度上选择其寄主与非寄主植物进行轮作。其次加强管理，适当施肥、适当疏枝、保持通风透光等以加强植物的抗虫性，及时清除有新菠萝灰粉蚧寄生的枝条、叶片和果实等，集中烧毁有新菠萝灰粉蚧的植物枯枝、枯叶，防止其传播。冬季铲除田周边的杂草灌木，以减少该虫的越冬寄主。

（2）生物防治。新菠萝灰粉蚧具有丰富的天敌，包括顶眼金绿跳小蜂、哥伦比亚金绿跳小蜂、灰粉蚧长索跳小蜂、粉蚧汉姆跳小蜂、孟氏隐唇瓢虫、丽草蛉等，因此在防治的过程中要尽量不用或者少用杀虫剂，或选择对天敌低毒的杀虫剂，注意保护和利用天敌昆虫。

（3）化学防治。在粉蚧低龄若虫高峰期施药，选用 40% 毒死蜱乳油 1 000 倍液、啶虫脒乳油 1 500 倍液、4.5% 高效氯氰菊酯乳油 1 000 倍液进行防治。

第五章 杧果病虫害

杧果（*Mangifera indica* L.）属漆树科杧果属，又名芒果，檬果，被誉为"热带果王"，全球种植面积 640.7 万 hm^2，产量 5 382.5 万 t（FAO，2018 年），仅次于柑橘、蕉类、葡萄、苹果，居世界水果第五位。

杧果广泛分布于南北纬 30° 之间，冬季最冷月均温 11℃ 以上，绝对最低温 3.7℃ 以上的热带、南亚热带地区，北至我国四川南部和日本南部岛屿，南至南部非洲。全世界有超过 100 个国家栽培杧果，主要生产国有印度、泰国、中国、印度尼西亚、菲律宾、墨西哥、巴基斯坦、尼日利亚、埃及、科特迪瓦等；主要出口国有墨西哥、巴西、厄瓜多尔、秘鲁、印度、巴基斯坦、泰国、菲律宾；主要进口国家和地区有美国、加拿大、沙特阿拉伯、阿拉伯联合酋长国、科威特、中国香港、日本、新加坡、英国、法国、俄罗斯、荷兰、比利时、德国等。

我国杧果商业种植历史不长，1986 年国务院作出大力发展热带作物的战略决策，拉开了杧果规模化发展的序幕，30 多年时间迅速发展成为仅次于荔枝、龙眼和香蕉的第四大热带水果。2019 年中国种植面积 32.3 万 hm^2，产量 278.2 万 t，居世界第三位。主要种植在广西、云南、海南、广东、四川、台湾、福建、贵州 8 省（区）约 100 多个县（市），形成了早、中、晚三大优势产业带和海南南部—西南部、广西右江河谷、四川—云南金沙江干热河谷流域、云南怒江—澜沧江流域、云南红河流域、广东雷州半岛、贵州西南部、福建闽南等优势区。杧果已发展成为我国南方农民增收的重要作物，热区农业主导产业之一，对乡村振兴、丰富"果盘子"和提高人民生活品质意义重大。

目前，杧果病害种类有 80 多种，包括杧果炭疽病、杧果根腐病、杧果煤污病、杧果绯腐病、杧果细菌性黑斑病、杧果畸形病、杧果树生黄单胞叶斑病、镰孢菌枝枯病、蒂腐病、杧果疮痂病等主要病害。杧果害虫种类多达 500 多种，包括杧果蓟马、杧果横线尾夜蛾、杧果天蛾、杧果剪叶象、橘小实蝇、杧果果实象、杧果果肉象、杧果果核象、杧果木虱、杧果蛱蝶、杧果蜡蝉、杧果叶瘿蚊、杧果实蝇、杧果短头叶蝉、杧果脊胸天牛、腹钩蓟马、椰圆盾蚧、紫胶蚧、考氏白盾蚧、杧果长足象、杧果小齿螟等害虫。本章对 5 种重要病虫害进行了简要介绍。

杧果畸形病

杧果畸形病又称杧果丛芽（花）病、杧果簇芽（花）病。

【病原】

杧果畸形病究竟是生理性病害还是侵染性病害或者由螨类为害引起的畸形，学术界一直争论不断，直到近10年，越来越多的实验证实，该病是由镰刀菌引起的侵染性病害。目前，通过柯赫法则验证的杧果畸形病原菌有：胶孢镰孢（*Fusarium subglutinans*）、杧果镰孢（*F. mangiferae*）和无菌丝镰孢（*F. sterilihyphosum*）。层出镰孢（*F. proliferatum*）在马来西亚和尖孢镰孢（*F. oxysporum*）在墨西哥也被报道与杧果畸形有关。

【分布与为害】

1891年，印度首次发现杧果畸形病以来，目前该病害在马来西亚、巴基斯坦、埃及、南非、巴西、以色列、中美洲、墨西哥、苏丹、阿曼、苏丹、古巴、乌干达、委内瑞拉、斯威士兰、尼加拉瓜、萨尔瓦多、孟加拉国和阿拉伯联合酋长国均有发生。杧果畸形病在我国四川省攀枝花市和云南省华坪县部分杧果园已发生多年，2009年广西也发现了杧果畸形病，但随后该病立即被铲除，其他地区尚未发现。该病主要为害嫩梢和花序，病花序几乎无法结果。调查发现，印度某发病杧果园，因花序畸形导致的产量损失高达86%；在印度北部，超过50%的杧果树受到该病为害，产量损失巨大。在南非73%的杧果园存在该病，株发病率在1%～70%不等。在巴西的圣弗朗西斯科河流域，一些果园杧果畸形病发病率甚至高达100%。在我国四川攀枝花和云南省华坪县部分发病严重的杧果园，病株率高达100%，导致大部分枝条无法结果，造成巨大经济损失。

【症状】

根据受害部位不同，杧果畸形病可分为营养器官畸形和花序畸形。营养器官畸形多发生在幼苗上，在结果树上也很常见。幼苗上的典型症状是植株顶端优势丧失，导致叶腋或顶芽膨大并产生大量的嫩芽；丛生的嫩枝呈束状生长；畸形杧果苗的根系浅且3级侧根少于正常苗。幼苗早期（3～4个月）受感染后植株保持矮小直到最后干枯；后期被感染的幼苗发育受抑制但仍可继续生长。成龄果树的枝条被感染后，其营养芽也会萌发，并成束生长为"扫帚"状，最后干枯，但是在下个生长季节会再度萌发，而且畸形芽常发生在被枝剪的部位。花芽分化紊乱常出现不正常的开花坐果现象，如挂果期长出花序、出芽期开花等。感染程度严重的成龄果树发育不良，植株矮小（图5-1）。在通常情况下，表现营养器官畸形的枝条将会产生畸形的花序。受感染的花序整个或部分畸形膨大甚至呈现盘状，花数明显增加，花轴变短、变粗，小花簇拥在一起，最后焦枯死亡。畸形花序虽然会产生更多的小花，但大部分小花并不开放，而且不育花的数量也增加。畸形花序上两性花的雌蕊通常功能丧失，且花粉发育能力差。畸形花序几乎不能坐果，即使结果，果实也不能正常发育，导致败育。

A. "扫帚"状畸形枝条；B. 畸形芽；C. 严重畸形的成龄果树；D. 畸形花序

图 5-1 杧果畸形病的症状

（图片由蒲金基　提供）

【发生规律】

关于该病害的侵染循环，目前还不很清楚。有研究表明，病害的侵染模式为系统性侵染，枯死的病花和病枝上可产生大量的分生孢子，分生孢子借助气流或昆虫在果园传播，反复引起侵染。目前发现杧果是该病病原菌的唯一寄主。

杧果畸形病菌分生孢子随风雨传播至杧果顶芽、腋芽、花芽或伤口，萌发产生芽管，从上述组织的微小伤口直接侵入，并在木质部和韧皮部等组织中扩散，导致花序畸形或腋芽过度抽生。

开花期的环境温度对病害的发生和严重程度有明显的影响。在埃及，春梢抽出花穗病害发生最为严重，其次是夏梢和秋梢。在印度，气候显著影响病害的发生，在气候较温暖的南部地区，病害发病率低；而开花前环境温度较低的地区，病害最为严重。在美国佛罗里达州，潮湿的环境有利于病害的发生。有人发现瘿螨种群数量与病害发生率呈正相关；

几个成功的接种试验表明应用杀螨剂后可降低病害严重程度。

【防治方法】

1. 加强检疫

勿从病区引进繁殖材料，使用无病繁殖材料，如健康的接穗等；对病害发生严重的果园实行适当隔离，防止病害传播到健康果园。

2. 农业防治

（1）清除果园病残体。在花期和营养生长期对果园进行定期的检查，若检查时发现病害，应根据发病严重程度对果树进行修剪并将发病枝条和花穗销毁。在发病部位以下40 cm处剪除畸形枝条能有效压制病害发生。病树修剪后需喷洒杀真菌剂（保护剂和治疗剂）和杀虫剂（尤其是杀螨剂）来减少病害进一步蔓延的可能性。修剪时注意工具的消毒。

（2）改善树体营养状况。避免过量或偏施氮肥，结合栽培技术，根据果园情况定期喷施含微量元素的叶面肥，改善果树的营养状况，可提高植株抗病性和果实产量。

3. 化学防治

（1）使用植物激素和其他生长调节剂。如在印度，果农在花芽分化时期施用外源生长素（萘乙酸NAA，200 mg/kg）来减少花的畸形并提高产量。

（2）杀菌剂喷雾。在抽梢和开花期，用50%的甲基硫菌灵可湿性粉剂700倍液、50%多菌灵可湿性粉剂700倍液、50%咪鲜胺锰盐可湿性粉剂1 500~2 000倍液或25%苯醚甲环唑乳油2 000~3 000倍液喷雾，对病害防治有一定效果。

茶黄蓟马

茶黄蓟马（*Scirtothrips dorsalis* Hood）又称茶叶蓟马、茶黄硬蓟马，是缨翅目蓟马科害虫。

【形态特征】

成虫： 体长约 1 mm，黄色。触角 8 节，暗黄色，第 3、4 节感觉锥叉状。复眼暗红色，两复眼间单眼 3 个，三角形排列。头宽约为长的 2 倍，短于前胸；前缘两触角间延伸，后大半部有细横纹；两颊在复眼后略收缩；头鬃均短小，前单眼之前有鬃 2 对，其中一对在正前方，另一对在前两侧；单眼间鬃位于两后单眼前内侧的 3 个单眼内线连线之内。前翅橙黄色，近基部有一小淡黄色区；前翅窄，前缘鬃 24 根，前脉鬃基部 4+3 根，端鬃 3 根，其中中部 1 根，端部 2 根，后脉鬃 2 根。腹部背片第 2～8 节有暗前脊，但第 3～7 节仅两侧存在，前中部约 1/3 暗褐色。腹片第 4～7 节前缘有深色横线。

卵： 肾形，长约 0.2 mm，初期乳白，半透明，后变淡黄色。

若虫： 初孵若虫白色透明，复眼红色，触角粗短，以第 3 节最大。头、胸约占体长的一半，胸宽于腹部。2 龄若虫体长 0.5～0.8 mm，淡黄色，触角第 1 节淡黄色，其余暗灰色，中后胸与腹部等宽，头、胸长度略短于腹部长度。3 龄若虫黄色，复眼灰黑色，触角第 1、2 节大，第 3 节小，第 4～8 节渐尖。翅芽白色透明，伸达第 3 腹节。

蛹：（4 龄若虫）出现单眼，触角分节不清楚，伸向头背面，翅芽明显，伸达第 4 腹节（前期）至第 8 腹节（后期）（图 5-2）。

图 5-2 茶黄蓟马形态特征

【分布与为害】

茶黄蓟马分布于中国、日本、印度、马来西亚、巴基斯坦等国家，国内分布于四川、云南、广东、广西、海南、浙江、福建、台湾、香港等地。

蓟马以若虫、成虫在嫩梢、嫩叶、花蕾及小果上吸食组织汁液。在梢期，若虫、成虫在嫩叶背面群集活动，吸食汁液，受害叶片在主脉两侧有2条至多条纵列红褐色条痕。严重时叶背呈现一片褐色，叶片失去光泽，后期受害叶片边缘卷曲，呈波纹状，不能正常展开，甚至叶片干枯。新梢顶芽受害，生长点受抑制，呈现枝叶丛生或萎缩。花果期，若虫、成虫集中为害花穗、幼果，造成大量落花落果；幼果被害后，果面出现黑褐色或锈褐色针状小点；甚至畸形，果皮组织增生木栓化，呈锈褐色粗糙状。幼果横径达2cm左右后不再受害。果实生长中后期，果皮变粗，出现突起的红褐色锈皮斑。也为害叶柄、嫩茎和老叶，严重影响杧果生长和果实品质（图5-3）。

图5-3 茶黄蓟马为害症状

【发生规律】

茶黄蓟马世代重叠严重，完成1个世代仅10多天。冬季以卵、成虫为主。若虫于早、晚和阴天多在叶面活动，晴天阳光直射则在叶背。老熟若虫多群集在被害叶或附近叶片背凹处，或瘿螨毛毡部，或在蛛网下，或叶片相叠处化蛹。成虫一般爬行，受惊扰时可弹飞。雌虫羽化后2~3d在叶背叶脉处或叶肉中产卵，可行有性生殖和孤雌生殖。卵散产，每雌虫产卵少则几粒，多则百粒。成虫有趋向嫩叶取食和产卵的习性。成虫、若虫还有避光趋湿的习性。一年抽梢次数多且发梢不整齐或有冬梢的果园，为害较严重；春秋干旱，为害严重。

茶黄蓟马年发生有明显高峰，发生高峰与杧果的物候期关系密切，茶黄蓟马从初花期开始出现为害，至盛花期为害数量达最大，随着小果期的到来，虫口数量明显下降。在杧果生长、开花结果时,如遇温暖干旱天气,发生为害更严重。茶黄蓟马分布随寄主植物花期的变化而变化,受寄主植物花吸引,当一种寄主谢花后迅速向其他开花寄主转移。蓟马的空间分布受其种群密度影响,密度高时为聚集分布,密度较低时为中度聚集分布,密度低时为均匀分布或随机分布;种群密度高时,空间异质性是由空间自相关引起。

【防治方法】

(1)农业防治。控制抽生嫩梢,使梢期相对集中,减少其食料来源。

(2)生物防治。保护利用草蛉、小花蝽、捕食螨、蚂蚁、隐翅虫等蓟马天敌。

(3)化学防治。根据虫情及时进行药剂防治。在低龄若虫盛发期前用药防治。每隔5~7 d喷1次,连喷2~3次。推荐选用乙基多杀霉素、甲氨基阿维菌素苯甲酸盐、氟啶虫酰胺、啶虫脒、吡虫啉、毒死蜱、烯啶虫胺、噻虫嗪等单剂,或啶虫脒·氯氰菊酯混配制剂,喷施嫩梢、嫩叶、花穗和幼果。

(4)监测技术。在杧果树两侧离植株30 cm处,在与杧果树冠中部等高位置按垂直地面方向悬挂黄色粘虫板+诱剂、蓝色粘虫板+诱剂各1片,共20片;跟踪监测。杧果花芽萌动至小果期,每天观察1次,其他时间每7 d观察1次粘虫板诱集虫量(图5-4)。

图5-4 粘虫板监测茶黄蓟马

小实蝇

小实蝇（*Bactrocera dorsalis* Hendel）又名橘小实蝇、黄苍蝇、金苍蝇、果蛆等，是双翅目实蝇科果实蝇属的害虫（图5-5）。

【形态特征】

成虫：体长7.0～8.0 mm，翅1对，雌成虫体深黑色，复眼黄色，胸背黑褐色，具2条黄色纵纹，小盾片黄色，腹部赤黄色，有"丁"字形黑纹；翅透明，长约为宽的2.5倍，翅脉黑褐色。

卵：长椭圆形，长0.8～1.2 mm，宽0.1～0.3 mm，一端较尖细，另一端略钝，初产时白色透明，后渐变成乳黄色。

幼虫：分3龄，1龄幼虫体长1.6～4.0 mm，2龄幼虫体长2.9～4.5 mm，老熟幼虫6.0～10.0 mm。黄白色，蛆形，前端小而尖，后端大而圆。口钩黑色。

蛹：体长4.4～5.5 mm，宽1.8～2.2 mm，椭圆形，初化蛹时淡黄色，后逐步变成红褐色。

图5-5 小实蝇形态特征

【分布与为害】

小实蝇主要分布于不丹、中国、缅甸和泰国北部等东南亚国家和地区，国内分布于华南、西南地区的广东、广西、湖南、贵州、福建、海南、云南、四川、台湾、香港等地。小实蝇主要为害杧果果实。成虫产卵于寄主果实内，幼虫孵化后在果内为害果肉，引起果肉腐烂，常常造成果实在田间裂果、烂果、落果，或采摘后出现腐烂，导致减产或失去食用价值。切开受害果，其中可发现有幼虫在为害。成虫产卵时在果实表面形成伤口，致使汁液大量溢出，伤口愈合后在果实表面形成疤痕。成虫产卵所形成的伤口容易导致病原微生物的侵入，使果实腐烂（图5-6）。

图5-6 小实蝇为害症状

【发生规律】

小实蝇每年可发生多代，发生的代数与当地的气候、食物等关系密切。田间世代重叠，在广东三角洲地区、海南每年可发生9～10代，在福建厦门、云南西双版纳等地，每年发生5～6代，冬季没有明显休眠。

小实蝇的世代历期差异较大，一般卵期1～3 d，幼虫期9～35 d，蛹期7～14 d，成虫寿命约60 d。成虫飞行能力强，活动范围通常在数百米至1～2 km，果实期可迁移数十公里。多在7：00—10：00羽化，觅食、交尾、产卵主要集中在早晨和黄昏，中午、晚上躲在阴凉处休息。羽化后需经10～30 d取食补充营养才开始交尾产卵，至死为止；产卵高峰期在20～40 d，雌雄虫一代交尾3～16次，仅交尾1次的雌虫可持续产卵达27 d之久。雌虫选择黄熟的果实产卵于果皮内，小果上不产卵，在完全膨大但未成熟的果实上有少量产卵。产卵于果皮内，每处产卵5～10粒，每雌产卵160～200粒，最高可达1 000多粒。孵化后幼虫在果肉内蛀食为害，老熟幼虫弹跳或爬行到潮湿疏松的土表下2～3 cm处化蛹。成虫喜食带有酸甜味的物质，夜间喜聚在树冠内。早春高温干旱、夏季相对少雨有利于该虫大发生。成虫具趋光、喜低、栖阴凉环境的习性。

小实蝇最适发育温度为 25～30℃。气温高于 34℃或低于 15℃均对其发育不利，成虫也会大量死亡。21℃以上时有利于成虫性成熟。整个世代的发育起点温度为 12.19℃，完成整个生活史所需的有效积温为 334.4℃。

小实蝇卵的孵化及幼虫化蛹受不同环境湿度与降雨的影响。月降水量低于 50 mm 以下对小实蝇种群不利，而 100～200 mm 的月降水量有助于小实蝇种群的增长。月降水量大于 250 mm 以上将导致小实蝇种群数量下降。在饱和湿度时有利于卵的孵化。土壤的含水量则影响老熟幼虫化蛹的深度和蛹的存活率，土壤含水量在 60%～70% 时幼虫入土快，预蛹期短；土壤含水量低于 40% 或高于 80% 时，老熟幼虫入土慢，且死亡率高。

小实蝇对不同寄主植物的选择有明显差异。对同一寄主的不同品种的选择偏好也不尽相同。它对瓜果的选择不仅与瓜果本身的成熟度（含糖分程度及 pH 值）有关，还与瓜果的成熟期有关。雌成虫易受成熟度高、软、挥发物气味浓的水果气味的吸引，小果、膨大期果实及完全膨大但不成熟的果实受害较轻。果壳较厚、硬的品种受害也较果壳薄、软的轻。此外，埋于寄主组织中的卵发育快、孵化率高；而裸或非湿润状态下的卵发育迟缓且很少能孵化。

【防治方法】

（1）加强检疫。依据我国果蔬产品检疫的有关规定，对调运的杧果作物及产品进行检疫处理。

（2）农业防治。从果实膨大期开始，及时收集田间烂果、落地果，或及时摘除被害果，集中深埋、火烧、沤浸或用杀虫药液浸泡，深埋的深度至少要 45cm。在冬季或早春于成虫未羽化出土前，结合冬春季节清园，翻耕果园地面土层，有条件的可灌水 2～3 次，杀死土中的幼虫、蛹和刚羽化的成虫；大田果实套袋。在幼果期，据不同品种需求，选择质地好、透气性较强的套袋材料如无纺布等及时进行果实套袋，套袋时扎口朝下；果实采后处理。可使用热水、蒸气、冷藏或辐射对果实进行采后处理。处理时应根据品种的不同而选择处理时间、温度或剂量。

（3）生物防治。保护和利用天敌。使用对小实蝇 3 龄老熟幼虫具有强侵染力的小卷蛾斯氏线虫（*Steinernema carpocapsae*）A11 品系等天敌产品于种植园地土壤中，使用剂量为 300 条/cm^2；或释放蝇蛹俑小蜂等天敌；保护利用实蝇茧蜂、跳小蜂、黄金小蜂、蚂蚁、隐翅虫、步行虫等小实蝇的寄生和捕食性天敌；也可应用不育成虫防治。采用剂量为 90～95Gy 的 ^{60}Co 对小实蝇蛹进行辐射不育处理，成虫羽化后投放到野外，其中经处理的雄性成虫与野外的雌性成虫正常交配，但雌性成虫所产下的卵不育；利用性引诱剂或诱饵诱杀成虫。在诱捕器中放入低密度的纤维板或海绵或棉花为诱芯，在诱芯中按 10∶2 加上甲基丁香酚（ME）引诱剂和多杀霉素或敌敌畏等杀虫剂，诱杀成虫。或选用醚菊酯、三氟氯氰菊酯、多杀霉素、敌百虫、敌敌畏等药剂加入到 1% 浓度的蛋白胨或 3% 浓度的红糖配制药液喷树冠浓密处。

（4）化学防治。选用阿维菌素、毒死蜱等拌制成含量为 0.3% ～ 0.5% 的毒土，在植株树冠下滴水线范围内撒施。

（5）监测技术。按每亩悬挂 1 个，每监测区共悬挂 4 个甲基丁香酚引诱剂诱捕器（图 5-7），诱捕器之间的距离 20 ～ 30 m，悬挂于离地面 1.0 ～ 1.5 m 的高度；要求诱捕器不受树叶遮蔽，没有阳光暴晒，通风良好。每 7 d 收集 1 次诱集的实蝇成虫，每 15 d 加 1 次引诱剂和杀虫剂，监测小实蝇种群的变化，当小实蝇种群达到防治指标时，点喷猎蝇饵剂或杀虫剂，降低虫口密度；当监测到虫口密度降至防治指标以下时，可以停止用药。

图 5-7　甲基丁香酚引诱剂诱捕器

杧果扁喙叶蝉

杧果扁喙叶蝉［*Idioscopus incertus*（Baker）］是半翅目叶蝉科扁喙叶蝉属的害虫（图5-8）。

【形态特征】

成虫：体长4.0～4.8 mm，楔形，赭色。头宽为长的5.5倍；颜面的斑纹由黑褐色和黄褐色所组成，头顶有较暗的云斑，中线色淡，后部有两块褐色长方形斑。前唇基端部黑褐色，喙较长，端部膨大而扁平，雄虫呈红色，而雌虫呈黑褐色。前胸背板略带绿色，并具暗色斑和条纹，外角色较浅。小盾片三角形，浅赭色，基部（前缘）具3个黑色斑，居中的横置，两侧的呈三角形，中斑后面有2个很小的斑，两侧边缘亦有2个更小的斑。前翅青铜色，半透明，翅上具暗色斑，斑之间为透明区，翅脉清晰。足的腿节褐色，后足胫节端部黑色，腹板横斑黑色，臀节也为黑色。

卵：长椭圆形，长约1.0 mm，最宽处0.3 mm。初期白色半透明，逐渐变成乳黄色，顶端稍平。顶部具1个白色絮状毛束。后期可见2个黑褐色小眼点。

若虫：初孵时淡黄褐色，体背中央从前至后具1条乳白色纵中线。老熟若虫胸部背面呈淡褐色，中胸具倒"八"字形淡黄白色线纹；翅芽达腹部第4节，与腹部分离或贴近。第1～2腹节背面中央具黑褐色斑，以后各节黑褐色；第3～5腹节背中央连成1个大黄斑。体背纵中线呈淡黄色。足的腿节、胫节中部及爪为黑褐色，间以黄白色。

图5-8 杧果扁喙叶蝉

【分布与为害】

该虫主要分布于印度、斯里兰卡、印度尼西亚、菲律宾、马来西亚、缅甸等国家，以及中国广东、广西、海南、云南、四川、福建、台湾等地。以成虫和若虫群集刺吸杧果幼芽、嫩梢、花穗和果实汁液，致使芽死亡，嫩梢、花序枯萎，幼果脱落。在严重发生的果园，花序100%受害，虫口密度可高达400头/梢以上，直接影响当年的产量和植株生长。此外，若虫、成虫分泌大量的蜜露，可使叶片、果面和枝条发生煤烟病（图5-9）。

图5-9 杧果扁喙叶蝉为害症状

【发生规律】

在海南室内饲养年发生8～9代，在广西于盆栽植株上饲养年发生2～7代。世代重叠，同一虫子的后代，一年中繁殖最快的可以比繁殖最慢的多出5代。在广西，3月2代重叠，4—5月3代重叠，6—7月4代重叠，8—9月5代重叠，共有6个代次发育的成虫同时进入下年。无明显越冬滞育现象。在室内盆栽苗上饲养，其生活史历期各代差异甚大。若虫和卵的生长适温区为19～26℃，高温低湿和低温高湿对卵和若虫生长发育不利。在日均温25℃室内条件下，卵期4 d，若虫期14～18 d，成虫期30～96 d；而在日均温17.9℃条件下，完成一代需110～190 d。

初羽化的成虫若无嫩梢、花序补充营养则不能交配产卵。成虫寿命长短与产卵前期有很大关系，产完卵的雌虫随即死去。未生殖雌虫的寿命可长达250 d以上。成虫无趋光性。在非嫩梢期或花果期群集于树冠茂密、叶色浓绿的植株上为害，一旦有植株抽芽梢，便迁往取食和产卵。成虫卵产于嫩芽、嫩梢、嫩叶中脉、花、花梗的组织内。卵散产，每雌平均产卵270粒，最多可达1 044粒。若虫5龄，卵孵化后，卵壳仍留在寄主组织里，外表露出打开的白色卵盖，具有群集性。

成虫和若虫行动都很敏捷，爬行迅速，若遇惊动，成虫立即跳跃逃遁，发出如大雨点落在叶片的声音。在田间，全年均可找到虫口，在非嫩梢花果期以成虫存在。在海南虫口的发生与嫩梢关系密切，发生时间基本与抽梢、抽花穗的时间同步，每年3—5月和8—10月为盛发期。该虫在枝叶或树皮缝中越冬。

【防治方法】

（1）农业防治。加强管理，合理施肥与修枝。每年收果后合理修枝整形，保持果园的通透性可抑制此虫的大发生。利用叶蝉趋嫩产卵的习性，在品种单一的果园有意识、有规划地间种少量早花品种，作为诱集树，并随时控制早期虫口，可避免大面积喷药。

（2）化学防治。在花芽期及嫩梢期等关键时期，及时喷药保护嫩梢和花穗。可选用的药剂有啶虫脒、吡虫啉、噻虫嗪、阿维菌素、甲氨基阿维菌素苯甲酸盐、毒死蜱、溴氰菊酯等。

（3）生物防治。杧果扁喙叶蝉自然天敌丰富，如病原真菌对其寄生率可达50%以上；螨类、猎蝽、螳螂和卵寄生蜂也普遍存在，因此应合理使用化学农药，尽量避免杀伤天敌。

杧果切叶象

杧果切叶象（*Deporaus marginatus* Pascoe）是鞘翅目象甲科切叶象属的害虫（图5-10）。

【形态特征】

成虫：体长4.0～5.0 mm，喙长约1.5 mm。头和前胸枯黄色，喙黑色；触角肘状，基半部为黑褐色，端半部为橘黄色，其上密生细毛。复眼半球形，稍突出于头部两侧，黑色。鞘翅褐灰色，缘折及翅端部灰黑色，肩部及端部黑色，每一鞘翅上有10纵列粗刻点，密生浅褐色细毛；鞘翅肩部下伸，肩角呈钝圆状。雌虫比雄虫略大，腹部肥大，腹部末端1～2节露出鞘翅外。足胫节、跗节灰黑色，各节端部末端膨大，下方具1端刺。

卵：长椭圆形，长0.7～0.9 mm，宽约0.3 mm。表面光滑，初产时白色，半透明，后渐变为淡黄色，具光泽。

幼虫：无足型，共3龄。体长5.2～6.5 mm，宽1.4～1.8 mm。初孵时乳白色，老熟时黄白色或深灰色，头部褐色或灰褐色。胴部可见11节，体节多具皱纹，腹部两侧各具1对肉刺，疏生淡黄色细毛。

蛹：离蛹。体长3.0～4.0 mm，宽1.4～2.0 mm，淡黄色，末期呈浅褐色，两侧焦黑。头部有乳头状突起，上着生刚毛，体背被细毛。腹部向内弯曲，呈淡黄色或灰蓝色；喙管紧贴于腹面，末节着生肉刺1对。

茧：扁椭圆形，长4.0～4.5 mm，宽约4.0 mm。土质，内实外松，内壁光滑。

图5-10 杧果切叶象形态特征

【分布与为害】

杧果切叶象分布于缅甸、印度、斯里兰卡、马来西亚等国家与地区；在中国分布于广东、广西、海南、云南、福建、四川、台湾等地。杧果切叶象成虫取食嫩叶的上表皮和叶肉，形成近圆形的取食斑，直径约 2 mm，留下白色透明的下表皮，几个至十几个取食斑连成片，使叶片卷缩，严重被害的叶片不久便干枯脱落。雌成虫在嫩叶上产卵，并从叶片近基部横向咬断，切口齐整如刀切，带卵部分掉落地面，造成秃梢，单头雌虫切叶 80～145 片。为害严重的几乎将整株嫩叶全部切断，严重影响植物正常生长。

图 5-11 杧果切叶象为害症状

【发生规律】

杧果切叶象年发生代数因地区而异，在海南年发生 9 代，广西年发生 7 代，云南西双版纳地区年发生 3～4 代。世代历期 30～50 d。世代重叠严重，重叠代数可达 4 代。冬季无越冬现象。

卵的孵化率与其所在叶片的湿度有关，在叶片保湿的情况下，孵化率可达 90%。

幼虫孵化后潜叶取食，形成蜿蜒曲折的隧道。隧道随虫体生长而逐渐加宽，常连通成片。1 片叶中有多头幼虫时，可将叶肉全部吃空，仅剩上下表皮层。正在生长的幼虫因干燥会出现滞育现象，1 个月后若再给予适宜的湿度，仍能恢复取食，直至化蛹。

幼虫老熟后停止取食，入土做茧并进入预蛹期。预蛹期长短与气温和土壤湿度关系密切。幼虫入土化蛹深度与土壤湿度有关。当土壤干燥时，幼虫入土深度可达 3 cm，而土壤湿润则只在 1.5 cm 的表土层化蛹。

成虫具向上性、趋嫩性、群集性，若遇惊扰即假死落地或飞逸。成虫出土后须取食嫩叶及嫩茎、花柄等补充营养，不取食老叶及已着卵的嫩叶；下午是取食高峰期。出土 2～3 d 后便开始交配，交配后 1～2 d 开始产卵，产卵期长达 30～60 d，产卵量为 200～495 粒/头。卵均匀地交互成对产于嫩叶的主脉两侧，卵痕多为略向叶缘外弯的肾形。雌虫在一叶片上产卵后即爬行到近叶基处的边缘，迅速地从一侧咬向另一侧，每虫一生可切叶 80～145 片。将叶片切断后，虫体转移到别的新叶产卵为害。叶色转绿、叶形稳定后的叶片就不再受害。成虫的交配、产卵和切叶大多发生在 9：00—10：00，风雨天气对以上行为影响不大；成虫 9 月发生量最大，因而秋梢受害最严重。

成虫有多型现象。根据其腹面的颜色可分为黄色型（黄色）、黑色型（黑色）和居间型（末端 2～3 节黄色，其余几节黑色）。自然种群以黄色型为主，占 65.7%，黑色型和居间型共占 34.3%。不同色型的个体在寿命、取食、交尾、切叶及同性异色个体大小方面差异甚微，但在产卵量和产卵部位有分化倾向。黄色型 58.8% 的卵产在叶主脉内；黑色型 55.4% 的卵产在主脉侧边叶肉组织中。成虫的 3 种色型终生稳定，可自然混杂或单独完成生活史，共同组成切叶象甲自然种群。

【防治方法】

（1）农业防治。平时管理结合除草、施肥、控冬梢时翻松园土，破坏化蛹场所；在杧果抽梢期间，注意巡视果园，如发现被杧果切叶象为害的植株，捡拾地上的嫩叶，并集中烧毁，消灭虫卵，降低下代虫源。

（2）生物防治。蚂蚁和寄生蜂是杧果切叶象的重要天敌，田间自然种群丰富，应加强保护利用。

（3）生态防治。有条件的果园，可在果园内养鸡，取食幼虫及蛹。此法可兼治叶瘿蚊等入土化蛹的害虫。

（4）化学防治。重点抓好新梢嫩叶期，于 10：00 前和 16：00 后振动树枝，发现每枝平均有成虫 3～5 头起飞时，应选用醚菊酯、毒死蜱、氯氰菊酯、顺式氯氰菊酯、溴氰菊酯、联苯菊酯等进行喷药防治。以上药剂交替使用，减缓害虫产生抗药性。

第六章

椰子病虫害

椰子（*Cocos nucifera* L.）是棕榈科椰子属单子叶多年生常绿乔木，是一种典型的热带木本油料作物。

早在3 000年前，印度就已经种植椰子，印度尼西亚则于公元686年开始种植椰子，但作为种植业则在19世纪40年代即已开始。目前椰子主要分布于亚洲、非洲、拉丁美洲23°S～23°N之间，赤道滨海地区最多。全球种植椰子的国家有近百个，主要产区为菲律宾、印度、马来西亚、斯里兰卡等国家。我国种植椰子有2 000多年的历史，主要在海南、台湾南部、云南西双版纳和广东雷州半岛等地。

椰子适宜生长在年平均温度26～27℃，年温差小，年降水量1 300～2 300 mm且分布均匀，年光照2 000 h以上，海拔50 m以下的沿海地区。椰子为热带喜光作物，在高温、多雨、阳光充足和海风吹拂的条件下生长发育良好。椰子适宜在低海拔地区生长，适宜椰子生长的土壤是海洋冲积土和河岸冲积土，其次是砂壤土，再次是砾土，黏土最差。

椰子树形优美，是热带地区绿化美化环境的优良树种。椰子全株都是宝，具有极高的经济价值，椰子可生产不同的产品，被充分利用于不同行业，是热带地区独特的可再生、绿色、环保型资源。椰肉可榨油、生食、熟食，也可制成椰奶、椰蓉、椰丝、椰子酱罐头和椰子糖、饼干；椰子水可制作清凉饮料；椰纤维可制毛刷、地毯、缆绳等；椰壳可制成各种工艺品、高级活性炭；树干可作建筑材料；叶子可盖屋顶或编织；椰子根可入药，椰子水除饮用外，因含有生长物质，是组织培养的良好促进剂；椰子油具有抗细菌、抗病毒、抗真菌的作用。

椰子主要病害有10多种，其中芽腐病、泻血病、灰斑病、茎干腐烂病、煤污病等近年来为害较为严重，对椰子产业发展影响较大；主要害虫有椰心叶甲、椰子织蛾、红棕象甲、二疣犀甲和椰圆蚧等。本章对10种重要病虫害进行了简要介绍。

椰子灰斑病

椰子灰斑病是由棕榈拟盘多毛孢菌[*Pestalotiopsis palmarum*（Cooke）Steyaert]引起的椰子叶部病害，在椰子种植区均普遍发生。

【病原】

棕榈拟盘多毛孢菌属半知菌类腔孢纲黑盘菌目拟盘多毛孢菌属真菌。有性世代为子囊菌棕榈亚隔孢壳菌 *Didymella cocoina*。

在 PDA 培养基上菌落圆形，排列紧密，质地均匀，紧贴平板；菌丝白色，可产生黑色分生孢子。分生孢子盘球形至椭圆形，分生孢子梗无色，圆柱形至倒卵圆形，大小为（5～18）μm×（1.5～4）μm。分生孢子直纺锤形，极少弯曲，大小为（17～25）μm×（4.5～7.54）μm；顶部有 2～3 根附属丝，少数为 2 根或 4 根，长 5～254 μm；基部附属丝长 2～6 μm（图 6-1）。

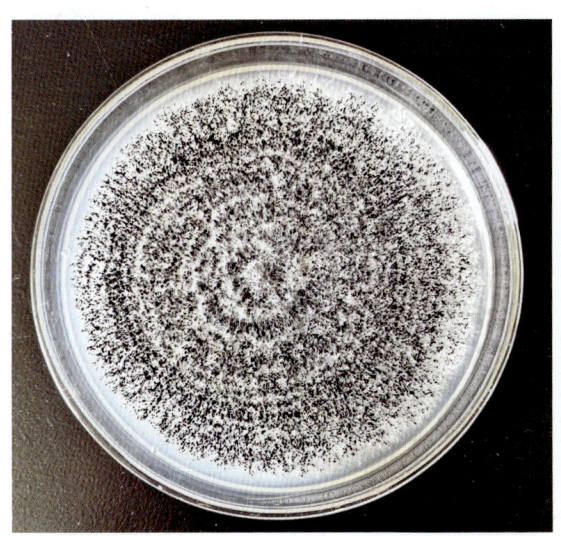 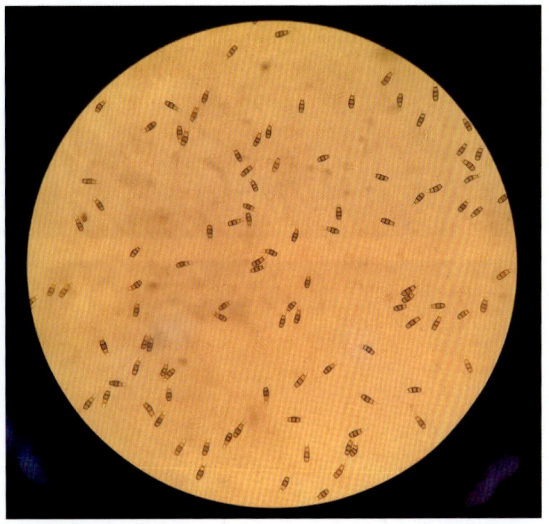

图 6-1　椰子灰斑病病原菌在 PDA 培养基上的菌落形态及分生孢子

【分布与为害】

椰子灰斑病分布很广，在泰国、马来西亚、印度尼西亚、越南、印度等所有种植椰子的地区都有发生。椰子灰斑病影响叶片光合作用。在苗期或幼树期，染病植株长势衰弱，严重时可导致整株死亡。成龄树影响开花、结果，导致减产。

【症状】

椰子灰斑病大多发生于成龄树下层叶片或外轮叶片上，嫩叶很少发病。首先在小叶上出现黄色小斑点,外围有灰色条带;随后这些病斑逐渐扩散,汇合形成大的条斑。病斑中心逐渐变成灰白色或暗褐色,边缘黑色,外围有黄色晕圈,长 5 cm 以上。严重时整片复叶干枯萎缩,如火烧状,提早脱落。在褐色病斑上常散生有圆形、椭圆形或不规则的小黑点(图 6-2)。

图 6-2 椰子灰斑病田间症状

【发生规律】

椰子灰斑病周年均有发生,高湿条件有利病害发生。病菌主要以菌丝体和分生孢子盘在病叶、落叶残体上越冬,翌年产生分生孢子,借风雨传播。管理粗放,树势弱的椰园发病重。育苗密度过大时蔓延迅速，偏施氮肥会导致发病加重。除椰子树外，椰子灰斑病还可为害油棕、槟榔等其他棕榈科植物。

【防治方法】

（1）农业防治。育苗时应避免密度过大并做好遮阴措施；加强苗圃和椰园抚管，施肥要均衡，避免偏施氮肥，宜增施有机肥和钾肥。同时，应及时排出苗圃或椰园积水，清除病残老叶并集中烧毁。

（2）化学防治。在苗圃和幼龄椰园发病初期及时喷药进行防治，可选用克菌丹、王铜、波尔多液、甲基硫菌灵、代森锰锌、异菌脲等药剂喷洒叶片。每隔 7～14 d 喷施 1 次，连续喷施 2～3 次，可以有效地防治椰子灰斑病。发病严重时，先把病叶清除干净，然后再喷施以上药剂，防治效果更好。

椰子泻血病

椰子泻血病是由奇异长喙壳菌 [*Ceratocystis paradoxa* (Dade) Moreau] 引起的，为椰子最常见的茎干部病害，整年均可发生。

【病原】

奇异长喙壳菌属子囊菌门核菌纲球壳目长喙壳属真菌，其无性阶段为奇异根串珠霉菌（*Thielaviopsis paradoxa*），属于半知菌类丝孢纲丝孢目暗色菌科根串珠霉属。奇异长喙壳菌是一种土壤习居菌，广泛分布于亚洲和非洲的热带地区，除棕榈科植物外还可侵染椰子、甘蔗、菠萝等多种作物。

奇异长喙壳菌子囊壳长瓶颈状，顶端孔口裂成须状，大小为（1 000～1 450）μm×（200～340 μm）；子囊棍棒形，大小为 26 μm×10 μm；子囊孢子无色，椭圆形，大小为（6.0～10.0）μm×（2.5～4.0）μm，内生 8 个椭圆形单细胞的子囊孢子。无性态奇异根串珠霉菌可产生小型分生孢子和厚垣孢子，前者短圆筒形或长方形，单胞，壁薄，初无色，后变为褐色，内生，大小为（6.3～10.6）μm×（4.3～6.3）μm。分生孢子梗自菌丝侧生，无色至淡蓝色，不分枝。厚垣孢子排列成链状，壁厚，黄棕色至黑褐色，球形至椭圆形，大小为（11.3～17.6）μm×（8.1～13.1）μm。厚垣孢子生成于较短的孢子梗上，能抵御外界不良环境，在土壤中可休眠 4 年以上。在 PDA 培养基上，奇异根串珠霉菌落初为灰白色，后变黑色，菌落平展，扩展迅速（图 6-3）。自然界中常见其无性阶段，有性阶段少见。

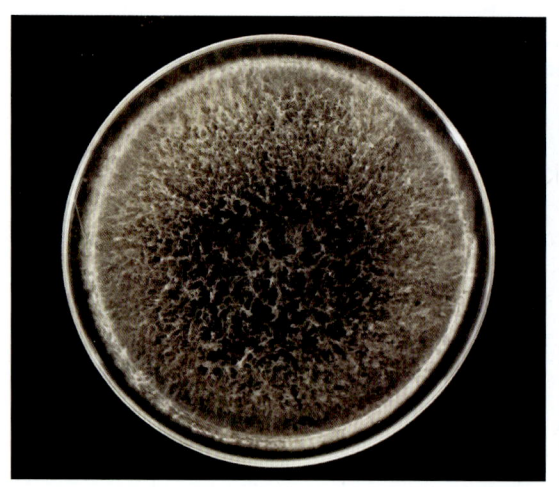 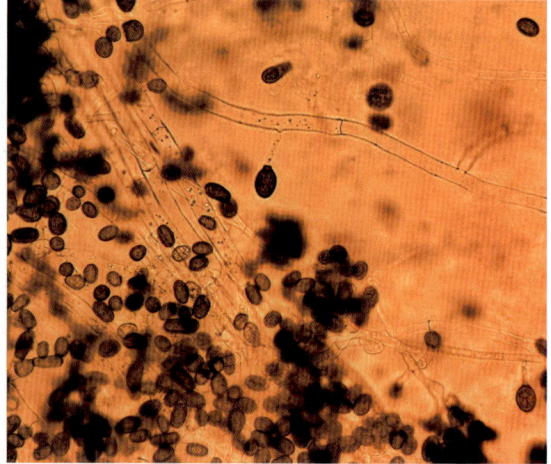

图 6-3 病原菌在 PDA 培养基上的菌落形态及厚垣孢子和菌丝

【分布与为害】

椰子泻血病是椰子上的重要病害，也是一种常见病害。该病最早报道于斯里兰卡，在印度、菲律宾、马来西亚等地都有发生。发病植株在症状出现后3～4个月内就会死亡，如不及时采取防治措施，会给椰子产业造成严重损失。

【症状】

椰子泻血病多发生在20龄左右的成龄椰树上，症状表现在茎干部。病害发生初期，茎部出现细小变色的凹陷斑，病斑扩大后可汇合，在树干基部形成大小长短不一的裂缝，从裂缝处流出铁锈色汁液，形成黑色条斑或块斑。随着病情发展，茎干内纤维素开始解体，裂缝组织腐烂，从裂缝处流出红褐色的黏稠液体，黏液变干后呈黑褐色，泻血症状由基部逐渐向上扩展（图6-4）。严重时叶片变小，继而树冠凋萎，叶片脱落，整株死亡。

图6-4 椰子泻血病田间症状

【发生规律】

在中国，椰子泻血病一般发生在11月至翌年3月（东南亚国家为3—5月），病菌通常从伤口侵入为害。春季雨水较多时该病易于发生、流行。椰子泻血病菌以菌丝体或厚垣孢子在病组织或土壤中越冬，厚垣孢子可在土壤中存活4年。厚垣孢子借气流或雨水以及昆虫传播，遇到寄主组织时可产生芽管，从伤口侵入为害。

一旦成功侵入，只要环境温暖潮湿，椰子泻血病菌即可迅速发展。高温干旱的天气发病较轻，暴风雨或台风后发病率显著升高。春季气温高于19℃或遇到阴雨连绵的天气时发病加重。此外，土壤黏重、板结、低洼积水、昼夜温差大的椰园容易发病。

【防治方法】

（1）农业防治。避免在椰树茎干上造成机械损伤；雨季做好排水工作，修建椰园排水系统，避免积水，在干旱季节应及时灌溉浇水；科学施用有机肥和化学肥料，减施氮肥，增施钾肥、磷肥和有机肥，每年9月在每株椰子树基部施用5 kg有机肥和5 kg含拮抗真菌木霉的印楝素饼；挖除病组织，集中烧毁。

（2）药剂防治。清除病组织后，对处理过的伤口涂上克啉菌（十三吗啉）消毒，2 d后再涂抹波尔多液保护。为防止病害沿着树干向上蔓延，可用克啉菌或苯甲·丙环唑在4—5月、9—10月和1—2月各灌根1次。

椰子茎干腐烂病

椰子茎干腐烂病是由奇异根串珠霉 [*Thielaviopsis paradoxa* (de Seynes) V. Hohnel] 引起的一种致死性真菌病害。

【病原】

奇异根串珠霉属于半知菌类丝孢纲丝孢目暗色菌科根串珠霉属。其有性阶段为奇异长喙壳菌（*Ceratocystis paradoxa*），是子囊菌门核菌纲球壳目长喙壳属真菌（图6-5）。在自然条件下，有性态很少见。奇异根串珠霉是一种土壤习居菌，广泛分布于非洲和亚洲的热带地区，除侵染棕榈科植物，还可侵染甘蔗、菠萝等多种作物。

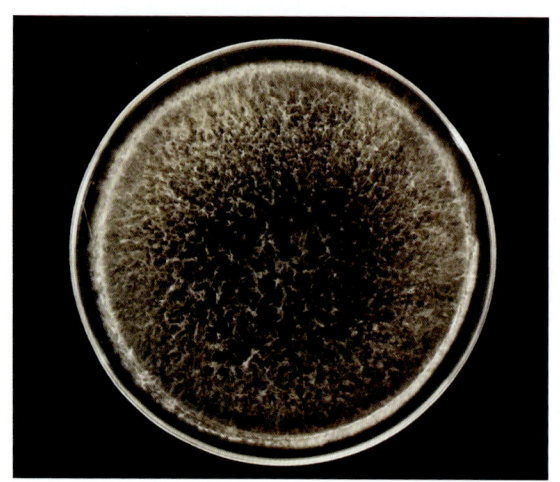 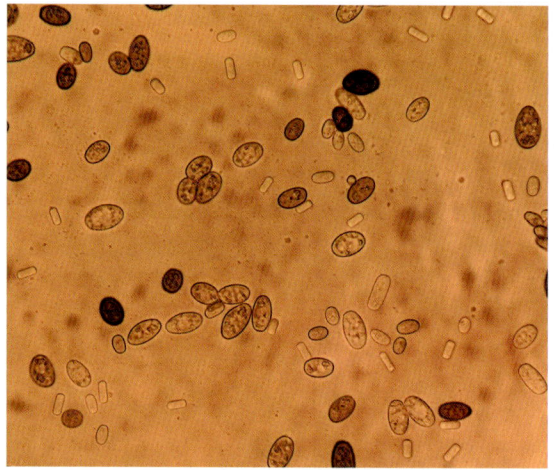

图6-5 病原菌在PDA培养基上的菌落形态及厚垣孢子和分生孢子

【分布与为害】

椰子茎干腐烂病在世界范围内均有发生，主要为害亚热带地区的单子叶植物，如棕榈科植物、甘蔗、菠萝等。

【症状】

椰子茎干腐烂病发生初期难以被发现，直到叶片大量枯死甚至树干折断或是树冠倒伏才能发现，有时倒伏的树冠仍表现正常。树冠倒伏时，树冠心部已经腐烂，木质部也有少量腐烂。当树干逐渐往下腐烂时，就会导致树干折断（图6-6）。检查树干横截面可以发现，通常只有一边的树干腐烂。这与灵芝菌（椰子茎基干腐病）引起的腐烂症状不同，后者腐烂发生在树干基部，而且是从树干中心开始向外围腐烂。

图 6-6 椰子茎干腐烂病田间症状

【发生规律】

椰子茎干腐烂病发生十分分散。病原菌通常侵染未木质化或是轻度木质化的茎干组织，侵染后一般会产生挥发性物质，因此病组织常有特别的果腐气味。椰子茎干腐烂病的发生必须在茎干有新伤口，由于吸水过多造成的树干裂口或昆虫（如小蠹虫）、鸟类（啄木鸟）、老鼠及其他哺乳动物等造成的伤口或暴风造成的伤口及人类活动造成的伤口都可成为病原侵入的重要途径。

椰子茎干腐烂病菌的分生孢子可通过风、雨水、昆虫和啮齿动物传播至新的伤口；厚垣孢子可通过土壤传播。树势较弱时传播速度加快。

【防治方法】

由于该病在早期很难被发现，目前尚无有效的防治措施。一旦发现椰树断倒，应立刻清除病株，防止其成为二次传染源。

如果发现较早，须把发病部位挖除干净后及时喷施杀菌剂（如有效成分为甲基硫菌灵或咯菌腈的杀菌剂），可有效防治该病。用于清除发病组织的工具都必须用消毒剂消毒。可选用的消毒剂有漂白粉、松油清洁剂、外用酒精、工业酒精。把工具放在消毒剂中浸泡 10 min，然后用自来水冲洗干净。对于小型机械，需要把链条和轮盘分开浸泡。

椰子芽腐病

由棕榈疫霉［*Phytophthora palmivora*（Butl.）］引起的椰子芽腐病是椰子树上的一种致死性病害。该病最早报道于加勒比海西北部岛屿。

【病原】

棕榈疫霉为卵菌门卵菌纲霜霉目疫霉属病原菌。棕榈疫霉在 V8 琼脂培养基上菌落均匀，气生菌丝稀疏。菌丝均一，较细，长为 5～6 μm，没有菌丝膨大体。孢囊梗合轴分枝或不规则分枝，粗 2.0～2.5 μm。孢子囊球形、卵形、椭圆形、倒梨形或不规则形。乳突明显，多数 1 个乳突，少数 2 个，高 4～6 μm，基部圆形，大小为（32～55）μm×（23～39）μm。孢子囊脱落，具短柄，柄长 1.7～5.0 μm。孢子囊萌发产生芽管或游动孢子，每个孢子囊内产生 18～51 个游动孢子。游动孢子大小为（10～13）μm×（8～12）μm，鞭毛长 16～29 μm。休止孢球形，直径 8.0～12.4 μm。厚垣孢子球形，顶生或间生，直径 21～41 μm。藏卵器球形，少数具一个指状或乳头状突起，直径 21～35 μm；柄倒锥形或棍棒形；雄器近球形、鼓形或短柱形，多数单胞，少数双胞，围生，大小为（10～21）μm×（8～20）μm，平均 12.1 μm×11.21 μm。卵孢子球形，平滑，直径 18～29 μm，壁厚 1.0～2.7 μm，满器或不满器（图 6-7）。

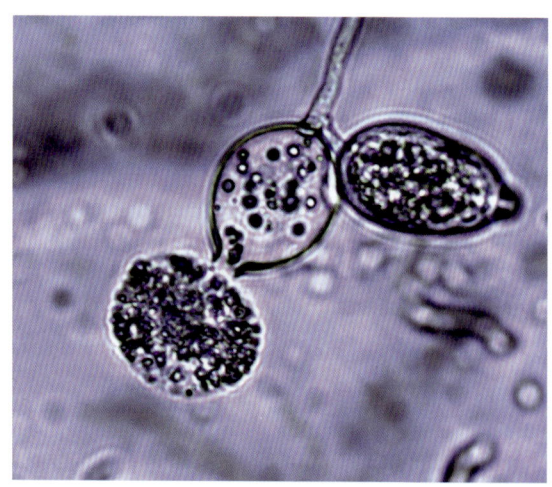 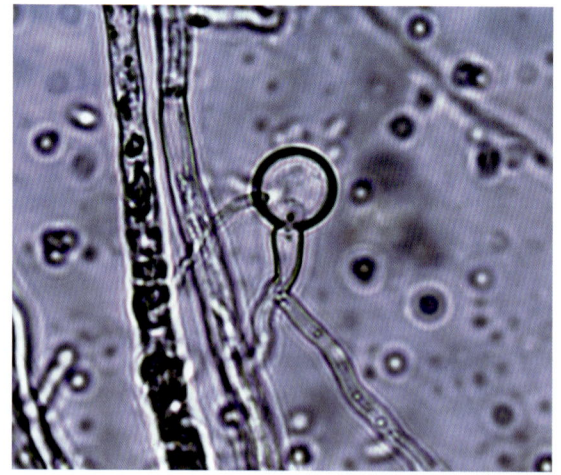

图 6-7 左图为病原菌孢子囊及游动孢子从孢子囊内释放出来；右图为空的藏卵器和雄器

【分布与为害】

椰子芽腐病在泰国、越南、老挝、柬埔寨、缅甸、马来西亚和中国等大部分椰子种植区均有分布，该病在整个生长期都可发生为害，在潮湿地区发病尤为严重。

【症状】

椰子芽腐病主要为害椰子树冠中央、椰苗的幼嫩叶片和芽基部。发病初期，心叶停止抽出，树冠中央未展开的嫩叶停止生长，进而逐渐枯萎、腐烂，散发出臭味，最后从基部倾折；已展开的嫩叶基部常见水渍状病斑，潮湿时长出白色霉状物。腐烂症状通常从中间嫩叶基部向下扩展到生长点，导致生长点死亡腐烂，而周围未被侵染的叶片几个月内依然保持绿色（图6-8）。在此期间，最外层叶片叶腋中长出的果穗能正常生长，而其他叶腋的幼果则先后脱落。随后，较老的叶片按叶龄顺序依次凋萎并从基部倾折，直至整个树冠死亡。

图6-8 椰子芽腐病田间症状

【发生规律】

椰子树整个生长期均可发病，以幼龄期（5～10龄）发生较为严重。椰子芽腐病菌可在椰子病残体上存活，潮湿多雨地区易发生流行。每年2—5月是常发季节，当雨季或相对湿度90%以上，温度适宜（20～25℃）时，病原菌便可侵入寄主的幼嫩组织进行为害。雨季末期和台风雨后，此病为害最为严重。5月以后，由于温度升高，该病为害明显减弱，干旱季节不利该病发生。

在椰园中，如果较高的植株先发病，则其他较矮的植株也容易发病。抚育管理好、无杂草、排水良好、施肥适当、生长茁壮、无虫害风害的椰园发病较轻；反之，管理差、缺钾肥的椰园芽腐病多且重。

【防治方法】

（1）选育抗病品种。在重病区应选种抗性较强的高种椰子。

（2）农业防治。加强栽培管理，多施有机肥及人畜土杂肥。雨季及时开沟排出椰园积水，降低椰园湿度，干旱时及时浇水。经常巡查椰园，发现病植株及时铲除，将病组织深埋或集中烧毁，减少初侵染源；处理过的伤口需涂药保护。合理间作，在高大乔木下间种椰子可大大降低椰子芽腐病的发生率。

（3）化学防治。在每年10月至翌年2月选用波尔多液、代森锰锌、乙膦铝、甲霜灵、嘧菌酯、双炔酰菌胺、烯酰吗啉、精甲霜锰锌、霜霉威等药剂喷施植株心叶及幼嫩部分，降低初侵染源。每隔7～10 d喷药1次，连喷2～3次，可有效防治椰子芽腐病。推广使用无人飞机喷药，提高施药质量，保证防效。

椰子致死性黄化病

由椰子致死性黄化植原体（coconut lethal yellowing phytoplasma，CLYP）引起的椰子致死性黄化病是一种毁灭性病害，对全球椰子产业构成了严重威胁。

【病原】

椰子致死性黄化植原体隶属于原核生物域细菌界真细菌类革兰氏阳性真细菌组植原体属棕榈植原体组 16Sr Ⅳ。椰子致死性黄化植原体颗粒由 3 层结构组成，即 2 层电子密集层，中间隔 1 层透明层。椰子致死性黄化植原体存在于感病椰子树韧皮部筛管的细胞内，丝状、念珠状及近球状，大小为 400～2 000 nm。在新近成熟的韧皮部筛管细胞中常可发现植原体，而在薄壁组织细胞内则观察不到植原体存在。

【分布与为害】

椰子致死性黄化病是 1955 年 Nutman 和 Roberts 首次描述加勒比海、牙买加西部地区发生的一种椰子黄化型毁灭性病害时采用的名称。该病在加勒比海地区至少已有 100 年的历史，在西非也有 50 年的历史。目前，该病在古巴、多米尼加、非洲、密克罗尼西亚、印度尼西亚、马来西亚等地发生。

【症状】

椰子致死性黄化病是一种发病迅速的致死性病害，从表现症状到整株死亡，一般只需要 3～6 个月。各龄椰子树均可感病。病害早期的典型症状为花序干枯。发病初期，顶部复叶有褐色枯死斑，病斑可扩展至未展开的羽状复叶上，再向下扩展最后可引起生长点死亡，未成熟的椰子果脱落。开花的花序轴从顶端开始坏死、变黑，佛焰苞未成熟就提前开放，随后凋萎、落花、落果。叶片黄化多从较下层的叶片开始表现，随后迅速发展到整株叶片，直至脱落。嫩芽感染后出现不规则的褐色水浸状条斑，症状逐渐发展为芽腐，腐烂的芽有恶臭味。此时新生叶很容易剥离。叶片呈现黄化症状时根系坏死，不久腐烂，根系受害死亡。叶片黄化症状是植原体侵入根系后导致植株一系列生理、生化反应变化的结果。通常症状发展过程为大多数感病植株的果实提前脱落，新开的花序变黑；从下部叶片到上部叶片逐渐黄化；小叶死亡、脱落，可能仅留少量绿叶；整个树冠脱落，仅剩下光秃秃的树干。

【发生规律】

在自然条件下，椰子致死性黄化病靠媒介昆虫麦蜡蝉（*Myndus crudus*）传播。一些扁叶蝉（*Gypona* sp.）也可能是传播椰子致死性黄化病的介体。这些介体昆虫的地理分布与椰子致死性黄化病的分布相吻合。有报道表明化学防治介体昆虫可明显降低病害的传播速度。在国际贸易中带病的植物材料，包括观赏树种，也可能携带并传播椰子致死性黄化植原体。

【防治方法】

（1）种植抗病品种。种植抗病品种是最经济有效的防控方法。马来西亚的矮种椰子（黄、红或绿果类型）抗性较强，但这些矮种椰子对干旱、虫害和台风等环境胁迫相当敏感，已逐渐被杂交种Maypan所替代。

（2）农业防治。加强田间管理，及早清除病叶、病枝，重病树须及时砍伐烧毁。

（3）药剂防治。轻病株可注射四环素抑制病害发生，每株病树进行保护性注射 1～3 g可有效延缓病害蔓延速度。用盐酸土霉素注射液进行树干注射处理能够抑制症状，处理后的植株可重新生长，每4个月处理一次能保持植株不表现症状。用杀虫剂防治介体昆虫能抑制或降低病害的传播速度。

（4）检疫措施。加强检疫，严禁引入带菌的椰子种质材料。

椰子茎基腐病

由病原为灵芝菌（*Ganoderma lucidum* Karst）引起的椰子茎基腐病，是椰子生产上的一种致死病害。

【病原】

椰子茎基腐病菌属担子菌门层菌纲无隔担子菌亚纲非褶菌目灵芝科灵芝属真菌，为土壤寄居菌。菌丝体气生、无色、壁薄，常具锁状连合分枝，直径为 1.4～2.9 μm。能产生大量的厚垣孢子，厚垣孢子椭圆形，中间和两端稍厚，有时串生，大小为（8.8～11.8）μm×（3.7～5.9）μm。菌檐表皮细胞透明至浅灰色，圆形至不规则形，排列紧密。自然条件下一般产生有柄的担子果，柄通常侧生，也会产生无柄的担子果。担子果初期质软，后期木质化，大小为（10～12）cm×（10～12）cm×（3～4）cm，大的可以达到 30 cm 以上。上表面牛血色，光滑，封蜡状。子实层白色或奶油色，后期转为褐色，微孔小，圆形，直径为 90～250 μm。担孢子褐色、壁厚，有疣突，大小为（8.3～10）μm×（5.8～6.7）μm。在 PDA 培养基上菌落白色至浅黄色，毡状至羊毛状。在光照条件下，菌落变成黄色。

【分布与为害】

1952 年，印度首次报道了椰子茎基腐病的发生；该病在东南亚和中国均有发生。每年 11 月至翌年 6 月，椰子茎基腐病发生较普遍，长势弱的椰子树易发病。

【症状】

病原菌从根部侵入，随后向上发展，最后整个根系腐烂。

茎部症状： 首先在茎基部流出红棕色黏性液体，随着病情加重，黏液可扩展到距地面 3 m 高的茎干部分。部分内部组织变成褐色。发病末期，椰子树茎基部完全腐烂。在部分病株枯死前，靠近地面的茎干上长出灵芝菌子实体（图 6-9）。

叶部症状： 发病初期下层叶片变黄，随后变成淡黄色，最后枯萎。在树冠部位，心叶枯萎。随着病情加重，残留的叶片很快枯萎脱落。一些病株的芽由于输导组织被破坏，细胞液缺失，细胞死亡，导致芽部软腐。发病末期，整个树冠从主干上脱落下来。

花部症状： 花朵和花穗生长受到抑制。随着病情加重，花蕾不断脱落；病害较轻时不出现这种现象。当叶片枯萎时，花穗也垂挂在树上，不能结果。当病害蔓延速度较慢时可长出少量正常椰子果。

根部症状： 根系水渍状，且散发出发酵气味，皮下组织变红，邻近中柱的组织变褐。根部一旦被侵染一般不会再长出新根。

总体而言，椰子茎基腐病可分为 5 个发展阶段：第一阶段，小叶枯萎，最下层叶片变

图 6-9　椰子茎干长出灵芝菌子实体

黄，健康根系受侵染后腐烂死亡；第二阶段，靠近地面的茎基部出现泻血点，逐渐向上蔓延，根系进一步腐烂，植株停止抽生新的花穗；第三阶段，泻血点在茎干上进一步蔓延，下层叶片枯萎，大量花蕾脱落，不结果；第四阶段，茎腐继续向上蔓延，最底层叶片干枯脱落，除了叶轴及两三片仍向上展开的嫩叶外，其余叶片全都枯萎；第五阶段，所有叶片枯萎并从主干上脱落，茎干皱缩干枯。从病害第二阶段至第五个阶段（从植株出现泻血斑点至死亡）需要 6～54 个月的时间。在第三、第四、第五阶段，一旦有钻蛀性害虫（穿孔齿小蠹和椰花四星象甲）从茎干泻血部位钻进树干为害则会加速椰子树死亡。

【发生规律】

椰子茎基腐病主要发生在滨海地区砂壤土中种植的失管椰子树上，这些椰子树一般靠雨水来供给水分。夏季土壤湿度低、雨季土壤积水、种植园中残存有老病株以及栽培管理不当均有利于椰子茎基腐病的发生与传播。一般 10～30 龄的老树比幼树更容易受到侵染（老树发病率为 43%，幼树为 17%）。在病害流行地区，杂种椰子树在 5～6 龄时易遭受侵染，高种椰子树在 16～30 龄时易受侵染。椰子茎基腐病多在 3 月和 8 月发生，与土壤平均最高温度显著相关。

【防治方法】

（1）农业防治。把发病植株连根和树桩一起烧毁，在离病株 2～3 m 远的地方挖 1 条 1 m 深、0.5 m 宽的隔离沟从而防止病害传播。重新种植椰子树时，在坑穴中加入黏土、农家肥和印楝饼肥。砂质土壤椰子园发病严重时，可种植田菁等绿肥植物来保持土壤水分，增强抗病性。深耕和挖掘时，避免给根部造成伤口。每年 6—7 月给每株树施用农家肥 20 kg 和印楝饼肥 5～10 kg；每株树施 2 kg 过磷酸钙和 3 kg 氯化钾，在 7 月和 11 月分 2 次施用。

（2）药剂防治。每年 8—9 月，每株椰子树干基部喷 40 L 波尔多液。发病初期，用十三吗啉灌根，每年 3～4 次。在每株椰子树根部施硫磺粉和石灰 2 kg 也可以有效预防该病。

椰子煤烟病

椰子煤烟病又名煤污病,是一种影响叶片光合作用的叶部真菌病害。

【病原】

椰子煤烟病病原种类较多,常见的有煤炱菌(*Capnodium* sp.)与刺盾炱菌(*Chaetothyrium* sp.)、小煤炱菌(*Meliola* sp.)。菌丝体均为暗褐色,着生在寄主表面,形成子囊孢子和分生孢子,子囊孢子形状因种类而异,无色或暗褐色,有一个至数个分隔,具横隔膜。闭囊壳外有附属丝或无附属丝,具刚毛(图6-10)。

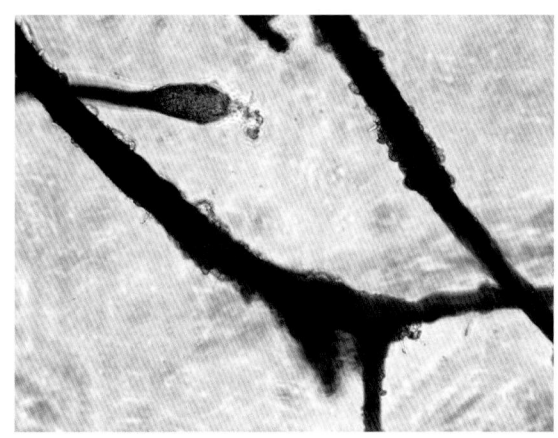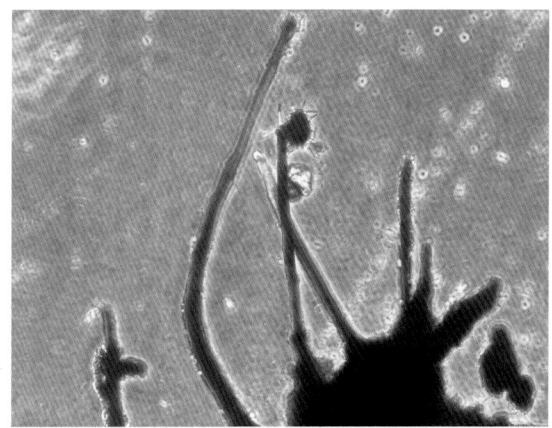

图 6-10　煤炱菌附着枝和刚毛

【分布与为害】

煤烟病是椰子常见病害,该病在东南亚和中国等椰子主产区发生普遍。其发生严重程度与黑刺粉虱、介壳虫等刺吸式口器昆虫的数量有关。

【症状】

椰子煤烟病主要为害叶片,被害部分覆盖一层黑色煤炱状物。因病原种类不同,引起的症状各有差异,如煤炱菌产生的煤炱为黑色薄纸状,易撕下或自然脱落;刺盾炱菌产生的霉层似锅底灰,可用手指擦拭,叶色仍为绿色;小煤炱菌产生的霉层呈辐射状小霉斑,分散于叶面及叶背,由于其菌丝产生吸孢,能紧附于寄主表面,不易脱落。椰子煤烟病发生严重时,浓黑色的霉层可覆盖整片叶片及枝干,致使叶片光合作用被阻碍,生长受到抑制,叶片变黄枯萎,提早脱落,观赏价值和产量降低(图6-11)。

图 6-11 叶片长满煤层

【发生规律】

椰子煤烟病主要在高温、潮湿的气候条件下发生、蔓延。在栽培管理粗放和荫蔽、潮湿的椰园中常造成严重为害。病原孢子借风雨传播，也可随昆虫传播。大部分病原以蚜虫、介壳虫和粉虱等昆虫的分泌物为营养，因此这些昆虫的存在是椰子煤烟病发生的先决条件，并随这些昆虫的活动而消长。但小煤炱属病原是一种纯寄生菌，由其引起的煤污病与昆虫关系不大。

【防治方法】

（1）农业防治。加强田间管理，种植椰树不要过密，清除杂草，改善椰园的通风透光条件，增强树势，以减轻发病程度。

（2）药剂防治。及时防治与病害发生有关的黑刺粉虱、介壳虫等刺吸式口器的媒介害虫。可选用百菌清、丙环唑、多菌灵可、代森铵、灭菌丹等药剂进行防治。

椰子平脐蠕孢叶斑病

由平脐蠕孢菌［*Bipolaris incurvata*（Ch.Bernard）Alcorn］引起的椰子平脐蠕孢叶斑病，是一种为害较重的真菌病害。

【病原】

平脐蠕孢菌是子囊菌门座囊菌纲格孢腔菌亚纲格孢菌目假球壳科平脐蠕孢属真菌。分生孢子长梭形，直或弯曲，深褐色，具假隔膜，脐点略突起，基部平截。分生孢子第一隔膜位于孢子中部至近中部（图6-12）。从两端细胞萌发伸出芽管。

 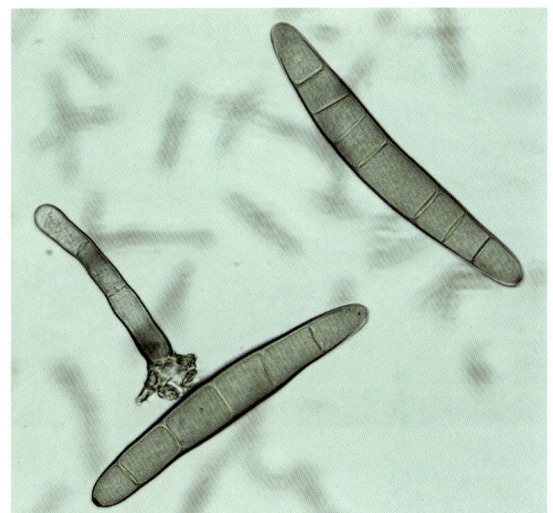

图6-12 病原菌分生孢子梗及分生孢子

【分布与为害】

椰子平脐蠕孢叶斑病是椰子苗期常见的一种病害，该病在东南亚和中国各椰子种植区均有发生，影响椰子苗的生长，严重时可使整株椰子苗枯死。

【症状】

发病初期叶片上出现水渍状黄色或绿褐色小斑点，最后扩展成圆形至梭形的病斑，大小2～10 mm，或更大一些。病斑呈褐色、红褐色或黑褐色到黑色，周围有黄色晕圈。一些叶片上有凹陷的斑眼。发病严重时病斑汇集成大的病斑，叶片干枯碎裂（图6-13）。

图 6-13 椰子平脐蠕孢叶斑病田间为害状

【发生规律】

病原孢子随风传播。种植密度过大、过度荫蔽、土壤贫瘠时发病重，偏施氮肥会加重发病，叶片上有露珠也可加重发病。

【防治方法】

（1）农业防治。提高土壤肥力，苗期增施钾、磷肥。降低种植密度，确保苗期阳光照射充足，减少露水在叶片上的滞留，减少水珠溅射，降低树冠湿度。清除并烧毁发病组织。

（2）药剂防治。在发病初期，喷施多菌灵、硫菌灵、三唑酮、嘧菌酯、代森锰锌、福美双、丙环唑等药剂进行防治。

椰心叶甲

椰心叶甲［*Brontispa longissima*（Gestro）］是鞘翅目叶甲总科铁甲科潜甲亚科隐爪族的害虫。

【形态特征】

成虫：一般体长8～11 mm，宽2 mm左右。体形狭长扁平，触角念珠状，11节，棕褐色，额正中有一突起物，前胸背板前缘中央黑色，背面棕红色至黑色，胸背有粗而不规则的刻点，鞘翅狭长，两侧略凹弧形，末端平截，有蓝黑色光泽，鞘翅基部前1/4部分棕色或红黄色，鞘翅有粗纵列刻点。刚羽化为成虫时，鞘翅及腹部为白色，后翅为黑色，2～3 h后，鞘翅及腹部颜色开始加深，渐转为黑色带部分棕色。足棕红色至棕褐色，粗短（图6-14）。

图6-14 椰心叶甲成虫（彭正强 提供）

卵：长约1.5 mm，宽约1 mm。长椭圆形，卵壳表面有细网纹，网纹呈多棱形。有褐色、淡黄色、绿色，但多数为褐色（图6-15）。

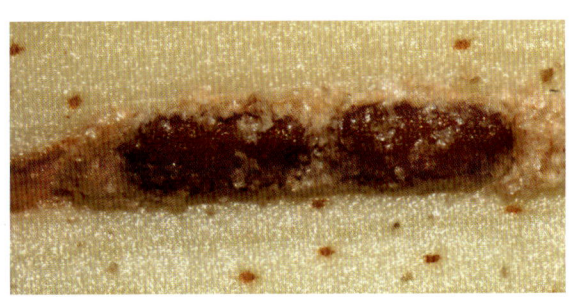

图6-15 椰心叶甲卵（彭正强 提供）

幼虫：从小到大体色有白色、乳白色、淡黄色、黄色。头部每边有6只单眼，分为2

排，每排3只，腹部每节两侧各有1个刺突，每1刺突上长有3根刺毛，腹部1~7节上各有1对气门，位于每一腹节刺突右前上方，但第8腹节没有气门，尾铗内侧各有5个刺，基部两侧各有1个气门，气门上方还有1个很小的气门（图6-16）。

（从左到右依次为：5龄幼虫、4龄幼虫、3龄幼虫、2龄幼虫、1龄幼虫）
图6-16 椰心叶甲幼虫（彭正强 提供）

蛹：预蛹，头部的咀嚼式口器已消失，仅见一对触角、一个位于两触角间的突起物和1对黑而大的复眼，没有翅芽及胸足。蛹期，蛹体长10~15 mm，宽约2 mm。头部有1个突起，位于两触角之间，触角11节，胸背板明显，腹部第8腹节仅有2个小刺突靠近基缘，身体两侧的刺突消失但有遗迹，翅芽明显，尾铗细长，变暗，羽化时随脱皮的蜕一起脱落。刚化蛹时，蛹体表面光亮，呈半透明状态，以后蛹体表颜色变深变暗（图6-17）。

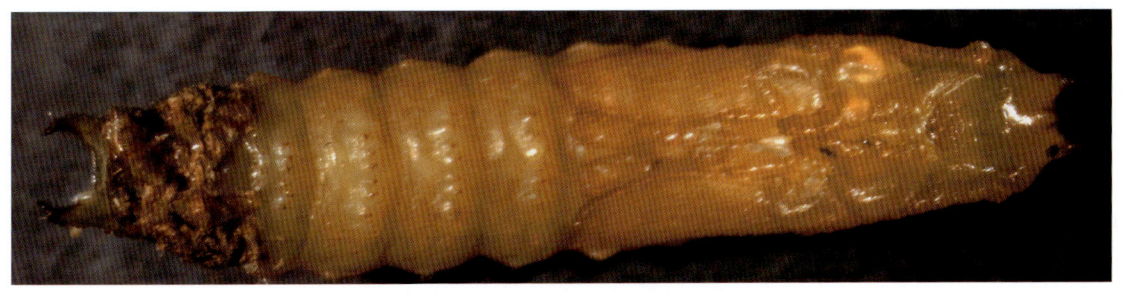

图 6-17 椰心叶甲蛹（彭正强 提供）

【分布与为害】

椰心叶甲最早发现于印度尼西亚与巴布亚新几内亚等地。后来随着各国的贸易往来，椰心叶甲随着各种寄主大范围扩散，现广泛分布于中国（台湾、香港、广东、海南、广西、福建、云南）、越南、马来西亚、泰国、缅甸、柬埔寨、老挝、印度尼西亚、新加坡、韩国、日本、瓦努阿图、马尔代夫、马达加斯加、毛里求斯、塞舌尔、所罗门群岛、斐济群岛等地。

成虫和幼虫为害椰子等多种棕榈科植物未展开和初展开的心叶，心叶一经展开，就会转移为害。其纵向取食叶肉组织，形成与叶脉平行的狭长褐色条纹，被害叶表面常有破裂虫道和虫体排泄物，造成叶片坏死、植株顶冠褐色、顶枯如火烧状。叶展后呈大型褐色坏死条斑，在比较严重的情况下，椰叶皱缩、卷曲、枯萎，形成特别的"灼伤"症状，甚至大面积折落，留下部分叶脉架。一片叶上往往有多头虫子为害，甚至高达几百以至上千头。成年树受害常出现斑褐色树冠，严重时甚至整株死亡。幼树和不健康的树易受害，受害的植株易感病害和易遭受强风损害，严重降低了植株的产量和观赏质量。

【发生规律】

在自然温度条件下，椰心叶甲1年能发生3～5代，世代重叠严重，主要以成虫越冬。成虫平均寿命156 d，最长达235 d，雌雄性比为0.67∶1，雌雄虫一生可交配多次，成虫产卵期长，产卵不规则，单雌平均产卵119粒，最多可达196粒；雌虫飞行能力比雄虫强，24 h未取食成虫，最远飞行距离可达400 m；成虫和幼虫均具有负趋光性和假死性，成虫3～5 d不取食，高龄幼虫7 d不取食仍能存活。幼虫经历4～5龄，温度不适应的条件下，可进入6～7龄，或者提前化蛹，从卵到成虫羽化需36～61 d。椰心叶甲主要为害2～3年的幼树，5～10年的椰树上此虫数量较少，当椰树长到8～10年时，心叶会更紧，不太适合此虫取食。干旱有利于此虫的发生，强风可降低寄生蜂对此虫的控制作用，在大雨量的情况下，此虫虽发生但并不造成为害。

【防治方法】

（1）检疫防治。椰心叶甲成虫具有一定的飞行能力，但是迁移能力有限。其蔓延扩散的主要途径是各虫态随种苗或其他植物载体传播。严禁从疫区调运寄主植物，对已发生虫情的地区进行严格封锁。对各地调运的棕榈科植物进行严格的检验检疫,防止虫害人为扩散。首先检查寄主植物叶片特别是心叶有无椰心叶甲为害的症状,其次检查装载寄主植物的集装箱等容器内有无各虫态活虫及掉落的虫粪。如发现虫情,立即进行相应的处理,包括原柜退回、熏蒸剂熏蒸和直接烧毁等方法。熏蒸方法:集装箱内温度为42～50℃时,用20 g/m³的溴甲烷(仅检疫熏蒸处理)熏蒸4 h,椰心叶甲各虫态可完全杀灭,疫情严重的采用销毁处理。

对于现场检验中未发现疫情或者发现疫情已做除害处理并达到要求的种苗,可将其调运到指定地点进行隔离种植。隔离种植的苗木应在检验检疫部门的监督下挂上椰甲清(杀虫单和啶虫脒)挂包,并立即喷水使药包淋湿,让药液流入植株心叶,达到预防虫害的目的。然后,定期对隔离种植的苗木进行监督和复查,防止疫情发生。

(2)选育抗性品种。栽种抗虫品种,不同的椰树品种对椰心叶甲具有不同的抗性,椰心叶甲对抗虫品种的椰树为害很轻,基本不取食,在所罗门群岛有一种叫"Rennell"的品种很少受到椰心叶甲的为害;在非洲象牙海湾、斐济、西萨摩亚也有对椰心叶甲高抗的品种。

(3)物理防治。由于椰心叶甲只取食未展开的心叶,且整个生活史都在椰树心叶中完成,因此采取剪除和烧毁带虫心叶的方法,可降低虫口数量。也可以用黑光灯诱集成虫,在椰心叶甲为害较严重的区域可放置黑光灯,通过黑光灯诱杀以降低当地的害虫种群数量和虫口密度。

(4)化学防治。在我国,使用椰甲清粉剂复配剂挂包法防治椰心叶甲是效果较好的方法之一,防治效果可达到95%以上,且持效期为90 d左右。药包由内袋和外袋组成,内袋为椰甲清粉剂包,外袋为具有渗透功能的包装袋。使用时,将药包挂在椰树心叶上方,喷水或淋雨之后,包内杀虫剂溶解于水中流入心叶,从而起到防治效果。挂包法施药的特点是使用方便,持效期长,并且做到了针对靶标生物施药,减少药液洒落,降低对环境的污染,提高了药剂有效利用率。

(5)生物防治。据报道椰心叶甲寄生性天敌6种,捕食性天敌3种,病原微生物3种。目前应用较为成功的有3种,分别为椰心叶甲啮小蜂、椰甲截脉姬小蜂和绿僵菌。

椰子织蛾

椰子织蛾（*Opisina arenosella* Walker）是鳞翅目木蛾科的害虫。

【形态特征】

成虫：小型蛾类，体灰白色，雌雄类似，雌性个体稍大。雄虫翅展 18～20 mm，体长 7～8 mm；雌虫翅展 22～29 mm，体长 9～12 mm。头顶部被宽大平伏的灰白色鳞片，下唇须细长，向上伸向头的前方。雌、雄虫触角均为细长，丝状，长 5～7 mm，鞭节基部至中部各节呈圆柱形，中部以上至末端各节呈锯齿状，末端稍尖。胸部背面灰白色，胸部及腹部腹面被平伏白色鳞片。前翅长椭圆形，底色灰白色，散布有零星的黑色鳞片，以翅的端半部较为明显，其中中室中部、中室端部、亚外缘区的黑色鳞片形成 3 个小黑点，前缘在肩区为黑色；由前缘基部向外约 2/3 处起、沿外缘至后缘末部位有 10 个黑褐色斑点，且逐渐变小；缘毛长，灰白色。后翅底色灰白色，无黑色鳞片；缘毛细长，灰白色。腹部灰白色，中部颜色较暗。前翅上黑色鳞片雌虫疏且小，雄虫密且大（图 6-18）。

雄性外生殖器：钩形突短，颚形突下方愈合；抱器窄长，由基部向端部渐窄；囊形突短，末端钝圆；阳茎轭片三角形；阳茎粗短，有一发达的角状突（图 6-18）。

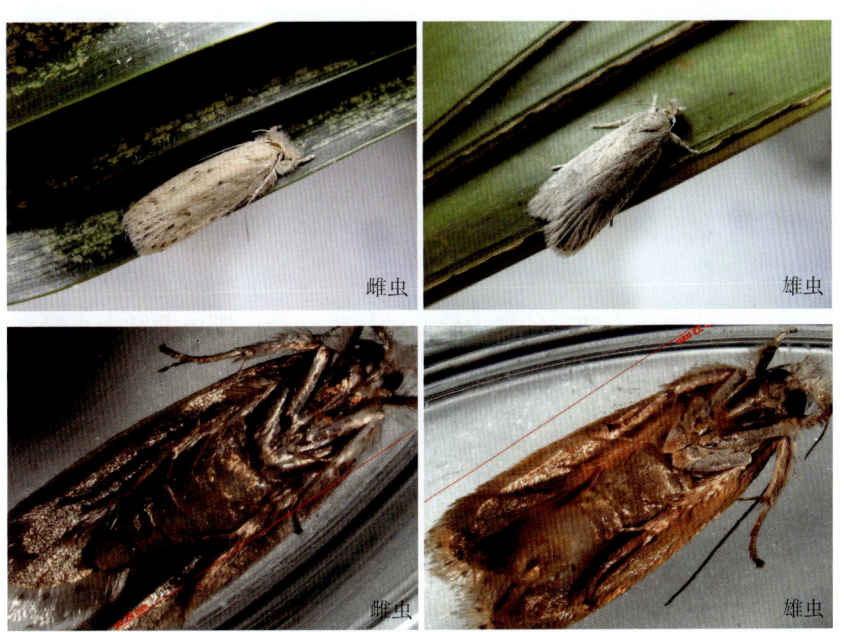

图 6-18 椰子织蛾成虫的形态特征（吕宝乾 拍摄）

卵：卵长椭球形，长 0.7～0.9 mm，宽 0.4～0.5 mm，半透明，初产浅乳黄色，后颜色渐深至红褐色，表面具纵横网格纹，成堆产于叶片上（图 6-19）。

图 6-19 椰子织蛾卵的形态特征（吕宝乾 拍摄）

幼虫：幼虫体乳黄色至淡褐色，以嗜食寄主喂食获得的老龄幼虫体长 20～25 mm。低龄时头、前胸深褐色至黑色，中胸颜色稍深于其他体节；随着龄期增大，头、前胸颜色渐变为褐色。体背及体侧具 5 条红棕色至褐色纵带，体侧 2 条为气门带。低龄时纵带均较细且大部分断续，大龄时中间 3 条较粗、连续，体侧 2 条较细且断续。老熟幼虫 5 条纵带颜色均变为红色。腹部各节背侧带上方各有 2 个褐色小点，体背 4 个小点呈长方形排列。腹足趾钩列三序全环。雌、雄幼虫大小存在差异，一般雌性幼虫较大（图 6-20）。

蛹：常化蛹于离幼虫最后为害位置不远处近叶柄部位的粪便颗粒中，老熟幼虫吐丝、缀紧叶裂两边叶，形成茧室，藏于其中化蛹。为害同一叶的老熟幼虫常聚集在一起化蛹。

蛹长圆筒形，初化蛹时浅黄褐色，后黄褐色，羽化前深褐色。蛹背面第 2～4 腹节前缘具梳状列，中间清晰且长、两侧渐短，且向边缘的渐不清晰；第 2 腹节的有时不清晰。雌蛹生殖孔裂位于腹部末节近前缘处，雄蛹生殖孔裂位于腹部末节中部。蛹腹末具 1 个突柄，柄末端稍膨大，末端两侧对生 2 根毛；腹末节背面端部、突柄基部两侧着生 6 根倒

图6-20 椰子织蛾幼虫的形态特征（吕宝乾 拍摄）

钩，呈2-2-2式，2根着生于突柄下部（图6-21）。

【分布与为害】

椰子织蛾原产于印度南部和斯里兰卡，1923年传入孟加拉国和缅甸。近年来，该物种迅速在东南亚建立种群，相继在泰国、马来西亚、印度尼西亚、新加坡、巴基斯坦、中国等地发生。

椰子树整个生长阶段均易受到椰子织蛾的为害。椰子织蛾以幼虫为害叶片，留下排泄物，导致叶片光合作用效率下降。受害严重的植株叶子干枯，出现落叶。椰子织蛾幼虫为害椰树老叶和新叶，并构筑丝网状虫道。椰子织蛾幼虫不仅食叶，而且取食苞芽，造成椰树花穗减少、生长迟缓、过早落果的现象，进而严重影响椰子产量。椰子织蛾严重侵染椰子后，可造成45%椰子减产，13%叶片受损。

【发生规律】

椰子织蛾在我国华南地区1年发生4～5代。卵通常聚集产于叶片缝隙之中，初产卵为半透明乳白色，后即将孵化时变成红褐色。初孵幼虫聚集取食，3龄后分散开为害。幼虫在室内蜕皮4～7次不等。该虫喜在椰子老叶内化蛹，随着蛹的发育，其颜色逐渐加深。羽化高峰期一般在17：30—19：30，成虫顶破蛹壳挣扎而出。多数新羽化的成

图 6-21 椰子织蛾蛹的形态特征（吕宝乾 拍摄）

虫当天即可交配，一般发生于 0：00—6：00，交配时雌雄虫腹部末端交接呈"一"形或"V"形（杨崇慧，2015）。1 头成虫平均产卵 140 粒，卵期 3～4 d，幼虫共 5～8 龄，龄期 40～48 d。老熟幼虫在蛀道内化蛹，蛹期 8～12 d，成虫寿命 5～8 d，完成 1 代需 60～75 d。该成虫有一定的飞行能力，在取食和交配时能自由飞行。有研究发现，单日龄的椰子织蛾平均飞行距离 12 817.47 m，说明其具有一定的飞行扩散能力。

【防治方法】

（1）加强检疫。为防止椰子织蛾传播蔓延，必须实施严格的植物检疫措施。对疫区进入的可携带椰子织蛾的材料尤其是棕榈科植物进行必要的处理。检验过程中主要是检查叶片上是否有为害状，如果有，应进一步从叶片上采集幼虫或蛹进行准确的鉴定。

（2）营林措施。调查发现管理粗放的林地椰子织蛾为害较重。大多数棕榈植物（如椰子、槟榔等）被称为"懒人作物"，普遍存在"重栽植轻管理"的现象。树木种植后，基本不施肥、不抚育，为病虫害的发生提供了适宜环境。如苗圃、景观区有专人管护，定期进行病虫害除治，椰子织蛾为害较轻；省道两侧疏于管理，椰子织蛾为害较重。应通过合理施肥灌水，增强树势，提高树体抵抗力；修剪椰子织蛾为害的下层叶片，并集中烧毁，可有效降低虫口密度；雨季应及时排除林间积水。

（3）天敌资源的收集利用。椰子织蛾受一些土著寄生性和捕食性天敌控制。

（4）灯光诱杀。23：00—2：00 为最适宜诱捕椰子织蛾时段，用 365 nm 和 368 nm 黑光灯诱捕椰子织蛾。

（5）化学防治。可以对受害植株的叶片喷洒甲维盐、敌百虫等杀虫剂，每隔半个月喷 1 次，连续喷 2 次。树干注射杀虫剂对椰子织蛾有一定的防治效果，如通过树干注射印楝素水剂，24 h 药剂可从树基部传导到树冠，对幼虫的控制效果显著。

第七章

水稻病虫害

水稻是稻属谷类作物，代表种为稻（*Oryza sativa* L.）。水稻按植物学分类分为籼稻和粳稻；按生育期长短分为早稻、中稻、晚稻等；按淀粉含量分为糯稻、非糯稻；按留种方式分为常规水稻、杂交水稻。

水稻在中国广为栽种后，逐渐向西传播到印度，中世纪引入欧洲南部。水稻的主要生产国是中国、印度、日本、孟加拉国、印度尼西亚、泰国和缅甸。其他重要生产国有越南、巴西、韩国、菲律宾和美国。世界上所产稻米的95%为人类所食用。世界上近一半人口以大米为主食。稻米是中国居民的主食，目前中国水稻的种植面积为3 000万hm^2左右，居世界第二；中国是世界上水稻产量最高的国家，总产量高达2亿t以上。

东南亚地处热带，在高温、高湿的气候条件下，水稻病虫害发生比较严重。在东南亚稻区水稻纹枯病发生较为普遍，发生流行受菌源数量、高温高湿、栽培管理和品种抗性等多种因素的影响。白叶枯病主要为害雨季水稻生产，特别是台风侵袭之后导致大量稻叶受伤，有利于病菌传播和侵入，导致病害暴发流行。

中国热带农业科学院环境与植物保护研究所联合相关国家的产学研等机构，对东南亚地区开展了多次病害调查并进行了学术交流，了解到东南亚地区的水稻主要病害有白叶枯病、纹枯病、稻瘟病、细菌性条斑病、水稻矮缩病等。主要分为外源性虫害和内源性虫害：外源性害虫为远距离迁飞性害虫，如褐稻虱、白背稻虱、稻纵卷叶螟、黏虫等；内源性害虫为本地虫源，在本地繁殖、本地危害，如三化螟、二化螟、大螟、灰飞虱、稻蓟马等。本章对17种重要病虫害进行了简要介绍。

稻瘟病

稻瘟病又称稻热病、火烧瘟、叩头瘟,是世界性真菌病害,是我国南北稻作区为害较严重的水稻病害。

【病原】

稻瘟病病原菌无性阶段为灰梨孢菌(*Pyricularia oryzae* Cav.),属半知菌类梨形孢属;有性阶段为灰色大角间座壳菌(*Magnaporthe grisea* Barr.),属子囊菌广大角间座壳属。

【分布与为害】

稻瘟病在东南亚主要分布于泰国、印度尼西亚、缅甸、越南、柬埔寨、菲律宾和老挝。我国各稻区均有发生,尤以日照少,雾露持续时间长的山区和丘陵地区发生重。稻瘟病在水稻整个生育阶段皆可发生,主要为害水稻叶片、茎秆、穗部(图7-1)。按为害时期及部位的不同,可分为苗瘟、叶瘟、节瘟、叶枕瘟、稻瘟和谷粒瘟。品种间对稻瘟病抗性差异明显。流行年份,一般减产10%~20%,重的达40%~50%,甚至绝收。

图7-1 水稻稻瘟病

【症状】

主要分为苗瘟、叶瘟、节瘟和穗瘟4种。苗瘟：主要发生在幼苗期叶片上，基部会变为灰黑色，稻谷叶会变淡褐色，出现卷缩，以及枯死，严重时会成团枯死，如火烧状。叶瘟：一般于分蘖期以后，可分为急性型和慢性型两种。急性型的病斑一般是褪绿色，圆形、椭圆形，或者不规则的形状，病斑的背面会生出灰绿色霉层；慢性型的叶片会产生暗绿色的斑点，中间部分是灰白色，外面会有黄色的晕圈，病斑上会出现少量的灰绿色霉。当环境条件适合于发病，慢性型可以发展为急性型，同样的急性型也可以发展为慢性型。节瘟：稻节上初生褐色小点，逐渐扩大，围绕全节，使节部变黑、干枯、下陷；表面上长出黑色霉层，容易折断，会对结实、灌浆造成影响，导致枯穗或半枯穗。穗瘟：穗颈上部分是淡褐色病斑，边缘有水渍状褐绿现象，向下、上扩展，长达2～3 cm的长斑，发病早的造成白穗，发病晚的则成熟度下降，秕粒增加。

【发生规律】

病菌主要以菌丝和分生孢子在病草和病谷上越冬，以分生孢子作为初侵染与再侵染的接种体。翌年，当气温回升到20℃左右时，遇降雨便可产生大量分生孢子。分生孢子借助气流传播，也可随雨滴、流水、昆虫传播。孢子到达稻株后，在有水和适宜温度条件下，萌发形成附着胞，产生菌丝，侵入寄生，摄取养分，迅速繁殖，产生病斑。在适宜的温湿度条件下，产生新的分生孢子，进行再侵染，逐步扩展蔓延。病菌菌丝生长适宜温度为8～37℃，最适温度为26～28℃；孢子形成的适宜温度为10～35℃，以25～28℃最适，相对湿度90%以上。孢子萌发需有水存在并持续6～8 h。稻瘟病的发生流行同气候、品种、肥水管理、生理小种变异等关系密切。阴雨连绵，日照不足或时晴时雨，或早晚有雾、露天气有利于发病，晚稻抽穗期遇持续3～5 d低温（低于20℃）阴雨易诱发穗瘟，偏施、过施氮肥有利发病。水稻品种间存在明显的抗性差异。因此，稻瘟病流行是病原菌群体和水稻群体间在气候条件与栽培因素影响下相互作用的结果。

【防治方法】

应坚持选用抗病品种，合理肥水管理，药剂保护相结合的综合防治策略。

（1）农业防治。① 选用抗病品种。因地制宜选用2～3个适合当地种植的抗病、优质、高产水稻新品种，并注意品种合理搭配与适时更替；加强对病菌小种及品种抗病性变化动态的监测。② 加强栽培管理。抓好以肥水为中心的栽培管理，提高植株抵抗力。做到施足基肥，早施追肥，中期适当控氮抑苗，后期看苗补肥。用水要贯彻"前浅、中晒、后湿润"的原则。③ 选无病田留种，处理病稻草消灭菌源。

（2）种子消毒。选用25%咪鲜胺乳油2 000倍液浸种，早稻浸72 h，中、晚稻浸种24～48 h。

（3）药剂防治。应根据不同发病时期采用不同的方法，选择不同的药剂，及时、准确地用药。① 防治苗瘟、叶瘟：要掌握在发病初期用药。从分蘖期开始，如发现发病中心或叶片上有急性病斑，应立即防治。可每亩用20%三环唑可湿性粉剂100 g，或40%稻瘟灵乳油100 mL等，加水50 L喷雾，每隔6～7 d喷1次，连防2～3次。也可在秧苗3～4叶期或移栽前5 d，每亩用20%三环唑可湿性粉剂75 g，加水50 L均匀喷雾，预防病害发生。② 防治穗瘟、节瘟：要着重在抽穗期对水稻进行保护，特别是在孕穗期（破肚期）和齐穗期是防治适期。感病品种、老病区或稻苗嫩绿、施氮过多而发病较重的田块，应分别在破口期、齐穗期用药保护1次。如果病情严重，同时气候又有利于病害发展，每隔7～10 d喷1次，连续防治2～3次。选用的药剂及其施药方法同上。

水稻纹枯病

水稻纹枯病，别名云纹病、花脚秆，俗称烂脚瘟，属真菌性病害。

【病原】

水稻纹枯病是由半知菌亚门立枯丝核菌（*Rhizoctonia solani* Kühn）侵染所致。

【分布与为害】

水稻纹枯病的发生面积、发生频率、造成的产量损失等均居各水稻病害之首（图 7-2 至图 7-4）。该病广泛分布于东南亚和中国各产稻区。此病主要为害水稻叶鞘和叶片，严重时也为害茎秆和穗部，一般受害轻的减产 5%～10%，重者可达 50%～70%。水稻生长前期严重受害，造成"倒塘"或"串顶"，可能颗粒无收。随着在水稻生产上种植密度的增加和施肥水平的提高，有逐年加重的趋势。除为害水稻外，还能侵害大麦、玉米、粟、甘蔗、大豆、花生、芋头、茭白等作物。

【症状】

叶鞘染病在近水面处产生暗绿色水浸状边缘模糊小斑，后逐渐扩大呈椭圆形或云纹形，中部呈灰绿色或灰褐色，湿度低时中部呈淡黄色或灰白色，中部组织破坏呈半透明状，边缘暗褐。发病严重时数个病斑融合形成大病斑，呈不规则状云纹斑，常致叶片发黄枯死。叶片染病病斑也呈云纹状，边缘褪黄，发病快时病斑呈污绿色，叶片很快腐烂，茎

图 7-2 水稻纹枯病初期

图 7-3 水稻纹枯病中期

图 7-4 水稻纹枯病后期

秆受害症状似叶片，后期呈黄褐色，易折。穗颈部受害初为污绿色，后变灰褐色，常不能抽穗，抽穗的秕谷较多，千粒重下降。湿度大时，病部长出白色网状菌丝，后汇聚成白色菌丝团，形成菌核，菌核深褐色，易脱落。高温条件下病斑上产生一层白色粉霉层即病菌的担子和担孢子。

【发生规律】

病菌主要有菌丝和菌核两种形态，主要以菌丝在土壤中越冬，也能以菌丝体在病残体或在田间杂草等其他寄主上越冬。春耕时菌核漂浮水面，插秧后菌核黏附于稻株近水面的叶鞘上，条件适宜时生出菌丝侵入叶鞘组织，然后在病斑上长出菌丝扩大再侵染。水稻拔节期病情开始急剧加重，病害横向、纵向扩展，抽穗前以叶鞘受害为主，抽穗后向叶片、穗颈部扩展。早期落入水中的菌核也可对稻株再侵染。早稻菌核是晚稻纹枯病的主要侵染源。菌核数量是引起发病的主要原因。水稻纹枯病的发生和流行受菌源数量、气候条件、品种抗性、栽培技术等因素的综合影响。

水稻纹枯病是喜高温高湿的病害，发病的气温范围18～34℃，气温28～32℃，相对湿度97%以上最适宜于发病流行。温度主要影响始病期和终止期的早晚，湿度则影响病情发展的快慢和轻重。偏施或迟施氮肥，过度密植、深水灌溉、栽种矮秆阔叶形品种，都会使田间郁闭、湿度增加，加重为害。田间菌核的遗留量与水稻前期发病轻重也有关系，田间遗留菌核越多，前期发病率越高。

【防治方法】

（1）农业防治。① 水稻插秧前，多数菌核浮在水面，随风吹到田边，可用簸箕或纱网打捞干净，并带出销毁。② 加强栽培管理。施足基肥，早施追肥，不偏施氮肥，增施磷、钾肥，采用配方施肥技术，使水稻前期不披叶，中期不徒长，后期不贪青。灌水要掌握"前浅、中晒、后湿润"的原则，做到分蘖浅水、足苗露田、晒田促根、肥田重晒、瘦田轻晒、长穗湿润、不早断水、防止早衰。

（2）药剂防治。纹枯病防治适期为分蘖末期至抽穗期，以孕穗至始穗期防治为最好。要加强田间调查，根据发病时期进行防治。一般分蘖末期丛发病率达5%～10%，孕穗期达10%～15%时，应用药防治。高温、高湿天气要连续防治2～3次，间隔期7～10 d。可每亩选用20%井冈霉素可湿性粉剂25 g，或5%井冈霉素水剂100 mL，或25%三唑酮可湿性粉剂50 g，或75%纹枯灵悬浮剂50 mL，加水50 L，喷雾防治。

稻纵卷叶螟

稻纵卷叶螟（*Cnaphalocrocis medinalis*）属鳞翅目螟蛾科。

【形态特征】

成虫： 体长 7～9 mm，翅展 12～18 mm。体、翅黄褐色，停息时两翅斜展在背部两侧。复眼黑色，触角丝状，黄白色。前翅近三角形，前缘暗褐色，翅面上有内、中、外 3 条暗褐色横线，内、外横线从翅的前缘延至后缘，中横线短而略粗，外缘有 1 条暗褐色宽带，外缘线黑褐色。后翅有内、外横线 2 条，内横线短，不达后缘，外横线及外缘宽带与前翅相同，直达后缘。腹部各节后缘有暗褐色及白色横线各 1 条，腹部末节有 2 个并列的白色直条斑。雄蛾前翅前缘中部稍内方，有 1 个中间凹陷周围黑色毛簇的闪光眼点，中横线与鼻眼点，相连；前足跗节膨大，上有褐色丛毛，停息时尾节常向上翘起。雌蛾前翅前缘中间，即中横线处无眼点，前足跗节上无丛毛，停息时，尾部较平直（图 7-5）。

图 7-5 稻纵卷叶螟成虫

卵： 卵椭圆形而扁平，长约 1 mm，宽约 0.5 mm，中间稍隆起，卵壳表面有细网纹。初产时乳白色透明，后渐变淡黄色，在烈日暴晒下，常变赭红色；孵化前可见卵内有黑点，为幼虫头部。

幼虫： 幼虫头部淡褐色，腹部淡黄色至绿色，老熟幼虫体长 14～19 mm，橘红色。前胸背板淡褐色，上有褐色斑纹，近前缘中央有并列的 2 个褐色斑点，两侧各有 1 条由褐点组成的弧形斑。后缘有两条向前延伸的尖条斑。中、后胸背面各有绒毛片 8 个，分成 2 排，前排 6 个，中间 2 条较大，后排 2 个，位于两侧；自 3 龄以后，毛片周围黑褐色。腹部毛片黄绿色，周围无黑纹，第 1～8 节背面各有毛片 6 个，也分两排，前排 4 个，后排

2个，位于近中间。腹部毛瘤黑色，气门周围亦为黑色。腹足趾钩39个左右，为单行三序环。幼虫一般5龄，少数6龄。预蛹长11.5～13.5 mm，淡橙红色，体节膨胀，腹足及尾足收缩（图7-6）。

图7-6　稻纵卷叶螟幼虫

蛹：长7～10 mm，圆筒形，末端较尖削。初淡黄色，后转红棕色至褐色，背部色较深，腹面色较淡。翅芽、触角及足的末端均达第四节后缘。腹部气门突出；第4～8节节间明显凹入，第5～7节近前缘处有1条黑褐色横隆线。尾刺明显突出，上有8根钩刺。雄蛹腹部末端较细尖，生殖孔在第九腹节上，距肛门近；雌蛹末节较圆钝，生殖孔在第8腹节上；距肛门较远，第9节节间缝向上延伸成"八"字形。蛹外常裹薄茧。

【分布与为害】

稻纵卷叶螟分布在日本、东南亚及中国等地。幼虫吐丝纵卷叶片成管状，舔食叶肉，被害叶片只留下层皮。受害严重的田块一片枯白，甚至抽不出穗来，造成水稻减产。刚刚孵化（1龄）的幼虫取食心叶，在叶片上会出现针头状大小的点，稍微大一点（2龄及以后）就会把水稻叶片卷成筒状，藏在里面啃食叶肉，留下表皮形成白色的条斑。

【发生规律】

迁飞性害虫，1 年发生的世代数随纬度和海拔高度形成的温差而异，且世代重叠，周年为害，无越冬现象；在中国秦岭以南的两广南部及福建南部发生 6～8 代，此区常年有部分幼虫和蛹越冬；在中国秦岭以北地区，包括华北、东北各地，发生 1～3 代，此区不能越冬。稻纵卷叶螟抗寒力弱，越冬北界为北纬 30°左右，故广大稻区初次虫源均自南方迁来。

成虫有一定趋光性，对金属卤素灯趋性较强；成虫喜群集在生长嫩绿、荫蔽、湿度大的田块、生长茂密的草丛或甘薯、大豆、棉花等田中；夜间活动；飞行力强；需补充营养，取食活动在 19：00—20：00 最盛。喜产卵在嫩绿、宽叶、矮秆的水稻品种上，分蘖期卵量常大于穗期。卵多单产，也有 2～5 粒产于一起，卵大部分集中在中上部叶片上，尤以倒数 1～2 叶为多。

幼虫共 5 龄，1 龄幼虫不结苞；2 龄时爬至叶尖处，吐丝缀卷叶尖或近叶尖的叶缘，即"卷尖期"；3 龄幼虫纵卷叶片，形成明显的束腰状虫苞，即"束叶期"；3 龄后食量增加，虫苞膨大，进入 4～5 龄频繁转苞为害，被害虫苞呈枯白色，整个稻田白叶累累。幼虫活泼，剥开虫苞查虫时，虫体迅速向后退缩或翻落地面。

化蛹习性：老熟幼虫多爬至稻丛基部，在无效分蘖的小叶或枯黄叶片上吐丝结成紧密的小苞，在苞内化蛹，蛹多在叶鞘处或位于株间或地表枯叶薄茧中，一般离地面 7～10 cm 处的叶鞘内、稻丛基部或老虫苞中化蛹。蛹期 5～8 d，雌蛾产卵前期 3～12 d，雌蛾寿命 5～17 d，雄蛾 4～16 d。

【防控方法】

（1）农业防治。选用抗（耐）虫水稻品种，合理施肥，使水稻生长发育健壮，防止前期猛发旺长，后期迟熟。科学管水，适当调节搁田时间，降低幼虫孵化期田间湿度，或在化蛹高峰期灌深水 2～3 d，杀死虫蛹。

（2）保护利用天敌。提高自然控制能力，稻纵卷叶螟天敌种类多达 80 余种，各虫期均可被天敌寄生或捕食，保护利用好天敌资源，可大大提高天敌对稻纵卷叶螟的控制作用。卵期寄生天敌，如拟澳洲赤眼蜂、稻螟赤眼蜂，幼虫期如纵卷叶螟绒茧蜂，捕食性天敌如蜘蛛、青蛙等，对稻纵卷叶螟都有很大控制作用。

（3）化学防治。稻纵卷叶螟施药时期应根据不同农药残效长短略有变化，击倒力强而残效较短的农药在孵化高峰后 1～3 d 施药，残效较长的可在孵化高峰前或高峰后 1～3 d 施药，但实际生产中，应根据实际，结合其他病虫害的防治，灵活掌握。

稻飞虱

稻飞虱属于半翅目飞虱科,主要有3种:褐飞虱(*Nilaparvata lugens* Stal)、白背飞虱(*Sogatella furcifera* Horvath)、灰飞虱(*Laodelphax striatellus* Fallén)。

【形态特征】

1. 褐飞虱

成虫: 有长翅型和短翅型。全体褐色,有光泽。长翅型体长(连翅)4～5 mm;短翅型体长雌虫3.5～4 mm,雄虫2.2～2.5 mm,翅长不达腹末。前胸背板和小盾片都有3条明显的突起线。后足第1跗节外方有小刺。深色型腹部黑褐色,浅色型腹部褐色。雄虫抱器端部不分叉,呈尖角状向内前方突出;雌虫产卵器第1载瓣片内缘呈半圆形突起(图7-7至图7-10)。

图7-7 褐飞虱雄虫

图7-8 褐飞虱雌虫

图7-9 褐飞虱长翅型

图7-10 褐飞虱短翅型

【发生规律】

迁飞性害虫，1年发生的世代数随纬度和海拔高度形成的温差而异，且世代重叠，周年为害，无越冬现象；在中国秦岭以南的两广南部及福建南部发生6～8代，此区常年有部分幼虫和蛹越冬；在中国秦岭以北地区，包括华北、东北各地，发生1～3代，此区不能越冬。稻纵卷叶螟抗寒力弱，越冬北界为北纬30°左右，故广大稻区初次虫源均自南方迁来。

成虫有一定趋光性，对金属卤素灯趋性较强；成虫喜群集在生长嫩绿、荫蔽、湿度大的田块、生长茂密的草丛或甘薯、大豆、棉花等田中；夜间活动；飞行力强；需补充营养，取食活动在19：00—20：00最盛。喜产卵在嫩绿、宽叶、矮秆的水稻品种上，分蘖期卵量常大于穗期。卵多单产，也有2～5粒产于一起，卵大部分集中在中上部叶片上，尤以倒数1～2叶为多。

幼虫共5龄，1龄幼虫不结苞；2龄时爬至叶尖处，吐丝缀卷叶尖或近叶尖的叶缘，即"卷尖期"；3龄幼虫纵卷叶片，形成明显的束腰状虫苞，即"束叶期"；3龄后食量增加，虫苞膨大，进入4～5龄频繁转苞为害，被害虫苞呈枯白色，整个稻田白叶累累。幼虫活泼，剥开虫苞查虫时，虫体迅速向后退缩或翻落地面。

化蛹习性：老熟幼虫多爬至稻丛基部，在无效分蘖的小叶或枯黄叶片上吐丝结成紧密的小苞，在苞内化蛹，蛹多在叶鞘处或位于株间或地表枯叶薄茧中，一般离地面7～10 cm处的叶鞘内、稻丛基部或老虫苞中化蛹。蛹期5～8 d，雌蛾产卵前期3～12 d，雌蛾寿命5～17 d，雄蛾4～16 d。

【防控方法】

（1）农业防治。选用抗（耐）虫水稻品种，合理施肥，使水稻生长发育健壮，防止前期猛发旺长，后期迟熟。科学管水，适当调节搁田时间，降低幼虫孵化期田间湿度，或在化蛹高峰期灌深水2～3 d，杀死虫蛹。

（2）保护利用天敌。提高自然控制能力，稻纵卷叶螟天敌种类多达80余种，各虫期均可被天敌寄生或捕食，保护利用好天敌资源，可大大提高天敌对稻纵卷叶螟的控制作用。卵期寄生天敌，如拟澳洲赤眼蜂、稻螟赤眼蜂，幼虫期如纵卷叶螟绒茧蜂，捕食性天敌如蜘蛛、青蛙等，对稻纵卷叶螟都有很大控制作用。

（3）化学防治。稻纵卷叶螟施药时期应根据不同农药残效长短略有变化，击倒力强而残效较短的农药在孵化高峰后1～3 d施药，残效较长的可在孵化高峰前或高峰后1～3 d施药，但实际生产中，应根据实际，结合其他病虫害的防治，灵活掌握。

稻飞虱

稻飞虱属于半翅目飞虱科，主要有3种：褐飞虱（*Nilaparvata lugens* Stal）、白背飞虱（*Sogatella furcifera* Horvath）、灰飞虱（*Laodelphax striatellus* Fallén）。

【形态特征】

1. 褐飞虱

成虫： 有长翅型和短翅型。全体褐色，有光泽。长翅型体长（连翅）4～5 mm；短翅型体长雌虫3.5～4 mm，雄虫2.2～2.5 mm，翅长不达腹末。前胸背板和小盾片都有3条明显的突起线。后足第1跗节外方有小刺。深色型腹部黑褐色，浅色型腹部褐色。雄虫抱器端部不分叉，呈尖角状向内前方突出；雌虫产卵器第1载瓣片内缘呈半圆形突起（图7-7至图7-10）。

图7-7 褐飞虱雄虫

图7-8 褐飞虱雌虫

图7-9 褐飞虱长翅型

图7-10 褐飞虱短翅型

卵：香蕉形，乳白至淡黄色，卵粒在植物组织内成行排列，卵帽与产卵痕表面等平。

若虫：共5龄。初孵时淡黄白色，后变褐色，近椭圆形。5龄若虫第3、4节腹背各有1个明显的"山"字形浅斑。若虫落入水面后足伸展成直线。

2. 白背飞虱

成虫：有长翅型和短翅型。长翅型体长（连翅）3.8～4.6 mm；短翅型体长2.5～3.5 mm。雄虫淡黄色，具黑褐斑，雌虫大多黄白色。雄虫头顶、前胸和中胸背板中央黄白色，仅头顶端部脊间黑褐色，前胸背板侧脊外方复眼后方有1个暗褐色新月形斑，中胸背板侧区黑褐色，前翅半透明，有黑褐色翅斑；额、颊区、胸、腹部腹面均为黑褐色（图7-11）。雌虫额、颊区及胸腹部腹面则为黄褐色。雄虫抱握器于端部分叉（图7-12）。

卵：长0.8～1 mm，长椭圆形，稍弯曲，一端稍大。卵块中卵粒呈单行排列，卵帽不外露，外表仅见褐色条状产卵痕。

若虫：体淡灰褐色，背有淡灰色云状斑，共5龄。1龄体长1 mm左右，末龄体长约2.9 mm，3龄见翅芽。3龄腹部第3、4节背面各有1对乳白色近三角形斑纹。若虫落水其后足伸展成直线。

图7-11 白背飞虱雄虫

图7-12 白背飞虱雌虫

3. 灰飞虱

成虫：有长翅型和短翅型。长翅型雌虫体长（连翅）4～4.2 mm，雄虫体长3.5～3.8 mm；短翅型雌虫2.4～2.8 mm，雄虫2.1～2.3 mm。雌虫黄褐色（图7-13），雄虫黑色（图7-14）。头顶略突出，在头顶上背脊形成凹陷，排成三角形；颜面额区雌雄均为黑色。雌虫中胸背板中部淡黄色，两侧暗褐色，雄虫中胸背板全部黑色，翅半透明，带灰色；前翅后缘中部有一翅斑。雄性抱握器端部不分叉。

卵：香蕉形，长约1 mm，初产时乳白半透明，后期淡黄。卵双行排列成块，卵盖微露于产卵痕外。

若虫：共5龄，末龄体长约2.7 mm，深灰褐色，前翅芽明显超过后翅芽。3～5龄若虫腹背斑纹较清晰，第3、第4腹节背面各有1条淡色八字纹，第6～8腹节背面的淡色纹呈"一"字形。在水稻生长季节，若虫多呈乳黄或淡褐色，秋末、冬春多呈灰褐色。胸、腹部背面两侧色较深。若虫落水其后足伸展成"八"字形。

图7-13　灰飞虱雌虫　　　　　　　图7-14　灰飞虱雄虫

【分布与为害】

褐飞虱：主要分布于亚洲、大洋洲和太平洋岛屿等地。

白背飞虱：主要分布于东亚、东南亚、南亚、埃及等地。

灰飞虱：主要分布于东亚、东南亚、欧洲、北非等地。

褐飞虱食性单一，在自然情况下只取食水稻和普通野生稻；白背飞虱主要为害水稻，兼食大麦、小麦、粟、玉米、甘蔗、野生稻、早熟禾、高粱等；灰飞虱取食水稻、小麦、大麦、玉米、高粱、甘蔗等禾本科植物。

成虫、若虫刺吸为害。田间受害稻丛常由点、片开始，远望比正常稻株黄矮，俗称"冒穿""黄塘""塌圈"等；雌虫产卵为害；排泄物常招致霉菌滋生，影响水稻的光合作用和呼吸；传播植物病毒病。褐飞虱能传播水稻矮缩病等；白背飞虱能传播水稻黑条矮缩病等；灰飞虱能传播水稻条纹叶枯病等。

【发生规律】

为远距离迁飞性害虫。在世界各地发生的代数，随纬度和年总积温、迁入时期、水稻栽培期而不同。热带地区：10代以上。越冬北界大体在1月12℃的等温线（北纬23°～26°，北回归线附近）。

低温和食料缺乏是限制其越冬的两个关键因子，因此，水稻（包括野生稻）在冬季能否存活可作为褐飞虱能否在当地越冬的生物指标。

各虫态无滞育越冬的特征。我国每年初次发生的虫源主要由亚洲大陆南部和热带终年发生地从南向北迁飞而来。每年春、夏随暖湿气流由南向北推进而逐代逐区向北迁移，常年可出现5次自南向北迁飞。3月下旬至5月，随西南气流由北纬19°以南终年发生区迁入，主要降落在珠江流域及闽南等地。

飞虱成虫均可分为短翅型和长翅型两种。短翅型为居留型，繁殖势能较高；长翅型为迁移型。1～3龄是翅型分化的关键虫期，其中1龄若虫的营养状况与翅型的分化关系尤为密切。

成虫对生长嫩绿的水稻有明显趋性，长翅成虫有明显趋光性。成虫、若虫喜阴湿环境，在孕穗期植株上吸食量最大。正常条件下每雌平均产卵200～700粒。在生长季节20 d就可繁殖1代。若虫的迁移性较弱，拔秧或收割后能暂栖田埂边杂草上，然后就近迁入作物田为害，越冬若虫有较强的耐饥饿能力。

【防治方法】

（1）农业防治。选育抗虫丰产水稻品种，创造有利于水稻生长发育而不利于稻飞虱发生的环境条件。对水稻种植要合理布局，实行连片种植，防止稻飞虱来回迁移，辗转为害。在水稻生育期，要实行科学管理肥水：施肥要做到控氮、增钾、补磷；灌水要浅水勤灌，适时烤田，使田间通风透光，降低田间湿度，防止水稻贪青徒长。可结合冬季积肥，清除杂草，消灭越冬虫源。

（2）生物防治。保护利用自然天敌，调整用药时间，改进施药方法，减少施药次数，用药量要合理，以减少对天敌的伤害，达到保护天敌的目的。

（3）物理防治。分蘖期的稻田，用轻柴油或废机油拌潮沙均匀撒入田中，待油扩散后，用小棍或扫帚等振动稻株，将飞虱振落于水面，触油而死；乳熟期后，采用油水泼浇，即待油扩散后，用木勺舀田中油水，反复泼浇稻株基部，杀死飞虱。油类防治应注意在滴油前要保持田水3～5 cm深，隔日后换清水。

（4）药剂防治。应用药剂防治要采取"突出重点、压前控后"的防治策略。防治适期是2龄若虫盛发期。

二化螟

二化螟 [*Chilo suppressalis*（Walker）] 属鳞翅目螟蛾科。

【形态特征】

成虫：翅展雄蛾约 20mm，雌蛾 25～28 mm。头部淡灰褐色，额白色至烟色，圆形，顶端尖。胸部和翅基片白色至灰白色，并带褐色。前翅黄褐色至暗褐色，中室先端有紫黑斑点，中室下方有 3 个斑排成斜线。前翅外缘有 7 个黑点。后翅白色，靠近翅外缘稍带褐色。雌虫体色比雄虫稍淡，前翅黄褐色，后翅白色（图 7-15）。

图 7-15　二化螟成虫

卵：扁椭圆形，10 余粒至百余粒组成卵块，排列成鱼鳞状，初产时乳白色，将孵化时灰黑色。

幼虫：老熟时长 20～30 mm，体背有 5 条褐色纵线，腹面灰白色（图 7-16）。

图 7-16　二化螟幼虫

蛹：长 10～13 mm，淡棕色，前期背面尚可见 5 条褐色纵线，中间 3 条较明显，后期逐渐模糊，足伸至翅芽末端。

【分布与为害】

分布于中国、朝鲜、日本、菲律宾、越南、泰国、马来西亚、印度尼西亚、印度、埃及等。为害分蘖期水稻，造成枯鞘和枯心苗；为害孕穗、抽穗期水稻，造成枯孕穗和白穗；为害灌浆、乳熟期水稻，造成半枯穗和虫伤株。一般年份减产3%～5%，严重时减产在30%以上。

【发生规律】

1年发生1～5代。以幼虫在稻草、稻桩及其他寄主植物根茎、茎秆中越冬。越冬幼虫在春季化蛹羽化。由于越冬场所不同，一代蛾发生极不整齐。越冬的幼虫化蛹、羽化最早，稻桩中次之，再次为油菜和蚕豆，稻草中最迟，田埂杂草比稻草更迟，其化蛹期依次推迟10～20 d。所以越冬代发蛾期很不整齐，常持续2个月左右，从而影响其他各代发生期也拉得很长，形成多次发蛾高峰，造成世代重叠现象。

螟蛾白天潜伏于稻丛基部及杂草中，夜间活动，趋光性强。喜欢在叶宽、秆粗及生长嫩绿的稻田里产卵，苗期时多产在叶片上，圆秆拔节后大多产在叶鞘上。成虫产卵位置，因水稻不同生育期而有不同，水稻处于秧苗或分蘖时期，卵块主要产在叶正面离叶尖3～7 cm处；分蘖后期、圆秆、孕穗、抽穗期，多产在离水面6 cm以上的叶鞘上。

初孵幼虫先侵入叶鞘集中为害，造成枯鞘，到2～3龄后蛀入茎秆，造成枯心、白穗和虫伤株。初孵幼虫，在苗期水稻上一般分散或几条幼虫集中为害；在大的稻株上，一般先集中为害，数十条至百余条幼虫集中在一稻株叶鞘内，至3龄幼虫后才转株为害。

【防治方法】

（1）农业防治。主要采取消灭越冬虫源、灌水灭虫、避害等措施。灌水淹没稻桩3～5 d，能淹死大部分老熟幼虫和蛹，减少发生基数；尽量避免单、双季稻混栽，可以有效切断虫源田和桥梁田之间的联系，降低虫口数量；水源比较充足的地区，可以根据水稻生长情况，在1代化蛹初期，先排干田水2～5 d或灌浅水，降低二化螟在稻株上的化蛹部位，然后灌水7～10 cm深，保持3～4 d，可使蛹窒息死亡；增施硅酸肥料，硅酸含量不影响二化螟成虫产卵的选择性，但幼虫取食硅酸含量高的品种时死亡率高，发育不良。

（2）物理防治。黑光灯（波长365～400 nm）诱集二化螟成虫，可诱集到大量的二化螟雌蛾（由于雌蛾对黑光灯的趋性更强）。

（3）药剂防治。充分利用卵期天敌，应尽量避开卵孵盛期用药。二化螟盛发时，水稻处于孕穗抽穗期，防治白穗和虫伤株，以卵盛孵期后15～20 d成熟的稻田作为重点防治对象田。在生产上使用较多的药剂品种是杀虫双、杀虫单、三唑磷等。建议采用苏云金杆菌等生物制剂，防效突出的同时对环境友好，对鳞翅目害虫有很好的杀灭效果，施药期间保持深3～5 cm浅水层3～5 d，可提高防治效果。

三化螟

三化螟（*Tryporyza incertulas* Walker）属鳞翅目螟蛾科。

【形态特征】

成虫：体长9～13 mm，翅展23～28 mm。雌蛾前翅为近三角形，淡黄白色，翅中央有1个明显黑点，腹部末端有1丛黄褐色绒毛；雄蛾前翅淡灰褐色，翅中央有1个较小的黑点，翅顶角斜向中央有1条暗褐色斜纹（图7-17）。

图7-17 三化螟成虫

卵：长椭圆形，密集成块，每块几十粒至一百多粒，卵块上覆盖着褐色绒毛，像半粒发霉的大豆。

幼虫：4～5龄。初孵时灰黑色，胸腹部交接处有一白色环。老熟时长14～21 mm，头淡黄褐色，身体淡黄绿色或黄白色，从3龄起，背中线清晰可见。腹足较退化（图7-18）。

图7-18 三化螟幼虫

蛹：黄绿色，羽化前金黄色（雌）或银灰色（雄），雄蛹后足伸达第七腹节或稍超过，雌蛹后足伸达第 6 腹节。

【分布与为害】

分布于中国、南亚、东南亚和日本南部。幼虫蛀食稻茎秆，苗期至拔节期可导致枯心，孕穗至抽穗期可导致枯孕穗或白穗，以致颗粒无收。

【发生规律】

在中国江浙一带每年发生 3 代而得名，但在东南亚可发生 5 代以上。以老熟幼虫在稻桩内越冬，春季气温达 16℃时，化蛹羽化飞往稻田产卵。螟蛾夜晚活动，趋光性强，特别在闷热无月光的黑夜会大量扑灯，产卵具有趋嫩绿习性，水稻处于分蘖期或孕穗期，或施氮肥多，长相嫩绿的稻田，卵块密度高。刚孵出的幼虫称蚁螟，从孵化到钻入稻茎内需 30～50 min。蚁螟蛀入稻茎的难易及存活率与水稻生育期有密切的关系：水稻分蘖期，稻株柔嫩，蚁螟很易从近水面的茎基部蛀入，孕穗期稻穗外只有 1 层叶鞘；孕穗末期，当剑叶叶鞘裂开，露出稻穗时，蚁螟极易侵入，其他生育期蚁螟蛀入率很低。因此，分蘖期和孕穗至破口露穗期这两个生育期，是水稻受螟害的"危险生育期"。

被害的稻株，多为 1 株 1 头幼虫，每头幼虫多转株 1～3 次，以 3～4 龄幼虫为盛。幼虫一般 4 龄或 5 龄在稻茎内下移至基部化蛹。

就栽培制度而言，纯双季稻区比多种稻混栽区螟害发生重；而在栽培技术上，基肥足，水稻健壮，抽穗迅速、整齐的稻田螟害轻；追肥过迟和偏施氮肥，水稻徒长，螟害重。春季，在越冬幼虫化蛹期间，如经常阴雨，稻桩内幼虫因窒息或因微生物寄生而大量死亡。温度 24～29℃，相对湿度 90% 以上，有利于蚁螟的孵化和侵入为害，超过 40℃，蚁螟大量死亡，相对湿度 60% 以下，蚁螟不能孵化。

【防治方法】

（1）农业防治。齐泥割稻、锄劈或拾毁冬作田的外露稻桩；春耕灌水，淹没稻桩 10 d；选择螟害轻的稻田或旱地作绿肥留种田；避免水稻混栽；选用良种，调整播期，使水稻"危险生育期"避开蚁螟孵化盛期；提高种子纯度，合理施肥和水浆管理。

（2）生物防治。三化螟的天敌种类很多，寄生性天敌有稻螟赤眼蜂、黑卵蜂和啮小蜂等，捕食性天敌有蜘蛛、青蛙、隐翅虫等。病原微生物（如白僵菌等）是早春引起幼虫死亡的重要因子。对这些天敌，都应实施保护利用，还可使用生物农药白僵菌等。

（3）化学防治。防治"枯心"，每亩有卵块或枯心团超过 110 个的田块，可防治 1～2 次；60 个以下可挑治枯心团。防治 1 次，应在蚁螟孵化盛期用药；防治 2 次，在孵化始盛期开始，5～7 d 再施药 1 次。防治"白穗"，在蚁螟盛孵期内，破口期是防治白穗的最好时期。破口 5%～10% 时，施药 1 次，若虫量大，再增加 1～2 次施药，间隔 5 d。常用药剂有氯虫苯甲酰胺、甲氨基阿维菌素苯甲酸盐、毒死蜱、阿维·氟酰胺等。

大 螟

大螟［*Sesamia inferens*（Walker，1856）］属鳞翅目夜蛾科。

【形态特征】

成虫：体长 12～15 mm，翅展 27～30 mm。前翅近长方形，淡褐色，从翅基到外缘有一深灰褐色纵纹，纵纹上下各有 2 个小黑点；后翅银白色。头部鳞毛较长（图 7-19）。

图 7-19 大螟成虫

卵：扁馒头形，顶端稍凹陷，表面有放射状刻纹，初产白色，后淡紫色，卵粒平铺排列成 2～3 行。

幼虫：5～7 龄。3 龄前幼虫鲜黄色；老熟时体长 20～30mm，头红褐色，体背面紫红色，无纵线，腹面淡黄色，腹足趾钩半环状（图 7-20）。

蛹：黄褐色，头胸部常覆有白粉，两翅芽末端在腹面有一小部分相接，末端有 4 个小突起。

图 7-20　大螟幼虫

【分布与为害】

大螟分布于中国及东南亚产稻国家。幼虫蛀入稻茎为害，也可造成枯梢、枯心苗、枯孕穗、白穗及虫伤株。大螟为害的孔较大，有大量虫粪排出茎外，有别于二化螟。大螟为害造成的枯心苗，蛀孔大、虫粪多，且大部分不在稻茎内，多夹在叶鞘和茎秆之间，受害稻茎的叶片、叶鞘部都变为黄色。大螟造成的枯心苗田边较多，田中间较少，有别于二化螟、三化螟为害造成的枯心苗。

【发生规律】

1年发生2～4代，随海拔的升高而减少，随温度的升高而增加。以老熟幼虫在寄主残体或近地面的土壤中越冬，翌年3月中旬化蛹，4月上旬交尾产卵，3～5 d达高峰期，4月下旬为孵化高峰期。成虫白天潜伏，傍晚开始活动，趋光性较弱，寿命5 d左右。雌蛾喜在玉米苗上和地边产卵，多集中在玉米茎秆较细、叶鞘抱合不紧的植株靠近地面的第2节和第3节叶鞘的内侧，可占产卵量的80%以上。雌蛾飞翔力弱，产卵较集中，靠近虫源的地方，虫口密度大，为害重。刚孵化出的幼虫，不分散，群集叶鞘内侧，蛀食叶鞘和幼茎，1 d后，被害叶鞘的叶尖开始萎蔫，3～5 d后发展成枯心、断心、烂心等症状，植株停止生长，矮化，甚至造成死苗。一开始被害株（即产卵株）常有幼虫10～30条。幼虫3龄以后，分散为害邻株，可转害5～6株不等。

水稻自分蘖期至基本成熟，均受大螟为害，以破口抽穗期与蚁螟盛孵期相吻合的稻田受害最重。初孵幼虫多在孕穗期侵入，孕穗初期侵入率为12%左右，后期为6%左右；

齐穗后不能侵入。齐穗后出现的白穗和虫伤株，主要是 2 龄以上幼虫转株为害所致。但只有在本田中产的卵块，才是主要虫源。因为秧苗带卵移栽，卵块淹于水下或埋入表土，不能孵化；只有正在孵化的卵块，在栽后断水的情况下，少量幼虫能够存活。第 1 代盛卵期，如雨日多，肥料足，玉米旺长，叶鞘紧抱茎秆，不利大螟产卵。已产的卵，因茎秆生长较快，叶鞘胀裂，易被雨水冲落，或与卵缓缓摩擦，被向上推挤而脱落。遇暴雨稻田积水较深，能淹死大量幼虫。

高温干燥是越冬幼虫死亡率高的主要原因。在温度 20～25℃时，成虫交配产卵正常，幼虫和蛹的存活率高；温度上升到 28℃，成虫交配产卵受到抑制，幼虫和蛹的存活率也下降。

【防治方法】

（1）农业防治。铲除田边杂草，消灭越冬螟虫；对第一代进行测报，通过查上 1 代化蛹进度，预测成虫发生高峰期和第 1 代幼虫孵化高峰期，报出防治适期。根据大螟趋性，早栽早发的早稻、杂交稻，以及大螟产卵期正处在孕穗至抽穗或植株高大的稻田是化防的重点。

（2）化学防治。防治策略狠治 1 代，重点防治稻田边行，生产上当枯鞘率达 5% 或始见枯心苗为害状时，大部分幼虫处在 1～2 龄阶段，及时喷洒化学农药。常用的药剂有氯虫苯甲酰胺、氯虫·噻虫嗪、三唑磷等。

（3）生物防治。卵期天敌有稻螟赤眼蜂。幼虫和蛹期有中华茧蜂、螟黑纹茧蜂、稻螟小腹茧蜂、螟黄瘦姬蜂、螟黑瘦姬蜂、螟蛉瘤姬蜂等。青蛙、蜘蛛等也捕食大螟的成虫和幼虫。

稻象甲

稻象甲（*Echinocnemus squameus* Billberg）属鞘翅目象虫科。

【形态特征】

成虫： 体长约 5 mm，暗褐色，体表密布灰褐色鳞片。头部伸长如象鼻，触角黑褐色，末端膨大，着生在近端部的象鼻嘴上，两翅鞘上各有 10 条纵沟，下方各有 1 个长形小白斑（图 7-21）。

图 7-21　稻象甲成虫

卵： 椭圆形，长 0.6～0.9 mm，初产时乳白色，后变为淡黄色半透明而有光泽。
幼虫： 长约 9 mm，蛆形，稍向腹面弯曲，体肥壮多皱纹，头部褐色，胸腹部乳白色。
蛹： 长约 5 mm，初乳白色，后变灰色，腹面多细皱纹。

【分布与为害】

分布于中国、日本、印度及东南亚一带。成虫为害水稻茎叶，幼虫为害根系，以幼虫为害为主。成虫以管状喙咬食秧苗心叶，受害轻的心叶抽出后呈现一排小孔，严重时断叶断心，形成"无头苗"，造成缺苗缺丛；为害 3 叶以后大苗，于齐水处蛀食，使心叶抽出可见"横排孔"；无水时在距泥面 2～3 cm 处蛀洞，使心叶失水枯死。幼虫孵化后先咬食叶鞘组织，然后很快入土群聚于土下 6 cm 内为害幼嫩须根，轻者稻株叶尖枯黄，生长缓慢，状如缺肥、坐蔸，影响水稻长势，虽可抽穗，但成穗不齐。严重时造成水稻成片枯萎、枯死，或穗小，谷粒细长，减产严重。

【发生规律】

稻象甲成虫具有扑灯、潜泳、钻土、喜甜味、假死和日潜夜出等习性。多在干松土缝内、田边杂草中、枝叶、稻桩上蛰伏；少量幼虫和蛹在表土下 3～6 cm 深处稻丛须根边或筑室越冬。为害的主要时期，常依各地发生代数和耕作制度不同而略异。晴天多躲藏在秧苗茎部的株间或田埂的杂草丛中；成虫早、晚及阴天可整天取食为害，坠落水中后仍可游水重新攀株为害。雌虫在距水面 3～4 cm 的稻秧茎部及叶鞘上选一产卵处，先咬一小孔，然后产卵于孔内，每处产 1 粒至数粒不等。卵在水中能正常发育。初孵幼虫潜入土中，聚集于稻根部周围取食，绝大多数以产卵处的稻丛为中心，直径 12 cm、深 6 cm 的范围内。老熟幼虫在稻田排水后 3～5 d，气温在 15℃左右时，即开始化蛹。幼虫化蛹时向上移动至表土 1～2 cm 处结土室；土表留有直径 0.25 cm 左右的圆形羽化孔。

【防治方法】

（1）农业防治。清洁田园，通过铲草皮、割草或喷施除草剂等措施，破坏稻象甲越冬及栖息场所；当季作物收获后及时灌水翻耕，消灭部分虫源；水稻育秧田应尽量选择远离山坡、堤坎等杂草较多的虫源区，并相对集中育秧，减轻为害；适当推迟季中稻播期，避开稻象甲为害高峰期，食源植物大量发生后，可以分散稻象甲，同时还可推迟水稻抽穗扬花期，增加结实率。

（2）化学防治。喷洒农药时，不仅要对秧苗喷药，还要对秧田周围杂草喷药，能起到较好的杀灭和阻隔作用，对为害较重的田块，可增加用药次数；防治成虫用毒死蜱、三唑磷、水胺硫磷，可随药配用有机硅助剂"展透"，既增加叶片的农药附着率，又增加农药对害虫的渗透性。毒死蜱等拌毒土撒施防止幼虫为害水稻根部效果较好。

（3）酒醋液诱集。用酒、醋、水按一定比例配成溶液，在地头可诱到成虫。

稻眼蝶

稻眼蝶（*Mycalesis gotama* Moore）属鳞翅目眼蝶科。

【形态特征】

成虫：成虫体长 15～17 mm，翅展约 47 mm，背面暗褐色，前翅正面有 2 个蛇目状黑色圆斑，前面的斑纹较小；后翅反面有 5～6 个蛇目斑，近臀角 1 个特大。前后翅反面中央从前至后缘横贯 1 条黄白色带纹，外缘有 3 条暗褐色线纹。前足退化很小（图 7-22）。

图 7-22　稻眼蝶成虫

卵：卵呈球形，大小 0.8～0.9 mm，米黄色，表面有微细网纹，孵化前转为褐色。

幼虫：老熟幼虫体长 30 mm，青绿色，头部褐色，头顶有 1 对角状突起，形似猫头。胸腹部各节散布微小疣突，尾端有 1 对角状突起，全体略呈纺锤形（图 7-23）。

图 7-23 稻眼蝶幼虫

蛹：蛹长 15～17 mm，初绿色，后变灰褐色，腹背隆起呈弓状，腹部第 1～4 节背面各具 1 对白点，胸背中央突起呈棱角状。

【分布与为害】

分布于亚洲东、南部。稻眼蝶为突发性猖獗性害虫。幼虫沿叶缘为害叶片呈不规则缺刻，严重时常将叶片吃光，仅留禾苞部，似"刷把状"但不结苞，影响作物生长发育，造成减产。

【发生规律】

成虫羽化多在 6：00—15：00，成虫白天活动，飞舞于花丛中采蜜，晚间静伏在杂草丛中，经 5～10 d 补充营养，雌雄性成熟。交尾一般在 14：00—16：00 最为旺盛，交尾后第2天开始产卵，将卵散产在叶背或叶面，产卵期约30 d，每雌平均产卵90多粒，多的可达166粒。一般在竹园附近、山边田块及田边产卵较多。水稻、游草、大叶草、小叶丝茅及节瓜、茄子等多种植物均为其产卵寄主。稻眼蝶在山区丘陵地带发生较多。早、晚稻生长期间均可受其害，但一般晚稻受害较重。

幼虫在3龄前活动力弱，食量少，3龄后食量大增，取食量亦随虫龄的增大而增加，4～5龄期食叶量占总量的80%以上。幼虫取食时沿叶缘吃成缺刻，有时把稻叶咬断。老熟幼虫虫体缩短，渐变透明，多爬至稻株下部吐丝，卷曲倒挂在叶片上，蜕皮化蛹。

蛹像灯笼一样吊在叶鞘上，初为淡绿色，气温达22～28℃时，化蛹后5～6 h即出现气孔和背上的白点。化蛹后半天可看到翅边开始变淡黄，并呈现翅膀上的圆圈，然后整个蛹变褐色或黑色，最后全部变灰，且腹部拉长到1.3～1.4 cm再破壳而出。

【防治方法】

（1）农业防治。结合冬春积肥，铲除田边、沟边、塘边杂草。科学施肥，少施氮肥，避免叶片生长过于茂盛。利用幼虫假死性，振落后中耕或放鸭捕食。降低越冬幼虫基数、减少成虫的落卵量、减少幼虫数量。

（2）生物防治。注意保护利用天敌，如稻螟赤眼蜂、蝶绒茧蜂、螟蛉绒茧蜂、广大腿蜂、广黑点瘤姬蜂、步甲、猎蝽和蜘蛛等。

（3）化学防治。在2龄幼虫为害高峰期，可选用吡虫啉、杀螟硫磷、溴氰菊酯等进行防治。

直纹稻弄蝶

直纹稻弄蝶（*Parnara guttata* Bremeret et Grey）属鳞翅目弄蝶科。

【形态特征】

成虫：体长 17～19 mm，翅展 28～40 mm，体和翅黑褐色，头胸部比腹部宽，略带绿色。前翅具 7～8 个半透明白斑排成半环状，下边 1 个大。后翅中间具 4 个白色透明斑，呈直线或近直线排列。翅反面色浅，斑纹与正面相同（图 7-24）。

图 7-24　直纹稻弄蝶成虫

卵：褐色，半球形，直径约 0.9 mm，初灰绿色，后具玫瑰红斑，顶花冠具 8～12 瓣。

幼虫：末龄幼虫体长 27～28 mm，头浅棕黄色，头部正面中央有"山"字形褐纹，体黄绿色，背线深绿色，臀板褐色（图 7-25）。

蛹：淡黄色，长 22～25mm，近圆筒形，头平尾尖。

【分布与为害】

分布于中国、日本、朝鲜、印度、马来西亚等。除为害水稻、玉米、高粱等作物，还可取食游草、茅草、茭白、芦苇、狗尾草、水芹等杂草。直纹稻弄蝶以幼虫吐丝缀叶作苞，咬食叶片形成缺刻，严重时可吃光稻叶，水稻因光合作用受影响导致植株矮小、千粒重下降，对产量影响很大。

图 7-25 直纹稻弄蝶幼虫

【发生规律】

以幼虫取食稻叶。取食时，吐丝将稻叶缀合成苞，故俗称稻苞虫。1 年发生 3～8 代；在东南亚稻区，直纹稻弄蝶以老熟幼虫于背风向阳的稻田边、低湿草地、水沟边、河边等处的杂草中结苞越冬，以在游草上越冬的最多，越冬场所分散。

成虫日间活动，飞行力极强，需补充营养，嗜食花蜜；有趋绿产卵的习性，喜在生长旺盛、叶色浓绿的稻叶上产卵；卵散产，多产于寄主叶的背面，一般 1 叶仅有卵 1～2 粒；少数产于叶鞘。单雌产卵量平均约 200 粒。幼虫白天多在苞内，清晨前或傍晚，或在阴雨天气时常爬出苞外取食，咬食叶片，不留表皮，大龄幼虫可咬断稻穗小枝梗。

幼虫共 5 龄，3 龄后抗药力强。有咬断叶苞坠落、随苞漂流或再择枝结苞的习性。老熟后，有的在叶上化蛹，有的下移至稻丛基部化蛹。蛹苞缀叶 3～13 片不等，苞略呈纺锤形。老熟幼虫可分泌出白色绵状蜡质物，遍布苞内壁和身体表面。化蛹时，一般先吐丝结薄茧，将腹两侧的白色蜡质物堵塞于茧的两端，再蜕皮化蛹。

【防治方法】

（1）农业防治。结合冬季积肥，铲除田边、沟边、塘边杂草及茭白残株，减少越冬虫源。幼虫虫量不大或虫龄较高时，可人工剥虫苞、捏死幼虫和蛹，或用拍板、鞋底拍杀幼虫。

（2）化学药剂。幼虫孵化盛期至低龄幼虫期为防治最佳时期。防治药剂可选用沙蚕毒素类药剂，或渗透性好、有内吸传导及熏蒸作用的阿维菌素、辛硫磷、溴氰菊酯等药剂。

中华稻蝗

中华稻蝗（*Oxya chinensis* Thunberg）属直翅目蝗科稻蝗属。

【形态特征】

成虫：雌体长 36～44 mm，雄体长 30～33 mm。全身绿色或黄绿色，左右各侧有暗褐色纵纹，从复眼向后，直到前胸背板的后缘（图 7-26）。头部较小，颜面明显向后下

图 7-26　中华稻蝗成虫

方倾斜，而头顶向前突出，二者组成锐角。触角一对，呈丝状，短于身体而长于前足腿节，由20余小节构成。上生多数嗅毛和触毛。一对大颚位于口的左右两侧，略显三角形，不分节，完全几丁质化，十分坚硬。其内缘即咀嚼缘带齿，上部称为臼齿突，有磨盘状刻纹，其齿宽平，适于研磨；下部称为门齿突，呈凿形，其齿尖长，适于撕裂。左右大颚并不对称，闭合时左右齿突相互交错嵌合。胸部：由3体节愈合而成，节间虽还存在界线，但各节已不能自由活动。这3个胸节自前而后分别称为前胸、中胸和后胸。前胸背板发达，呈马鞍形，向后延伸覆盖中胸。腹部：由11个体节组成，其附肢几乎全部退化。第1腹节较小，左右两侧各有一个鼓膜听器。第2～8腹节都发达。末3个腹节退化。

【分布与为害】

分布于中国、日本、印度、巴基斯坦、斯里兰卡，以及新加坡、马来西亚、菲律宾、越南、泰国、缅甸等东南亚国家。成虫和若虫都取食稻叶，轻的造成缺刻，严重的吃光全叶；穗期，会咬伤、咬断穗颈、咬坏谷粒，形成白穗、秕谷和缺粒等。喜生活于低洼潮湿或近水边地带，以禾本科植物为主要食料，常常为害水稻、玉米、高粱及小麦等。

【发生规律】

喜在早晨羽化，羽化后15～45 d开始交配，一生可交配多次，夜晚闷热时有扑灯习性。卵成块产在土下，田埂上居多，每雌产卵1～3块。初孵若虫先取食杂草，3龄后扩散为害茭白、水稻或豆类等。

中华稻蝗在东南亚一年发生2代。第1代成虫出现于6月上旬，第2代成虫出现于9月上中旬。以卵在稻田田埂及其附近荒草地的土中越冬。在稻田取食的多产卵于稻叶上，常把两片或数片叶粘在一起，于叶苞内结黄褐色卵囊，产卵于卵囊中；若产卵于土中时，常选择低湿、有草丛、向阳、土质较松的田间草地或田埂等处造卵囊产卵，卵囊入土深度为2～3 cm。第二代成虫于9月中旬为羽化盛期，10月中旬产卵越冬。

【防治方法】

（1）农业防治。中华稻蝗喜在田埂、地头、渠旁产卵。发生重的地区组织人力铲埂、翻埂杀灭蝗卵，具明显效果。

（2）生物防治。天敌有蜻蜓、螳螂、青蛙、蜘蛛、鸟类。保护青蛙、蟾蜍，可有效抑制该虫发生。卵期有黑卵蜂寄生。

（3）化学防治。抓住3龄前中华稻蝗群集在田埂、地边、渠旁取食杂草嫩叶特点，突击防治。当进入3～4龄后常转入大田，当百株有虫10头以上时，应及时喷洒敌百虫、敌敌畏、溴氯菊酯、噻虫嗪等化学农药，可取得较好防治效果；大面积发生时应使用飞机防治。

稻蓟马

稻蓟马 [*Stenchaetothrips biformis*（Bagnal）] 属缨翅目蓟马科。

【形态特征】

成虫：成虫体长 1～1.3 mm，雌虫略大于雄虫，深褐色至黑色。头近正方形，触角鞭状 7 节，第 6～7 节与体同色，其余各节均黄褐色。复眼黑色，两复眼间有 3 个单眼，呈三角形排列。前胸背板发达，后缘角各有 1 对长鬃。前翅翅脉明显（2 条），上脉鬃 7 根不连续（其中端鬃 3 根），脉鬃 11～13 根。雄成虫末端尖削，圆锥状，雌成虫第 8～9 腹节有锯齿状产卵器（图 7-27、图 7-28）。

图 7-27 稻蓟马成虫

图 7-28 稻蓟马成虫

卵：肾形，长约 0.2 mm，宽约 0.1 mm，初产白色透明，后变淡黄色，半透明，孵化前可透见红色眼点。

若虫：共 4 龄。初孵时体长 0.3～0.5 mm，白色透明。触角直伸头前方，触角念珠状，第 4 节特别膨大。复眼红色，无单眼及翅芽；2 龄若虫体长 0.6～1.2 mm，淡黄绿色，复眼褐色；3 龄若虫又称前蛹，体长 0.8～1.2 mm，淡黄色，触角分向两边，单眼模糊，翅芽始现，腹部显著膨大；4 龄又称蛹，体长 0.8～1.3 mm，淡褐色，触角向后翻，在头部与前胸背面可见单眼 3 个，翅芽伸长达腹部 5～7 节（图 7-29）。

【分布与为害】

分布于中国、印度、斯里兰卡及东南亚一带。主要在水稻苗期和分蘖期为害水稻嫩叶。成虫、若虫以锉吸式口器锉破叶面，吮吸汁液，致受害叶产生黄白色微细色斑，叶尖两翼向内卷曲，叶片发黄。分蘖初期受害早的苗发根缓慢，分蘖少或无，严重的成团枯

图 7-29　稻蓟马若虫

死。受害重的晚稻秧田常成片枯死似火烧状。穗期主要为害穗苞，扬花期进入颖壳里为害子房，破坏花器，形成瘪粒或空壳。

【发生规律】

稻蓟马每年发生代数不同，在东南亚热带地区 15 代以上。世代重叠，以成虫在茭白、麦类、李氏禾、看麦娘等禾本科植物上越冬。稻蓟马的发生、消长与气候、水稻生长期、栽培情况等因素有关。不耐高温，最适宜温度为 15～25℃，18℃时产卵最多，超过 28℃时，生长和繁殖即受抑制。如冬季气候温暖，有利于其越冬和提早繁殖；凡阴雨日多、气温维持在 22～23℃的天数长，稻蓟马就会大发生。早稻穗期受害重于晚稻穗期，以盛花期侵入的虫数较多，次为初花期或谢花期，灌浆期最少；双晚秧田，尤其是双晚直播田因叶嫩多汁，易受蓟马集中为害；秧苗 3 叶期以后，本田自返青至分蘖期是稻蓟马的严重为害期。

成虫性活泼，迁移扩散能力强，水稻出苗后就侵入秧田。天气晴朗时，成虫白天多栖息于心叶及卷叶内，早晨和傍晚常在叶面爬动。雄虫罕见，主要营孤雌生殖。雌成虫有明显趋嫩绿秧苗。

一般在 2～3 叶期以上的秧苗上产卵，本田多产于水稻分蘖期。卵散产于叶面正面脉间的表皮下组织内，对光可看到针孔大小边缘光滑的半透明卵粒。每雌产卵约 100 粒，产卵期 10～20 d。

1～2 龄若虫是取食为害的主要阶段，多聚集中叶耳、叶舌处，特别是在卷针状的心叶内隐匿取食；3 龄若虫行动呆滞，取食变缓，此时多集中在叶尖部分，使秧叶自尖起纵卷变黄。因此，大量叶尖纵卷变黄，预兆着 3～4 龄若虫激增，成虫将盛发。

【防治方法】

（1）农业防治。待种芽破胸后，将种芽洗净晾干，然后装入袋中，加入种子处理剂，来回翻转使之均匀附着在种子表面。

（2）浸种处理。在播前 3 d 用吡虫啉可湿性粉剂按一定比例浸种后催芽播种，对苗期稻蓟马有一定防治作用。

（3）化学防治。药剂防治策略是"狠抓秧田，巧抓大田，主防若虫，兼防成虫"。可依据实际情况选择敌百虫、吡虫啉、乐果等药剂，并注意药剂轮换使用。

黑尾叶蝉

黑尾叶蝉 [*Nephotettix bipunctatus*（Fabricius）] 属半翅目叶蝉科。

【形态特征】

成虫：体长 4.5～6 mm。头至翅端长 13～15 mm。最大特征是后足胫节有 2 排硬刺。体色黄绿色；头、胸部有小黑点；前翅末端有黑斑。头与前胸背板等宽，向前形成钝圆角突出，头顶复眼间接近前缘处有 1 条黑色横凹沟，内有 1 条黑色亚缘横带。复眼黑褐色，单眼黄绿色。雄虫额唇基区黑色，前唇基及颊区为淡黄绿色；雌虫颜面为淡黄褐色，额唇基的基部两侧区各有数条淡褐色横纹，颊区淡黄绿色。前胸背板两性均为黄绿色。小盾片黄绿色。前翅淡蓝绿色，前缘区淡黄绿色，雄虫翅端 1/3 处黑色，雌虫为淡褐色。雄虫胸、腹部腹面及背面黑色，雌虫腹面淡黄色，腹背黑色（图 7-30）。

卵：长茄形，长 1～1.2 mm。

若虫：末龄若虫体长 3.5～4 mm。若虫共 4 龄。

图 7-30　黑尾叶蝉成虫

【分布与为害】

分布于中国、朝鲜、日本、缅甸、越南、老挝、泰国、柬埔寨、菲律宾、印度尼西亚、印度、非洲南部。直接刺吸汁液为害水稻，或是传播矮缩病毒。刺吸为害的症状，先在叶鞘上出现短线状褐色小斑点，叶片上出现点线状白色小斑点，周围有黄晕，斑点较多时，黄晕接连成片。秧苗受害，叶色落黄后不久枯死；分蘖期受害，叶色落黄，植株矮小；穗期受害，穗色青灰，秕谷很多。

【发生规律】

发生的世代数随纬度不同而有差别。由于成虫产卵期长，田间各世代有明显重叠现象。黑尾叶蝉主要以若虫和少量成虫在绿肥田、冬种作物地、休闲板田、田边、沟边、塘边等杂草上越冬。越冬若虫羽化后的越冬代成虫，从越冬场所迁移到早稻秧田或早稻本田，是1年中第1次大的迁移期。随着早稻黄熟收割，在早稻上的成虫迁移到晚稻秧田和早栽晚稻本田，这是黑尾叶蝉1年中第2次的迁移期，并将早稻病毒传给了晚稻。

成虫性活泼，白天多栖息于稻株中下部，早晨、夜晚在叶片上部为害。在高温、风小的晴天最为活跃，气温低、大风暴雨时，则多静伏稻丛基部或田埂杂草中。成虫趋光性强，并有趋向嫩绿的习性。成虫寿命一般 $10 \sim 20$ d，越冬期可长达 100 d 以上。成虫羽化后一般经 $7 \sim 8$ d 开始产卵，卵多产在叶鞘边缘内侧，少数产于叶片中肋内，产卵时先将产卵器伸到叶鞘和茎秆间的夹缝里，再在叶鞘的内壁划破下表皮，卵产在表皮下，所以在叶鞘外面只看到卵块隆起，而没有开裂的产卵痕。

若虫多栖息在稻株基部，少数在叶片或穗上取食，有群聚习性，一丛稻上有十多只乃至数百只，茂密、荫郁的稻丛上虫数最多。若虫共 5 龄，$2 \sim 4$ 龄若虫活动力最强，初龄和末龄比较迟钝。卵粒单行排列成卵块，每个卵块一般有卵 $11 \sim 20$ 粒，最多有卵 30 粒。

【防治方法】

（1）农业防治。选用高产抗虫品种，是防治虫害最有效的措施；结合积肥，铲除田边杂草；改革耕作制度，避免混栽，减少桥梁田；加强肥水管理，避免稻株贪青徒长。

（2）生物防治。天敌对叶蝉的数量消长起一定的抑制作用。卵寄生蜂主要有褐腰赤眼蜂、黑尾叶蝉缨小蜂、黑尾叶蝉赤眼蜂和黑尾叶蝉大角啮小蜂等，其中以褐腰赤眼蜂为主，寄生率颇高。

（3）物理防治。黑尾叶蝉有很强的趋光性，且扑灯的多是怀卵的雌虫，可在6—8月成虫盛发期进行灯光诱杀。

（4）化学防治。大田虫口密度调查，成虫出现 $20\% \sim 40\%$，即为盛发高峰期，加产卵前期和卵期天数即为若虫盛孵高峰期。再加若虫期 1/3 天数，就是 $2 \sim 3$ 龄若虫盛发期，即药剂防治适期。此时田间如虫口已达防治指标，参照天敌发生情况，进行重点挑治。

电光叶蝉

电光叶蝉 [*Inazuma dorsalis*（Motschulsky）] 属半翅目叶蝉科。

【形态特征】

成虫：体长 3～4 mm，浅黄色，具淡褐斑纹。头冠中前部具浅黄褐色斑点 2 个，后方还有 2 个浅黄褐色小斑点。小盾片浅灰色，基角处各具 1 个浅黄褐色斑点。前翅浅灰黄色，其上具闪电状黄褐色宽纹，宽纹四周色浓，特征相当明显。胸部及腹部的腹面黄白色，散布有暗褐色斑点（图 7-31）。

卵：长 1～1.2 mm，椭圆形，略弯曲，初白色，后变黄色。

若虫：共 5 龄。末龄若虫体长约 3.5 mm，黄白色。头部、胸部背面、足和腹部最后 3 节的侧面褐色，腹部 1～6 节背面各具褐色斑纹 1 对，翅芽达腹部第 4 节。

图 7-31 电光叶蝉成虫

【分布与为害】

分布于中国、日本、朝鲜、东南亚和南亚等。以成虫、若虫在水稻叶片和叶鞘上刺吸汁液，致受害株生长发育受抑制，造成叶片变黄或整株枯萎；传播水稻矮缩病、瘤矮病等。

【发生规律】

长期灌深水，温暖、高湿、长期连阴雨的气候，有利于该虫害的发生。

东南亚 1 年发生 10 代以上。雌虫寿命 20 d，雄虫 15 d 左右。产卵前期 7 d，产卵量约 80 粒。卵历期 10～14 d，若虫历期 11～14 d。

【防治方法】

（1）农业防治。因地制宜，改革耕作制度，避免混栽，减少桥梁田。加强肥水管理，避免稻株贪青徒长。有水源地区，水稻分蘖期，用柴油或废机油，滴于田中，待油扩散后，随即用竹竿将虫扫落水中，使之触油而死。

（2）物理防治。灯光诱杀，电光叶蝉有很强的趋光性，且扑灯的多是怀卵的雌虫，可在 6—8 月成虫盛发期进行灯光诱杀。

（3）化学防治。在大田虫口密度调查，成虫出现 20%～40%，即为盛发高峰期，即药剂防治适期。药剂可选用吡虫啉、烯啶虫胺、蚍虫胺、杀螟硫磷等药剂。

稻绿蝽

稻绿蝽（*Nezara viridula* Linnaeus）属半翅目蝽科。

【形态特征】

成虫：成虫有多种变型，各生物型间常彼此交配繁殖，所以在形态上产生多变。有全绿、黄肩、点绿和综合等不同的态型。

全绿型（代表型）：体长 12～16 mm，宽 6～8 mm，椭圆形，体、足全鲜绿色，头近三角形，触角第 3 节末及第 4、第 5 节端半部黑色，其余青绿色。单眼红色，复眼黑色。前胸背板的角钝圆，前侧缘多具黄色狭边。小盾片长三角形，末端狭圆，基缘有 3 个小白点，两侧角外各有 1 个小黑点。腹面色淡，腹部背板全绿色（图 7-32）。雌成虫体长 13 mm 左右，宽 7 mm 左右；触角丝状，4 节，绿黑相间，长 7 mm。

虫体具多种不同色型，基本色型个体全体绿色，或除头前半区与前胸背板前缘区为黄色外，余为绿色；但部分个体表现为虫体大部橘红色，或除头胸背面具浅黄色或白色斑纹外，余为黑色。

图 7-32 稻绿蝽成虫（全绿型）

卵：短桶形，淡黄白至鲜黄白色。将孵化时为橘红色。

若虫：若虫共 5 龄，末龄体长 7.5～12.5 mm，宽 5.4～6.1 mm。前翅芽伸至第 3 腹节前缘，腹部两侧有一半圆形红色斑纹。

【分布与为害】

分布于中国、朝鲜、日本、斯里兰卡、缅甸、越南、菲律宾、巴基斯坦、印度、孟加拉国、马来西亚、以色列、马达加斯加、斯洛文尼亚、尼日利亚、埃及、巴西、委内瑞拉、圭亚那、古巴。成虫、若虫吸食寄主嫩茎、花蕾、叶片的汁液,幼苗受害,如火烧状焦萎;成株期受害,叶片枯黄、枯死、提前落叶,影响植株生长。

【发生规律】

1年发生1~5代。以幼虫在稻草、稻桩及其他寄主植物根茎、茎秆中越冬。越冬幼虫在春季化蛹羽化。由于越冬场所不同,1代蛾发生极不整齐。一般在茭白中因营养丰富,越冬的幼虫化蛹、羽化最早,稻桩中次之,再次为油菜和蚕豆,稻草中最迟,田埂杂草比稻草更迟,其化蛹期依次推迟10~20 d。所以越冬代发蛾期很不整齐,常持续2个月左右,从而使其他各代发生期也拉得很长,形成多次发蛾高峰,造成世代重叠现象。

【防治方法】

(1)农业防治。冬春期间,结合积肥清除田边附近杂草,减少越冬虫源;利用成虫在早晨和傍晚飞翔活动能力差的特点,进行人工捕杀。

(2)物理防治。灯光诱杀成虫。

(3)化学防治。掌握在若虫盛发高峰期,群集在卵壳附近尚未分散时用药,可选用敌百虫、辛硫磷、吡虫啉等广谱性杀虫剂。

稻棘缘蝽

稻棘缘蝽（*Cletus punctiger* Dallas）属半翅目缘蝽科。

【形态特征】

成虫：体长 9.5～11 mm，宽 2.8～3.5 mm，体黄褐色，狭长，刻点密布。头顶中央具短纵沟，头顶及前胸背板前缘具黑色小粒点，触角第 1 节较粗，长于第 3 节，第 4 节纺锤形。复眼褐红色，单眼红色。前胸背板多为一色，侧角细长，稍向上翘，末端黑（图 7-33）。

图 7-33 稻棘缘蝽成虫

卵：长 1.5 mm，似菱形，全体具光泽，表面生有细密的六角形网纹，卵底中央具 1 个圆形浅凹。

若虫：共 5 龄，3 龄前长椭圆形，4 龄后长梭形。5 龄体长 8.0～9.1 mm，宽 3.1～3.4 mm，黄褐色带绿，腹部具红色毛点，前胸背板侧角明显伸出，前翅芽伸达第 4 腹节前缘。

【分布与为害】

分布于中国、东南亚、南亚水稻种植区。成虫、若虫主要为害寄主穗部。以口针刺吸汁液、浆液，刺吸部位形成针尖大小褐点，严重时穗色暗黄、无光泽，导致千粒重减轻、米质下降。

【发生规律】

热带地区一年发生 4 代以上，以成虫在田间或地边杂草丛中或灌木丛中越冬。成虫历期 60～90 d，越冬代 180 d 左右。若虫期 15～29 d。成虫、若虫喜在白天活动，中午栖息在阴凉处，羽化后 10 d 多在白天交尾，2～3 d 后把卵产在叶面，昼夜都产卵，每块 5～14 粒排成单行，有时双行或散生，产卵持续 11～19 d，卵期 8 d，每雌产卵 76～300 粒。禾本科植物多时发生重。

【防治方法】

（1）农业防治。清除田间杂草，集中处理。

（2）化学防治。在低龄若虫期进行防治。喷施溴氰菊酯、吡虫啉等药剂，防治 1～2 次。

稻秆潜蝇

稻秆潜蝇（*Chlorops oryzae* Matsumura）属双翅目黄潜叶蝇科。

【形态特征】

成虫： 体鲜黄色，是黄色小蝇，体长 2.3～3.0 mm，复眼大，暗褐色；触角有 3 节，分别为黄褐色、暗褐色、黑色，头胸等宽，头顶有 1 个钻石形黑斑，胸部背面有 3 条黑褐色纵纹；腹部纺锤形，体腹面浅；黄色，足黄褐色，跗节末端暗黑色；翅展 5～6 mm，翅透明，翅脉褐色（图 7-34）。

图 7-34　稻秆潜蝇成虫

卵： 白色，长约 1 mm，呈长椭圆形，表面有纵行波状柳条纹，孵化前呈淡黄色。

幼虫： 白色，老熟幼虫乳白色，体长约 6 mm，近纺锤形，前端略尖，口钩浅黑色，表皮强韧具光泽，尾端分两叉，端尖有气孔（图 7-35）。

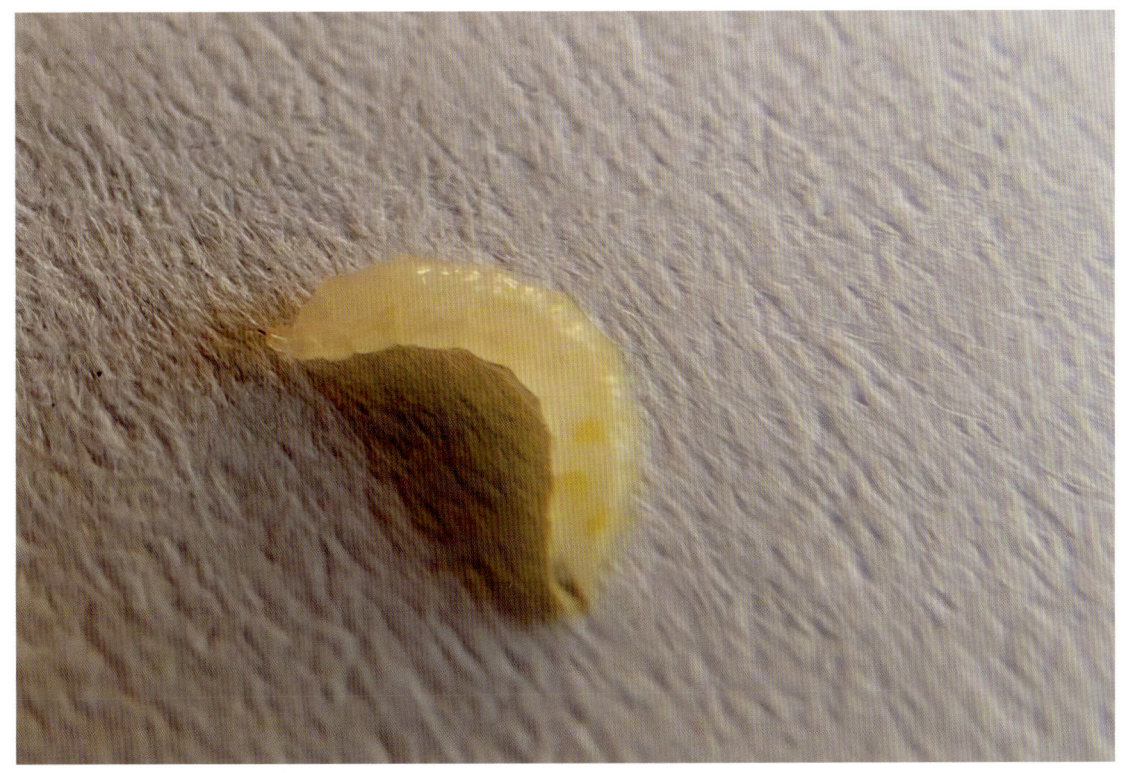

图 7-35 稻秆潜蝇幼虫

蛹：初期白色，中后期转黄褐色，体长约 6 mm，尾端分两叉与幼虫相似，羽化前体收缩。

【分布与为害】

分布于中国、印度、东南亚各水稻种植区。因稻秆潜蝇幼虫无法在干燥的叶片上行走，只能借助露水湿润向下移动，露水干后，幼虫无法行走与侵入叶片，经 2～3 h 会因身体脱水而干死，因此稻秆潜蝇幼虫多在天亮前后的 4：00—6：00 孵化，孵化后的幼虫蛀入稻株茎内，为害心叶、生长点、幼穗。

（1）苗期受害。稻株心叶未抽出前是一层层地卷成筒状，初孵幼虫钻入稻株茎内后 5～8 d 出现被害症状，被幼虫为害取食后的心叶抽出展开后，上有椭圆形或长条形小孔洞或白斑点，后发展为若干条细长并列的裂缝，边缘腐烂，叶片破碎呈栅栏状，被害叶尖变为黄褐色，新叶扭曲或枯萎。裂缝较大时，遇风叶片很容易折断。由于心叶内潮湿，被害心叶抽出展开后有较强的腐臭味。幼虫主要取食心叶及生长点，严重时造成秧苗枯心，甚至整株枯死。稻株受害后期会出现分蘖增多、植株矮化，抽穗延迟、穗头小、秕谷增加等现象，严重影响水稻产量。

（2）孕穗期受害。水稻幼穗分化期稻秆潜蝇幼虫钻入稻株心部取食穗花，造成穗形残缺不全、稻穗短小白色或出现花白穗；颖花退化、颖壳白色，并有腐烂表现似退化的颖，形不成正常的谷粒，最终表现为穗部仅少许退化发白的枝梗或畸形小颖壳，稻穗缺枝少粒，呈"刷子头"或不勾头的光头穗、朝天穗现象，严重影响水稻产量。稻秆潜蝇幼虫在水稻抽穗后为害，对水稻伤害较轻，因幼虫只取食叶鞘，仅造成一点小伤痕，不影响产量。

【发生规律】

气候变凉时易发生稻秆潜蝇，多露、阳光不足、阴雨天多的年份卵孵化率、幼虫侵入率均高，发生与为害较重。此外，种植密度大、环境潮湿、田水温度低、氮肥施用量多、水稻长势嫩绿的田块，受害也重。稻秆潜蝇卵散产，一般一叶一卵。成虫把卵产在秧苗上，孵化后的幼虫借露水沿稻株叶背向下移动侵入心叶为害直至羽化。日均温35℃以上时，幼虫发育受阻。

【防治方法】

（1）农业防治。搞好冬种作物的田间管理，适时中耕除草；选育和选用耐虫品种；适期播种，避开成虫盛发期；落水晒田对减小虫口密度也有一定的作用；单季稻、双季稻混栽，山区尽量不种单季稻，可抑制发生量。

（2）药剂防治。1代为害重且发生整齐，盛期也明显，对防治有利。成虫盛发期、卵盛孵期是防治适期，当秧田有虫3.5～4.5头/m^2或本田每100丛有虫1～2头或产卵盛期末，秧田平均每株秧苗有卵0.1粒，本田平均每丛有卵2粒时开始防治成虫。用吡虫啉、阿维菌素、毒死蜱、乐果等均匀喷雾。用药后田间保持浅水层3～5 d，以提高防效。

第八章

玉米病虫害

玉米（Zea mays L.）是禾本科玉蜀黍属一年生草本植物，含有丰富的蛋白质、脂肪、维生素、微量元素、纤维素等，具有开发高营养、高生物学功能食品的巨大潜力，是重要的粮饲、工业原料和能源作物，具有极其重要的经济地位。

玉米原产于中南美洲，印第安人种植玉米的历史也已有3 500年。现在世界各地均有栽培玉米，主要分布在30°～50°的纬度之间。栽培面积最多的是美国、中国、巴西、墨西哥、南非、印度、印度尼西亚和罗马尼亚。我国的玉米主要产区是东北、华北和西南山区。玉米在我国种植虽不到500年，但种植面积、总产量已居世界第二位。也是我国仅次于稻、麦的主要粮食作物。此外，东南亚国家的菲律宾、老挝、柬埔寨、缅甸、泰国、马来西亚、文莱、新加坡、印度尼西亚、东帝汶等国家均种植玉米。

玉米病虫害种类多。热区玉米常见的真菌性病害有褐斑病、纹枯病、锈病、弯孢叶斑病和顶腐病等，真菌性病害在病灶处可见菌丝或子实体；细菌性病害有细菌性茎基腐病，细菌性病害病灶部位腐烂有液体渗出且有恶臭。常见的地上害虫主要有菜青虫、黏虫、玉米螟、蝗虫、金龟子和蚜虫等；地下害虫主要有蛴螬、地老虎、金针虫和蝼蛄等。本章对10种重要病虫害进行了简要介绍。

玉米小斑病

【病原】

病原菌为玉蜀黍平脐蠕孢 [*Bipolaris maydis*（Nisikado et Miyake）Shoemaker]，属半知菌亚门；有性态为异旋孢腔菌 [*Cochliobolus heterostrophus*（Drechsler）Drechsler]，属子囊菌门。

子囊座黑色，近球形。子囊顶端钝圆，基部具短柄，内含2～4个子囊孢子。子囊孢子长线形，彼此在子囊内缠绕成螺旋状，有隔膜，萌发时每个细胞均长出芽管。分生孢子梗榄褐色至褐色，直或呈膝状曲折，基部细胞大，顶端略细色较浅，下部色深较粗，具隔膜3～18个，一般6～8个（图8-1）。孢痕明显，生在顶点或折点上。分生孢子梗散生在病叶病斑两面，从叶上气孔或表皮细胞间隙伸出，2～3根束生或单生。分生孢子长椭圆形，多弯向一方，褐色或深褐色，具隔膜1～15个，一般6～8个，脐点明显。分生孢子着生在分生孢子梗的顶端或侧方。

图8-1 玉米小斑病分生孢子

【分布与为害】

该病在全世界的热带和温带玉米种植区均有分布；在中国玉米产区均有分布。

【症状】

叶片上病斑较小,在高温高湿条件下,病斑表面密生灰色的霉层,即病原菌分生孢子梗和分生孢子。因玉米品种和病原菌生理小种不同,而表现为3种不同的病斑类型:① 病斑椭圆形或近长方形,多限于叶脉之间,黄褐色,边缘褐色或紫褐色,多数病斑连片以后,病叶变黄枯死;② 病斑椭圆形或纺锤形,较大,不受叶脉限制,灰色或黄褐色,边缘褐色或无明显边缘,有的后期稍有轮纹,苗期发病时,病斑周围或两端形成暗绿色浸润区,病斑数量多时,叶片很快萎蔫死亡;③ 病斑为黄褐色坏死小斑点,病斑一般不扩大,周围有黄色晕圈,表面霉层极少,通常多在抗病品种上出现(图8-2)。

叶鞘和苞叶上病斑较大,纺锤形,黄褐色,边缘紫色或不明显,表面密生灰黑色霉层。

果穗受害,病部有不规则的灰黑色霉层。严重时,引起果穗腐烂、脱落、种子发黑腐烂。

图 8-2 玉米小斑病症状

【发生规律】

菌丝发育的适宜温度范围为10～35℃,最适温度为28～30℃。分生孢子形成的适宜温度范围为23～33℃,最适温度为25℃。分生孢子萌发适温为26～32℃,5℃以下或42℃以上很难萌发。分生孢子的形成和萌发都需要高湿,但分生孢子的抗干旱能力较强,在玉米种子上能存活1年。玉米小斑病菌具有生理分化现象,可区分为T、O和C 3个生理小种。T小种和C小种分别对T型和C型细胞质玉米具有强毒力,O小种对不同细胞质玉米的毒力无专化性。病菌对玉米的致病作用主要是由毒素引起的,3个小种在寄主体内外均可产生毒素。目前,我国O小种出现频率高,分布广,为优势小种。

在田间,玉米小斑病最初在植株的下部叶片上发生,先逐步向周围的植株扩展(水平扩展），然后再向植株上部的叶片扩展（垂直扩展）。病原菌以菌丝或分生孢子在病株残体内外越冬。在地面上能存活 1～2 年。存放在室内、树上、篱笆和地面上的病株残体，只要不腐烂均能产生大量分生孢子。所以，堆放在村舍的玉米秸秆，遗留在田间的病叶、苞叶、秸秆等，都是翌年发病的初侵染主要菌源。病原菌的子囊孢子也能成为初侵染来源，带菌种子也可导致幼苗发病，但都属于次要侵染来源，对田间的发病与流行关系不大。越冬病原菌在翌年遇到适宜温湿度条件，即产生大量分生孢子，借气流或雨水传播到田间玉米叶片上。如遇田间湿度较大或重雾，叶面上存在游离水滴时，分生孢子 4～8 h 即萌发产生芽管侵入叶表皮细胞，3～4 d 即可形成病斑。以后病斑上产生大量分生孢子，借气流传播，进行重复侵染。玉米收获后，病原菌又随病株残体进入越冬阶段。

【防治方法】

（1）农业防治。选用抗病品种是防病增产的重要措施。适时播种，使抽穗期避开多雨天气。施足底肥，适期、适量合理追肥，促进植株生长健壮，特别是必须保证拔节至开花期的营养供应。发病制种基地实行大面积轮作，把病原基数压到最低限度，减少初侵染来源。集中清理底部病叶并带出田外处理，可以压低田间菌量，改善田间小气候，从而减轻病害程度。收获后，清除地面病株残体，把带菌残体充分腐熟，最好不用于玉米制种田。病田应实行秋翻，使病株残体埋入地下 10 cm 以下。

（2）化学防治。发病初期喷洒药剂，每隔 7～10 d 防治 1 次，连防 2～3 次。药剂可选用 50% 异菌·多·锰锌可湿性粉剂 1 000 倍液，或 80% 代森锰锌可湿性粉剂 1 000 倍液，或 75% 百菌清可湿性粉剂 800 倍液，或 70% 甲基硫菌灵可湿性粉剂 600 倍液，或 25% 苯菌灵乳油 800 倍液，或 50% 多菌灵可湿性粉剂 600 倍液，或 20% 草酸青霉水剂 50 倍液。

玉米大斑病

【病原】

病原为大斑病凸脐蠕孢［*Exserohilum turcicum*（Pass.）Leonard et Suggs］，属子囊菌门无性型凸脐蠕孢属真菌。有性态［*Setosphaeria turcica*（Luttr.）Leonard et Suggs］称玉米大斑病毛球腔菌。

玉米大斑病菌的分生孢子梗自气孔伸出，单生或2～3根束生，褐色不分枝，正直或膝曲，基细胞较大，顶端色淡，具2～8个隔膜，大小为（35～160）μm×（6～11）μm。分生孢子梭形或长梭形，榄褐色，顶细胞钝圆或长椭圆形，基细胞尖锥形，有2～7个隔膜，大小为（45～126）μm×（15～24）μm，脐点明显，突出于基细胞外部（图8-3）。

自然条件下一般不产生有性世代。成熟的子囊果黑色，椭圆形至球形，大小为（359～721）μm×（345～497）μm，外层由黑褐色拟薄壁组织组成。子囊果壳口表皮细胞产生较多短而刚直、褐色的毛状物。内层膜由较小透明细胞组成。子囊从子囊腔基部长出，夹在拟侧丝中间，圆柱形或棍棒形，具短柄，大小为（176～249）μm×（24～31）μm。子囊孢子无色透明，老熟呈褐色，纺锤形，多为3个隔膜，隔膜处缢缩，大小为（42～78）μm×（13～17）μm。

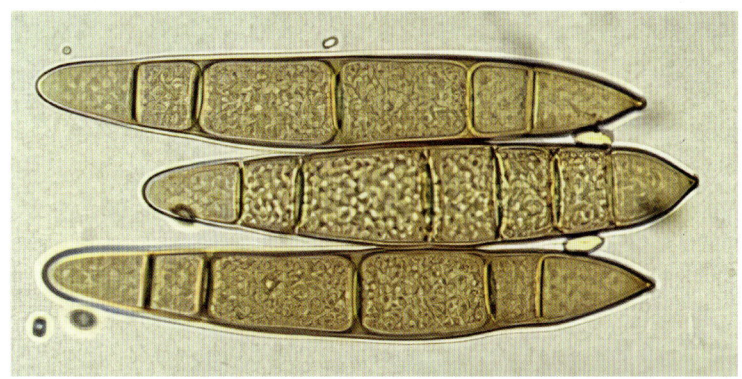

图8-3 玉米大斑病分生孢子

【分布与为害】

该病在全世界的玉米种植区均有分布；中国玉米产区均有分布，以东北、华北北部和西北等温度较低地区以及南方山区发病较重。主要为害玉米的叶片、叶鞘和苞叶。

【症状】

玉米大斑病以侵害玉米叶片为主，叶片染病先出现水渍状青灰色斑点，然后沿叶脉向两端扩展，形成边缘暗褐色、中央淡褐色或青灰色的大斑。后期病斑常纵裂。严重时病斑融合，叶片变黄枯死。潮湿时病斑上有大量灰黑色霉层。下部叶片先发病。在单基因的抗病品种上表现为褪绿病斑，病斑较小，与叶脉平行，色泽黄绿或淡褐色，周围暗褐色。有些表现为坏死斑（图 8-4）。

图 8-4 玉米大斑病为害症状

【发生规律】

病原菌以菌丝或分生孢子附着在病残组织内越冬，成为翌年初侵染源。种子也能带少量病菌。病菌侵入玉米植株后，经 10～14 d 在病斑上可产生分生孢子，借气流传播进行再侵染。温度 20～25℃、相对湿度 90% 以上利于病害发展。气温高于 25℃ 或低于 15℃，相对湿度小于 60%，持续几天，病害的发展就受到抑制。在春玉米区，从拔节到出穗期间，气温适宜，又遇连续阴雨天，病害发展迅速，易大流行。玉米孕穗、出穗期间氮肥不足发病较重。低洼地、密度过大、连作地易发病。

玉米大斑病的流行除与玉米品种感病程度有关外，还与当时的环境条件关系密切。

【防治方法】

（1）农业防治。① 栽种抗病品种，合理搭配，防止单一种植。② 合理轮作，适期早播，避开病害发生高峰。施足基肥，增施磷钾肥，掌握适宜的灌水量及次数等。保持玉米田间通风透光好，湿度适宜的良好生态环境。③ 中耕除草培土，摘除基部 2～3 片叶；降低田间湿度，使植株健壮，提高抗病力。④ 及时清洁田园，将秸秆集中处理，经高温发酵使其充分腐熟后，可作肥料。⑤ 及时翻耕，将遗留田间的病株残体翻入土中，以加速腐烂分解。⑥ 未做处理的秸秆在第二年玉米播种前应烧毁或是封存。

（2）化学防治。可在心叶末期到抽雄期或发病初期喷洒 50% 多菌灵可湿性粉剂 500 倍液，或 50% 甲基硫菌灵可湿性粉剂 600 倍液，或 75% 百菌清可湿性粉剂 800 倍液，或 40% 克瘟散乳油 800～1 000 倍液，隔 10 d 喷 1 次，连续防治 2～3 次。

小地老虎

小地老虎 [*Agrotis ipsilon*(Hufnagel)] 属鳞翅目夜蛾科。

【形态特征】

成虫：成虫体长 21～23 mm，翅展 48～50 mm。头部与胸部褐色至黑灰色，雄蛾触角双栉形，栉齿短，端 1/5 线形。下唇须斜向上伸，第 1～2 节外侧大部黑色杂少许灰白色。额光滑无突起，上缘有 1 黑条，头顶有黑斑，颈板基部色暗，基部与中部各有 1 黑色横线，下胸淡灰褐色，足外侧黑褐色，胫节及各跗节端部有灰白斑。腹部灰褐色。前翅棕褐色，前缘区色较黑，翅脉纹黑色，基线双线黑色，波浪形，线间色浅褐。自前缘达 1 脉，内线双线黑色，波浪形，在 1 脉后外突，剑纹小，暗褐色，黑边，环纹小，扁圆形，或外端呈尖齿形，暗灰色，黑边，肾纹暗灰色，黑边，中有一黑曲纹，中部外方有 1 条楔形黑纹伸达外线，中线黑褐色，波浪形，外线双线黑色，锯齿形，齿尖在各翅脉上端为黑点，亚端线灰白，锯齿形，在 2～4 脉间呈深波浪形，内侧在 4～6 脉间有 2 条楔形黑纹，内伸至外线，外侧有 2 个黑点，外区前缘脉上有 3 个黄白点，端线为 1 列黑点，缘毛褐黄色，有 1 列暗点。后翅半透明白色，翅脉褐色，前缘、顶角及端线褐色（图 8-5）。

图 8-5 小地老虎成虫

卵： 扁圆形，花冠分3层，第一层菊花瓣形，第二层玫瑰花瓣形，第三层放射状菱形。

幼虫： 头部暗褐色，侧面有黑褐斑纹，体黑褐色稍带黄色，密布黑色小圆突，腹部末端肛上板有1对明显黑纹，背线、亚背线及气门线均黑褐色，不很明显，气门长卵形，黑色（图8-6）。

图8-6 小地老虎幼虫

蛹： 黄褐色至暗褐色，腹末稍延长，有1对较短的黑褐色粗刺。

【分布与为害】

小地老虎在印度、巴基斯坦和东南亚等国家均有分布；在中国主要分布于长江下游沿岸、黄淮地区、西南地区和华南地区。小地老虎是一种地下害虫，以幼虫为害玉米。小地老虎1~2龄幼虫多集中在幼苗叶片和顶心嫩叶处，昼夜为害，啃食叶肉，造成叶片孔洞或缺刻。3龄以后白天潜入土中，晚上出来活动为害，咬断幼苗、叶柄。4~6龄幼虫暴食为害，并能转移为害，每头幼虫一夜能咬断3~5个幼苗。严重造成玉米苗期缺苗断垄，甚至毁种重播。

【发生规律】

小地老虎1年发生3~4代，以老熟幼虫在土壤中越冬。翌年春季气温回暖后，越冬幼虫于3月下旬至4月中旬，爬至土表下3~5 cm处化蛹，4月下旬至5月上旬羽化成虫。

小地老虎的成虫有较强的趋光性和趋化性，成虫夜间活动，交配产卵。卵产在5 cm

以下矮小杂草上。成虫对黑光灯及糖醋酒等趋性较强。幼虫共6龄，3龄前在地面，苗前在杂草或寄主幼嫩部位取食，苗后昼夜取食植物心叶；3龄后昼间潜伏在表土中，夜间出来为害咬断茎基，动作敏捷，性残暴，能自相残杀。老熟幼虫有假死习性，受惊后身体缩成环形。

【防治方法】

（1）农业防治。在春玉米田，播种前要深翻，清除杂草，减少地老虎的落卵量，并杀死初孵幼虫。

（2）物理防治。① 糖酒醋液诱杀。按糖∶醋∶酒∶水＝3∶4∶1∶2的比例，配成糖酒醋液，再加入90%晶体敌百虫，制成糖酒醋诱杀液，放在田间，可诱杀成虫。② 黑光灯诱杀。在成虫盛发期，每公顷菜田悬挂40 W黑光灯1盏，可有效诱杀成虫。

（3）生物防控。推荐多种作物间作，增加田间植物种类，保持生态多样性，保护利用天敌。小地老虎的主要天敌有寄生蜂、步甲、虎甲等。

（4）人工防治。当小地老虎开始咬茎，或者幼虫白天潜藏地下时，人工防治效果好，方法是在田间寻找刚出现的枯心苗、萎蔫苗，扒开其周围的土，挖出大龄幼虫，并将这些幼虫杀死。

（5）化学防治。防治小地老虎不同龄期的幼虫应采用不同的施药方法，幼虫3龄前用喷雾、喷粉或撒毒土进行防治，3龄后田间出现断苗，可用毒饵或毒草诱杀。① 喷雾防治：每公顷可选用50%辛硫磷乳油750 mL，或2.5%溴氰菊酯乳油或40%氯氰菊酯乳油300～450 mL，90%晶体敌百虫750 g，加水750 L喷雾。喷药适期应在幼虫3龄盛发前。② 毒土防治：可选用2.5%溴氰菊酯乳油90～100 mL，或50%辛硫磷乳油加水适量，喷拌细土50 kg配成毒土，每公顷300～375 kg顺垄撒施于幼苗根部附近。

东方蝼蛄

东方蝼蛄（*Gryllotalpa orientalis* Burmeister）隶属于直翅目蝼蛄科。

【形态特征】

成虫：雄成虫体长约 30 mm，雌成虫体长 33 mm。体浅茶褐色，前胸背板中央有一凹陷明显的暗红色长心脏形斑。前翅短，后翅长，腹部末端近纺锤形。前足为开掘足，腿节内侧外缘较直，缺刻不明显，后足胫节脊侧内缘有 3～4 个刺，此点是识别东方蝼蛄的主要特征，腹末具一对尾须（图8-7）。

图8-7 东方蝼蛄成虫（唐继洪 拍摄）

卵：椭圆形，长约 2.8 mm，初产时黄白色，有光泽，渐变黄褐色，最后变为暗紫色。

若虫：若虫初孵时乳白色，老熟时体色接近成虫，体长 24～28 mm。

【分布与为害】

东方蝼蛄广泛分布于印度、巴基斯坦和东南亚等国家。在我国全境皆有分布。东方蝼蛄的为害分为直接为害和间接为害。直接为害是成虫和若虫咬食植物幼苗的根和嫩茎；间接为害是成虫和若虫在土下活动开掘隧道，使苗根和土壤分离，造成幼苗干枯死亡，致使苗床缺苗断垄，育苗减产或育苗失败。

【发生规律】

在南方1年发生1代，在北方地区2年发生1代，以成虫或若虫在地下越冬。5月上旬至6月中旬是蝼蛄最活跃的时期，也是第一次为害高峰期，6月下旬至8月下旬，天气炎热，转入地下活动，6—7月为产卵盛期。成虫、若虫均喜松软潮湿的土壤或砂壤土，20 cm表土层含水量20%以上、土温15～20℃最适宜活动。

东方蝼蛄食性广，可采食菊科、藜科和十字花科等多个科的植物，不仅采食植物叶片，还采食根、茎。温度影响东方蝼蛄采食，20℃以下，随着温度降低，采食量逐渐减少，活动也逐渐减少，5℃时几乎不再活动，20～25℃有利于采食，高于25℃，采食量又开始下降。

东方蝼蛄生活在土壤中，在挖掘洞穴过程中寻找食物，到了产卵期，就产卵于洞穴中，完成各种行为活动。

【防治方法】

（1）农业防治。深翻土壤、精耕细作造成不利于蝼蛄生存的环境，减轻为害；夏收后，及时翻地，破坏蝼蛄的产卵场所；施用腐熟的有机肥料，不施用未腐熟的肥料；在蝼蛄为害期，追施碳酸氢铵等化肥，散出的氨气对蝼蛄有一定驱避作用；秋收后，进行大水灌地，使向深层迁移的蝼蛄，被迫向上迁移，在结冻前深翻，把翻上地表的害虫冻死；实行合理轮作，改良盐碱地，有条件的地区实行水旱轮作，可消灭大量蝼蛄、减轻为害。

（2）物理防治。蝼蛄的趋光性很强，在羽化期间，19：00—22：00可用灯光诱杀。或在苗圃步道间每隔20 m左右挖1小坑，将马粪或带水的鲜草放入坑内诱集，再加上毒饵更好，次日清晨可到坑内集中捕杀。

（3）化学防治。播种前，用50%辛硫磷乳油，按种子重量0.1%～0.2%拌种，堆闷12～24 h后播种。毒饵诱杀常用的是敌百虫毒饵，先将麦麸、豆饼、秕谷、棉籽饼或玉米碎粒等炒香，按饵料重量0.5%～1.0%的比例加入90%晶体敌百虫制成毒饵（先将90%晶体敌百虫用少量温水溶解，倒入饵料中拌匀），再根据饵料干湿程度加适量水，拌至用手一攥稍出水即成。每公顷施毒饵22.5～37.5 kg，于傍晚时撒在已出苗的玉米地或苗床的表土上，或随播种、移栽定植时撒于播种沟或定植穴内。制成的毒饵限当日撒施。

蛴螬

蛴螬是金龟子或金龟甲的幼虫，成虫通称为金龟子或金龟甲。金龟子是鞘翅目金龟总科的通称。

【形态特征】

成虫：长椭圆形，背翅坚硬，体长约 20 mm，宽约 10 mm。羽化初期为红棕色，后逐渐变深成红褐色或黑色，全身披闪光薄层粉，前胸背板侧缘中间呈锐角状外突，前缘密生黄褐色体毛。腹部圆筒形，腹面微有光泽（图 8-8）。

图 8-8 金龟甲成虫（唐继洪 拍摄）

卵：长椭圆形，长约 2.5 mm，宽约 1.6 mm，初产乳白色。

幼虫：体肥大，较一般虫类大，体弯曲呈"C"形，多为白色，少数为黄白色。头部褐色，上颚显著，腹部肿胀。体壁较柔软多皱，体表疏生细毛。头大而圆，多为黄褐色，生有左右对称的刚毛，刚毛数量的多少常为分种的特征。如华北大黑鳃金龟的幼虫为 3 对，黄褐丽金龟幼虫为 5 对。蛴螬具胸足 3 对，一般后足较长。腹部 10 节，第 10 节称为臀节，臀节上生有刺毛，其数目的多少和排列方式也是分种的重要特征（图 8-9）。

图 8-9　蛴螬

蛹：长约 22 mm，宽约 10 mm，淡黄色或杏黄色。

【分布与为害】

该虫广泛分布于印度、巴基斯坦和东南亚等国家。在中国除新疆未见报道外，遍布各地。玉米田的蛴螬为害非常严重，啃咬玉米种子，咬断玉米幼苗、根、茎，断口整齐平截，像刀切面一样，常常造成地面部分玉米幼苗枯死，为害症状非常容易识别。蛴螬有许多种类的成虫，还非常喜欢为害玉米的叶片、嫩心、花穗，造成不同程度的损失。

【发生规律】

成虫交配后 10～15 d 产卵，产在松软湿润的土壤内，以水浇地最多，每头雌虫可产卵 100 粒左右。发生代数因种、因地而异。这是一类生活史较长的昆虫，一般 1 年 1 代，或 2～3 年 1 代，长者 5～6 年 1 代。蛴螬共 3 龄。1～2 龄期较短，第 3 龄期最长。

在中国南方多为 1 年 1 代，以幼虫和成虫在 55～150 cm 土层中越冬。卵期一般 10 d，幼虫期约 350 d，蛹期约 20 d，成虫期近 1 年。5 月中旬至 6 月中旬为越冬成虫出土盛期，20：00—21：00 为成虫取食、交配活动盛期。卵多散产在寄主根际周围松软潮湿的土壤内，以水浇地居多，每个雌虫可产卵百粒左右。当年孵出的幼虫在立秋时进入 3 龄盛期，土温适宜时，造成严重为害。在翌年 4 月中旬形成春季为害高峰，夏季高温时则下移筑土室化蛹，羽化的成虫大多在原地越冬。成虫有假死性、趋光性和喜湿性，并对未腐熟的厩肥有较强的趋性。

【防治方法】

（1）农业防治。① 清洁农田，玉米播种前清除田边地头的杂草，集中处理。② 深翻土壤，深耕 20 cm 以上，将生活在深层土中的蛴螬翻到地面，通过暴晒、鸟啄食等，消灭一部分蛴螬。③ 合理施肥，要施用腐熟的有机肥料，减少成虫产卵。

（2）物理防治。利用金龟子的趋光性，在其发生盛期，使用频振式杀虫灯或黑光灯进行诱杀。也可利用成虫对特殊气味的趋性，在田间设置杨枝把进行诱集后杀死。

（3）化学防治。① 种子处理。使用 40% 辛硫磷乳油，按照玉米种子重量的 0.25% 拌种防治。② 土壤处理。玉米播种前，结合整地，使用药剂处理土壤。每公顷使用 9 kg 的 40% 辛硫磷乳油，拌入 10～15 kg 细小湿土，在蛴螬为害严重的玉米地均匀撒施，再耕地或者整地，可以防止蛴螬的为害。

黏 虫

黏虫［*Mythimna separata*（Walker）］是鳞翅目夜蛾科害虫。

【形态特征】

成虫：体长 15～17mm，翅展 36～40mm。头部与胸部灰褐色，腹部暗褐色。前翅灰黄褐色、黄色或橙色，变化很多；内横线往往只有几个黑点，环纹与肾纹褐黄色，分界不显著，肾纹后端有 1 个白点，其两侧各有 1 个黑点；外横线为 1 列黑点；缘线为 1 列黑点。后翅暗褐色，向基部颜色渐淡（图 8-10）。

图 8-10　黏虫成虫

卵：长约 0.5 mm，半球形，初产白色渐变黄色，有光泽。卵粒单层排列成行、成块。

幼虫：老熟幼虫体长约 38 mm。头红褐色，头盖有网纹，额扁，两侧有褐色粗纵纹，略呈"八"字形，外侧有褐色网纹。体色由淡绿至浓黑，变化甚大（常因食料和环境不同而有变化）；在大发生时背面常呈黑色，腹面淡污色，背中线白色，亚背线与气门上线之间稍带蓝色，气门线与气门下线之间粉红色至灰白色。腹足外侧有黑褐色宽纵带，足的先端有半环式黑褐色趾钩（图 8-11）。

图 8-11 黏虫幼虫（唐继洪 拍摄）

蛹：长约 19 mm；红褐色；腹部 5～7 节背面前缘各有 1 列齿状点刻；臀棘上有刺 4 根，中央 2 根粗大，两侧的细短刺略弯。

【分布与为害】

黏虫分布范围主要在东南亚、印度等国家。在中国除新疆未见报道外，遍布各地。主要为害麦类、谷子、玉米、水稻、高粱、甘蔗等禾本科作物。在大发生年，还能取食豆类、棉花和蔬菜等。黏虫幼虫咬食叶片。1～2 龄幼虫仅食叶肉形成白条斑，3 龄后才取食形成缺刻，5～6 龄幼虫可食尽叶片形成光秆，继而为害嫩穗和嫩茎。成虫羽化后需进行补充营养，吸食花蜜以及蚜虫等分泌的蜜露、腐果汁液及淀粉发酵液等。对糖醋液的趋性很强。成虫昼伏夜出。白天隐伏于草丛、柴垛、作物丛间、茅舍等荫蔽处，傍晚开始出来活动。在黄昏午夜活动最盛。

【发生规律】

每年发生世代数各地不一，在中国从北至南年发生世代数为：东北、内蒙古 2～3 代，华北中南部 3～4 代，江苏淮河流域 4～5 代，长江流域 5～6 代，华南 6～8 代。黏虫属迁飞性害虫，其越冬分界线在北纬 33°一带。在 33°以北地区任何虫态均不能越冬；在湖南、江西、浙江一带，以幼虫和蛹在稻桩、田埂杂草、绿肥田、麦田表土下等处越冬；在广东、福建南部终年繁殖，无越冬现象。

成虫昼伏夜出，1～2 龄幼虫仅食叶肉，3 龄以后食量逐渐增加，常将叶片吃成缺刻，5～6 龄为暴食阶段，能吃光叶片，并咬断穗子，具有群集为害，大发生时常吃光一块作物后，成群地向附近田块迁移为害。第 3 龄后的幼虫还有受惊卷缩下落的假死习性。幼虫老熟后，钻入作物根际 1 ～ 2 cm 深松土内筑土室化蛹。

【防治方法】

（1）农业防治。① 硬茬播种的田块，待玉米出苗后要及时浅耕灭茬，破坏玉米黏虫的栖息环境，降低虫源。② 人工捕杀。玉米出苗后，在幼虫取食活动的时间人工捏杀幼虫。

（2）物理防治。① 谷草把诱杀。利用成虫多在禾谷类作物叶上产卵习性，在麦田插谷草把或稻草把，每亩 60 ～ 100 个，每 5 d 更换新草把，把换下的草把集中烧毁。此外也可用糖醋盆、黑光灯等诱杀成虫，压低虫口基数。② 食诱剂诱杀。利用成虫交配产卵前需要采食以补充能量的生物习性，采用具有其成虫喜欢气味配比出来的诱饵，配合少量杀虫剂进行生物诱杀。可以减少 90% 以上的化学农药使用量，诱杀成虫可以大大减少落卵量。

（3）化学防治。选用甲维盐、高氯·甲维盐、氯虫苯甲酰胺、高效氯氰菊酯、高效氯氟氰菊酯、联苯·噻虫胺等药剂。

草地贪夜蛾

草地贪夜蛾［*Spodoptera frugiperda*（J. E. Smmith）］是鳞翅目夜蛾科害虫。

【形态特征】

成虫： 雌雄虫差异较大。雄虫翅展 32～40 mm，头、胸、腹灰褐色。前翅狭长，灰褐色，夹杂白色、黄褐色与黑色斑纹。环形纹、肾形纹明显，环形纹黄褐色，边缘内侧较浅，外侧为黑色至黑褐色，环形纹上方有 1 条黑褐色至黑色斑纹；肾形纹颜色灰褐色，前后各有 1 条黄褐色斑点，后侧斑点较大，左右两侧均有 1 个白斑，左侧白斑可与环形纹相连，渐变为黄褐色。雌虫翅展 32～40 mm，头、胸、腹、前翅均为灰褐色。前翅狭长。环形纹、肾形纹明显，环形纹内侧为灰褐色，边缘为黄褐色；肾形纹灰褐色夹杂黑色和白色鳞片，边缘为黄褐色，不连续；肾形纹与环形纹有 1 条白色线相连，外缘线、亚缘线、中横线、内横线明显。外缘线黄白色，亚缘线白色，中横线黑色波浪状，内横线黑褐色。前翅顶角处靠近前缘有 1 个白色斑，较雄虫小且不明显；前缘至顶角处有 4 个黄褐色斑点；前翅缘毛灰黑色。后翅为淡白色，顶角处有 1 条灰色斑纹并延伸至后缘 Cu_2 脉处（图 8-12）。

雄虫　　　　　　　　　　　　雌虫

图 8-12　草地贪夜蛾成虫

卵：产卵形式为块状，初产卵块呈淡绿色，逐渐变褐，即将孵化时灰黑色，卵壳透明或米白色，可见内部幼虫。卵块表面覆盖雌虫腹部鳞毛。卵底部扁平，呈圆顶形，卵粒表面具放射状花纹，并有一定光泽（图8-13）。

图8-13 草地贪夜蛾卵孵化过程

幼虫：草地贪夜蛾幼虫有6个龄期。1龄幼虫：初孵幼虫灰色，头部有光泽，体长约1 mm，头壳褐色，宽0.3～0.4 mm，体表有附着黑色刚毛的小黑点。2龄幼虫：体长3～6 mm，头壳褐色或黑色，"Y"纹不明显，宽约0.5mm。3龄幼虫：体长6～11 mm，背面体色绿色或褐色，腹面为白色，头壳褐色或黑色，宽约0.8 mm，头部蜕裂线与傍额片为淡白色或淡黄色，形成明显的"Y"纹。4龄幼虫：体长12～20 mm，体色绿色或褐色。头壳黑色或褐色，宽约1.2mm，头壳两侧网状纹和"Y"纹明显。5龄幼虫：体长20～35 mm，体色褐色或黑色，头壳褐色或黑色，宽约2.0 mm，白色"Y"纹明显，头壳网状纹向头顶延伸至蜕裂线。6龄幼虫：体长35～45 mm，体色多为褐色，头壳褐色至黑色，网状纹明显，宽约2.8 mm，"Y"纹明显。背线、亚背线和气门线淡黄色。背侧线之间为红褐色，夹杂白色（图8-14）。

蛹：被蛹，体长15～17 mm，宽约4.5 mm，化蛹初期体淡绿色，逐渐变为红棕色至黑褐色。第2～7腹节气门呈椭圆形，开口向后方，围气门片黑色，第8腹节两侧气门闭合。腹部末节具2根臀棘，臀棘基部较粗，分别向外侧延伸呈"八"字形，臀棘端部无倒钩或弯曲（图8-15）。

图 8-14 草地贪夜蛾幼虫

图 8-15 草地贪夜蛾蛹

【分布与为害】

阿根廷、巴西、智利、厄瓜多尔、秘鲁、苏里南、乌拉圭、委内瑞拉及东南亚等国家均有分布，2019 年草地贪夜蛾侵入中国，现已分布于西南、华南、江南、长江中下游、黄淮、西北、华北地区各地，主要在长江以南为害较重。

草地贪夜蛾主要以幼虫取食为害，具有取食量大和暴食性的特点，1～3 龄幼虫通常在夜间隐藏于玉米叶片背面取食，甚至将玉米心叶全部吃光；会吐丝，借助风力转移到周围植株上为害。4～6 龄幼虫为害更严重。取食叶片后形成不规则的长形孔洞，可将玉米叶片全部吃光，严重时导致玉米生长点死亡；取食玉米雄穗和果穗，并会成群迁移到周围植株继续为害，导致严重减产甚至绝收。

【发生规律】

目前入侵中国和东南亚国家的草地贪夜蛾基本为玉米型，喜食玉米。成虫具有远距离迁飞的习性。在美洲的种群迁徙的速度非常迅速，成虫一晚可迁徙长达 100 km。

草地贪夜蛾的幼虫的食性广泛，可取食 76 个科超过 350 种植物，其中又以禾本科、菊科与豆科为主。某些玉米品系在叶片受损时，可合成一种能抑制草地贪夜蛾幼虫生长的蛋白酶抑制剂，而对其具有部分抗性。草地贪夜蛾的成虫则以多种植物的花蜜为食。除了食用植物外，草地贪夜蛾的幼虫还普遍有同类相食的行为。

【防治方法】

（1）理化诱控。在成虫发生高峰期，采取高空诱虫灯、性诱捕器及食物诱杀等理化诱控措施，诱杀成虫、干扰交配，减少田间落卵量，压低发生基数，减轻为害损失。

（2）生物防治。以草地贪夜蛾周年繁殖区为重点，采用白僵菌、绿僵菌、核型多角体病毒、苏云金杆菌等生物制剂早期预防幼虫，充分保护利用夜蛾黑小蜂、螟黄赤眼蜂、淡足侧沟茧蜂、霍氏啮小蜂、台湾甲腹茧蜂、蠋蝽等天敌，因地制宜采取调整种植结构等生态调控措施，减轻发生程度，减少化学农药使用，促进可持续治理（图 8-16）。

图 8-16　几种草地贪夜蛾寄生蜂（唐继洪等，2020）

（3）化学防治。对虫口密度高、集中连片发生区域，抓住幼虫低龄期实施统防统治和联防联控；对分散发生区实施重点挑治和点杀点治。推广应用乙基多杀菌素、茚虫威、甲维盐、虱螨脲、虫螨腈、氯虫苯甲酰胺等高效低风险农药，注重农药的轮换使用、安全使用，延缓抗药性产生，提高防控效果。

亚洲玉米螟

亚洲玉米螟［*Ostrinia furnacalis*（Guenée）］是鳞翅目草螟科害虫。

【形态特征】

成虫： 黄褐色，雄蛾体长 10～13 mm，翅展 20～30 mm，体背黄褐色，腹末较瘦尖，触角丝状，灰褐色，前翅黄褐色，有 2 条褐色波状横纹，两纹之间有 2 条黄褐色短纹，后翅灰褐色；雌蛾形态与雄蛾相似，色较浅，前翅鲜黄，线纹浅褐色，后翅淡黄褐色，腹部较肥胖（图 8-17）。

图 8-17 玉米螟成虫（唐继洪 拍摄）

幼虫： 老熟幼虫，体长约 25 mm，圆筒形，头黑褐色，背部颜色有浅褐、深褐、灰黄等多种，中胸、后胸背面各有毛瘤 4 个，腹部 1～8 节背面有 2 排毛瘤，前排 4 个（图 8-18），后排 2 个，前大后小，第 9 节具毛瘤 3 个。

图 8-18 玉米螟幼虫

卵：扁平椭圆形，长约 1 mm，宽约 0.8 mm。数粒至数十粒组成卵块，呈鱼鳞状排列，初为乳白色，渐变为黄白色，孵化前卵的一部分为黑褐色（为幼虫头部，称黑头期）。

蛹：玉米螟蛹 15～19 mm、纺锤形、黄褐色、体背密布细小波状横皱纹、臀刺黑褐色、端部有 5～8 根向上弯曲的刺毛。

【分布与为害】

亚洲玉米螟主要分布于东南亚等国家。中国从东北到华南的广大东半部（包括内蒙古南部、山西中部、宁夏南部、甘肃南部和四川），均有亚洲玉米螟分布。

玉米螟以幼虫为害，可造成玉米花叶、折雄、折秆、雌穗发育不良、籽粒霉烂而导致减产。初孵幼虫为害玉米嫩叶呈现花叶；玉米打苞时幼虫集中在苞叶或雄穗苞内咬食雄穗；雄穗抽出后，又蛀入茎秆，风吹易造成折雄；为害雌穗长出后形成早枯和瘪粒，减产严重。

【发生规律】

在中国从东北到海南 1 年发生 1～7 代。温度高、海拔低，发生代数较多。不论 1 年发生几代，都是以最后 1 代的老熟幼虫在寄主的秸秆、穗轴、根茬及杂草里越冬，其中 75% 以上幼虫在玉米秸秆内越冬。越冬幼虫春季化蛹、羽化、飞到田间产卵。

幼虫多在上午孵化，幼虫孵化后先群集在卵壳上，有啃食卵壳的习性，经 1 h 左右开始爬行分散、活泼迅速、行动敏捷，被触动或被风吹即吐丝下垂，随风飘移而扩散到邻近植株上。幼虫有趋糖、趋触、趋湿、趋光 4 种习性。4 龄后幼虫开始蛀茎，并多从穗下部蛀入，蛀孔处常有大量锯末状虫粪，是识别玉米螟的明显特征，也是寻找玉米螟幼虫的洞口。

【防治方法】

（1）农业防治。① 灭越冬幼虫：在玉米螟冬后幼虫化蛹前期，处理秸秆（烧柴）。② 机械灭茬方法来压低虫源，减少化蛹羽化的数量。

（2）化学防治。① 在心叶末期，用 50% 辛硫磷乳油 1 kg，拌 50～75 kg 过筛的细沙制成颗粒剂，投撒玉米心叶内杀死幼虫，每公顷 1.5～2 kg 辛硫磷即可。② 用自制溴氰菊酯颗粒剂、氰戊菊酯颗粒剂投放在玉米心叶内，每株 1～2 g。

（3）生物防治。利用赤眼蜂卵寄生在玉米螟的卵内吸收其营养，致使玉米螟卵破坏死亡而孵化出赤眼蜂，以消灭玉米螟虫卵来达到防治玉米螟的目的。方法：在玉米螟化蛹率达 20% 后推 10 d，就是第 1 次放蜂的最佳时期，6 月末至 7 月初，隔 5 d 为第 2 次放蜂期，2 次每亩放 1.5 万头，放 2 万头效果更好。

（4）物理防治。因为玉米螟成虫在夜间活动，有很强的趋光性。设频振式杀虫灯、黑光灯、高压汞灯等诱杀玉米螟成虫，晚上太阳落下开灯，早晨太阳出来闭灯。不但诱杀玉米螟成虫，还能诱杀所有具有趋光性的害虫。

桃蛀螟

桃蛀螟（*Conogethes punctiferalis* Guenée）是鳞翅目草螟科害虫。

【形态特征】

成虫：体长 10～15 mm，翅展 20～26 mm，全体黄色至橙黄色，体背、前翅、后翅散生大小不一的黑色斑点，似豹纹。雄蛾腹部末端有黑色毛丛，雌蛾腹部末端圆锥形（图 8-19）。

图 8-19　桃蛀螟成虫

卵：长 0.6～0.8 mm，宽 0.4～0.6 mm，椭圆形，具有细密而不规则的网状纹。随时间推移，颜色由初产时的乳白色或米黄色渐变为橘黄色，孵化前期变为红褐色，可以此推测产卵时间。

幼虫：体长 18～25 mm，体背多为淡褐、浅灰、浅灰蓝、暗红等色，腹面为淡绿色。头暗褐，前胸盾片褐色，臀板灰褐色，各体节毛片明显，灰褐色至黑褐色，背面的毛片较大，第 1～8 腹节各具 6 个毛片，前排 4 个、后排 2 个。气门椭圆形，围气门片黑褐色突起。腹足趾钩不规则的三序环（图 8-20）。

蛹：长 11～14 mm，纺锤形。初为浅黄绿色，渐变为黄褐色至深褐色。头、胸和腹部 1～8 节背面密布细小突起，第 5～7 腹节前后缘有 1 条刺突。腹部末端有 6 条臀刺。

图 8-20　桃蛀螟幼虫

【分布与为害】

该虫广泛分布于东南亚各国。中国分布于海南、广东、广西、云南、四川、云南、西藏、黑龙江、内蒙古、台湾等地。

桃蛀螟以幼虫为害为主。为害玉米时，把卵产在雄穗、雌穗、叶鞘合缝处或叶耳正反面。主要蛀食雌穗，取食玉米粒，并能引起严重穗腐，且可蛀茎，造成植株倒折。初孵幼虫从雌穗上部钻入后，蛀食或啃食籽粒和穗轴，造成直接经济损失。钻蛀穗柄常导致果穗瘦小，籽粒不饱满。蛀孔口堆积颗粒状粪渣，一个果穗上常有多头桃蛀螟为害，也有的与玉米螟混合为害，严重时整个果穗被蛀食，没有产量。

【发生规律】

桃蛀螟在华北、华东地区年发生 3～4 代，华南地区可达 4～5 代，世代重叠明显。以老熟幼虫在玉米秸秆、穗轴、树皮裂缝或土壤中结茧越冬。越冬幼虫在翌年春季气温回升至 15℃以上时化蛹，4—5 月羽化为成虫。成虫昼伏夜出，趋光性强，产卵于玉米雌穗花丝、苞叶或茎秆缝隙。初孵幼虫蛀食花丝、籽粒，随后钻入穗轴或茎秆内部，导致穗腐、茎秆折断。玉米抽雄至灌浆期（夏玉米 7—8 月，春玉米 5—6 月）是幼虫集中危害期。幼虫蛀食籽粒和穗轴，造成 籽粒缺损、霉变，严重时减产 30%～50%。

成虫羽化后白天潜伏在高粱田经补充营养才产卵，把卵产在吐穗扬花的高粱上，卵单产，初孵幼虫蛀入幼嫩籽粒中，堵住蛀孔在粒中蛀害，蛀空后再转一粒，3 龄后则吐丝结网缀合小穗，在隧道中穿行为害，严重的把整穗籽粒蛀空。幼虫成熟后在穗中或叶腋、叶鞘、枯叶处及高粱、玉米、向日葵秸秆中越冬。

【防治方法】

（1）农业防治。① 在每年4月中旬，越冬幼虫化蛹羽化前，清除玉米、向日葵等寄主植物的残体，杀死桃蛀螟害虫，同时可杀死玉米螟幼虫。② 1代幼虫发生期，拾地上落果和摘除虫果，消灭果内幼虫。

（2）物理防治。在桃园内设频振式杀虫灯或用糖醋液诱杀成虫，杀虫灯每盏灯控制面积50亩。

（3）化学防治。在产卵盛期喷洒50%辛硫磷乳油1 000倍液，或2.5%高效氯氟氰菊酯乳油2 500倍液，或1.8%阿维菌素乳油6 000倍液，或25%灭幼脲悬浮剂1 500～2 500倍液，或在玉米果穗顶部或花丝上滴50%辛硫磷乳油等药剂300倍液1～2滴，对蛀穗害虫防治效果好。

第九章

剑麻病虫害

剑麻（*Agave sisalana* Perr. ex Engelm.）又名菠萝麻，天门冬科龙舌兰属，是一种多年生热带硬质叶纤维作物，是热带地区重要的纤维作物，原产墨西哥，主要在非洲、拉丁美洲、亚洲等地种植，是世界用量最大，范围最广的一种硬质纤维。茎粗短，叶呈莲座式排列，刚直，肉质，剑形，初被白霜，后渐脱落而呈深蓝绿色；圆锥花序粗壮，花黄绿色，有浓烈的气味；蒴果长圆形。原产于墨西哥，东南亚菲律宾（吕宋岛、棉兰老岛）、印度尼西亚（苏门答腊、爪哇岛）、泰国（南部）、越南（中部高原）等国家，以及中国海南、广西、广东、云南等地区是剑麻主产区。

喜高温多湿和雨量均匀的高坡环境，尤其日间高温、干燥、充分日照，夜间多雾露的气候最为理想。适宜生长的气温为27～30℃，上限温40℃，下限温16℃，昼夜温差不宜超过7～10℃，适宜的年雨量为1 200～1 800 mm。其适应性较强，耐瘠、耐旱、怕涝，但生长力强，适应范围很广，宜种植于疏松、排水良好、地下水位低而肥沃的砂质壤土，排水不良、经常潮湿的地方则不宜种植。耐寒力较低，易发生生理性叶斑病。

剑麻纤维质地坚韧，耐磨、耐盐碱、耐腐蚀，被广泛运用在运输、渔业、石油、冶金等各种行业，具有重要的经济价值。世界剑麻进出口贸易在不断增长，东南亚生产的剑麻主要以出口为主，而中国目前自产的剑麻纤维却不能满足国内的需要，并且随着剑麻纤维用途的不断增加，中国每年都在增加剑麻纤维的进口量。剑麻还有重要的药用价值，有凉血止血、消肿解毒的功效，主要用于治疗肺痨咯血、便血、痢疾、痈疮肿毒、痔疮等症状。

东南亚和中国的剑麻主要病虫害包括剑麻斑马纹病、茎腐病、剑麻紫色卷叶病和新菠萝灰粉蚧等，本章对剑麻的4种重要病虫害进行了简要介绍。

剑麻斑马纹病

【病原】

剑麻斑马纹病主要致病菌为烟草疫霉菌（*Phytophthora parasitica* var. *nicotianae*），属卵菌纲霜霉目腐霉科疫霉属，该菌在固体培养基上产生大量气生菌丝。菌丝粗细不均匀，宽 8.5（5～11）μm。菌丝膨大体有或无，其上有若干条放射状菌丝。包囊梗简单合轴分枝或不规则分枝（图9-1）。孢子囊卵圆至近圆形，少数椭圆形，平均长 47（23～64）μm，宽 35（18～51）μm，长宽比 1.3（1.2～1.5）。部分孢子囊上有丝状附属物（图9-2）。孢子囊具乳突，通常1个，少数2个，乳突大多明显，半球形，平均厚 5.8（3～8.5）μm，少数孢子囊乳突不明显。孢子囊顶生，常不对称。具脱落性，孢囊柄短，平均 2.8（0.5～5）μm。排孢孔宽 5.8（4～8.3）μm。厚垣孢子有或无，顶生或间生，平均直径 32（18～51）μm。异宗配合，配对培养容易产生大量卵孢子。藏卵器小，球形，壁光滑，基部棍棒状，直径 26（20～32）μm。雄器围生，近圆形或卵形，高 10（8～14）μm，宽 13（10～19）μm。卵孢子满器或不满器，直径 22（18～28）μm。寄主范围很广。

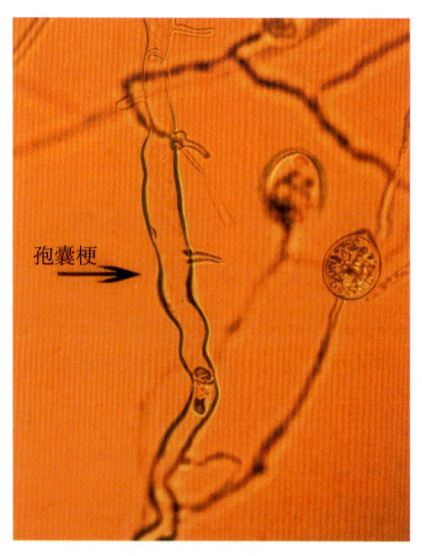

图 9-1　孢囊梗
（郑金龙摄）

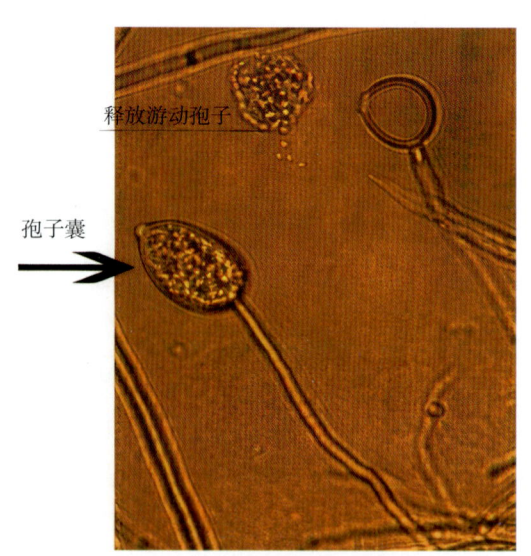

图 9-2　孢子囊和游动孢子
（郑金龙摄）

【分布与为害】

1961年坦桑尼亚首先发现此病，造成严重损失。目前，菲律宾、印度尼西亚、马来西亚、泰国等剑麻主产区均有分布。在中国主要分布于海南、广西、广东、云南等剑麻种植区。植麻区的雨季持续降雨导致土壤过湿,利于病原菌扩散;温度25~32℃时病菌活性最强。发病时总体呈点状或区域性暴发,连作田块发病率可达20%~30%。

【症状】

剑麻斑马纹病菌侵害剑麻植株各部分,引起叶斑、茎腐和轴腐,这3种症状可在同一麻株上单独发生或合并发生,故称斑马纹复合病,发病多数是叶片先感病,进而感染茎、轴,最终整株死亡。

(1)叶斑症状。叶片感染初期出现绿豆大小的褪绿斑点,水渍状,在高温高湿的环境中,病斑扩展迅速,1 d内直径可达2~3 cm。由于昼夜温差的影响,形成深紫色和灰绿色相间的同心环,边缘淡绿色至黄绿色,呈水渍状。病斑中心逐渐变黑,有时溢出黑色黏液,后期病斑老化时,坏死组织皱缩,形成深褐和淡黄色相间的同心轮纹,呈典型的斑马纹状。即使叶片干枯失水,同心轮纹仍然明显,肉眼易于鉴别。但有时会不规则地出现没有轮纹的病斑。潮湿时病斑上长出一层白色霉状物,即病菌的菌丝体和孢子,天气干燥时,霉状物可因失水而消退(图9-3)。

图9-3 剑麻斑马纹病病株和病叶(易克贤摄)

(2)茎腐症状。病株叶片最初呈失水状,褪色发黄、纵卷,而后萎蔫,下垂;重病株叶片失去膨压,全部下垂至地面,只剩下一根孤立的叶轴。纵剖茎部,病部呈褐色,在病健交界处有1条粉红色的分界线,此后病组织逐渐变黑,腐烂组织发出难闻的臭味,茎腐病株摇动易倒。

(3)轴腐症状。叶斑和茎腐病变向叶轴扩展而成,病株叶片初为褐色,卷起,严重时用手轻拉叶轴尖端,长锥形的叶轴易从茎基部抽起或折断。未展开的嫩叶在叶轴中腐烂,有恶臭味。剥开叶轴可看到在嫩叶上有规则的轮纹病斑。有时呈灰色和黄白相间的螺旋形轮纹。

【发生规律】

剑麻斑马纹病病原菌的最适生长温度为24~28℃,最适pH值为6.0~7.0,最适湿度为90%～95%，最适光照为24 h连续光照。剑麻斑马纹病，在一个地区或一块麻田的病害流行多数不易突发，往往有一个从点到面、由轻到重的发生和发展过程。斑马纹病1年中的发病阶段大致可以分为点、片发病，扩大流行和流行势下降3个阶段。病害发生流行与气象因素、立地环境、麻龄、品种、栽培管理措施及田间菌量等因素都有一定的关系。

【防治方法】

（1）选育抗病品种。剑麻不同品种对该病的抗性差异非常明显，利用抗病品种是防治该病最经济、有效的措施。抗病品种可通过引种、系统选育、杂交育种、人工诱变、细胞工程和转基因技术等途径获得。国外剑麻栽培品种主要以普通剑麻和灰叶剑麻为主；中国剑麻栽培品种主要以H.11648为主，国内外剑麻主要栽培品种单一。由于剑麻营养生长期一般是10年以上，有些甚至长达15年以上，且由于各品种的花期不一致、花粉贮藏不易、品种多为多倍体、F_1代育性差、种子发芽率低、缺少抗源等因素，给杂交育种工作带来很大的困难。尚未培育出高抗剑麻斑马纹病且具有较好品质的剑麻。

（2）农业防治。① 建立无病苗圃。苗圃地应选择在土壤疏松，阳光充足，靠近水源，远离病麻田、牛栏或剑麻加工场的地块。无病苗圃的种苗，必须选择无性优良单株（周期长叶600片以上）的株芽苗培育成繁殖母株，建立繁殖圃，从繁殖圃育出来幼苗或直接用无性优良单株的株芽苗进行培育。杜绝在生产麻田采集走茎苗培育。② 开好"三沟"。麻田定植完毕，应立即开好排水沟、防冲刷沟和隔离沟，防止大雨淹没麻田或流水冲刷。坚持每年雨季前检查"三沟"畅通情况，若有破损的地方，应及时进行维修。③ 合理施肥。不偏施氮肥，做到氮、磷、钾、钙、镁等各种元素的协调施用。若施用麻渣或垃圾肥，必须通过堆沤，充分腐熟后才能施用。施用时必须穴施，并回土覆盖，忌用小行间覆盖。④ 加强抚育管理。麻田要坚持及时中耕除草，消灭荒芜。特别是幼龄麻，由于植株小，叶片较接近土壤，通透条件差，湿度大。若管理不及时，容易发生剑麻斑马纹病。幼龄麻管理，无论是除草、培土或是割叶，必须在晴朗天气进行，减少病菌从伤口侵入的机会。忌雨天在麻田作业。⑤ 及时处理病株。雨季派人经常检查麻田情况，若发现病株，应选择在天气晴朗时进行处理，挖除病株烧毁，在病穴喷2%硫酸铜液或病穴周围喷1:1:1 000的波尔多液。⑥ 作物间作套种技术。间作热研柱花草、日本菁等绿肥的生物量最大，可增加大量有机质。间种大豆、花生成熟期大量落叶和根瘤菌固氮，均可培肥地力。间种作物培肥地力后，便及时调整施肥措施，如减少氮肥的投入，控制徒长，提高抗性，并降低生产成本等。

（3）化学防治。化学药剂防治只限于发病的田块。90%三乙膦酸铝可湿性粉剂100倍液、4%甲霜灵+64%代森锰锌水分散粒剂100倍液、55%敌磺钠可湿性粉剂200倍液和70%甲基硫菌灵可湿性粉剂400倍液，防效可达90%左右。

剑麻茎腐病

【病原】

病原菌为黑曲霉菌（*Aspergillus niger* Van.Teigei），属半知菌亚门丝孢纲丝孢目曲霉属。分生孢子灰黑色、黑色，球形，辐射状，直径 300～1 000 μm，或边缘裂开呈辐射状的圆柱体。分生孢子梗无色或顶部黄色至褐色，直立，具隔膜，大小为（200～400）μm×（7～10）μm，顶囊球形，近球形，直径 20～50 μm，大型的可达 100 μm，无色或黄褐色。产孢结构 2 层排列，常呈褐色至黑色。顶层孢梗长瓶形，大小为（6～10）μm×（2～3）μm。分生孢子球形，褐色，初光滑后变粗糙或具细刺，有色物质沉淀成瘤状、条状或环状，直径 2.5～4.0 μm，呈链状串生。有时产生菌核（图 9-4、图 9-5）。常产生色较浅的突变种。目前尚未发现有性态。

图 9-4 病原菌菌落（郑金龙 拍摄）

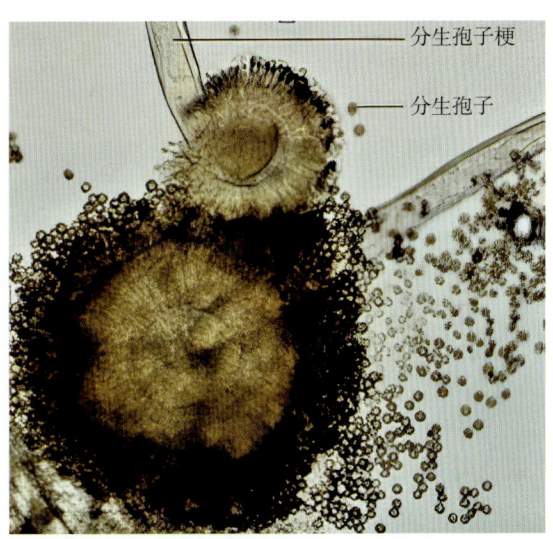

图 9-5 病原菌显微结构（郑金龙 拍摄）

【分布与为害】

20 世纪 50 年代初，坦桑尼亚和肯尼亚最早报道发生此病。该病是坦桑尼亚普通剑麻上的最重要病害。目前东南亚国家菲律宾、印度尼西亚、越南、泰国等剑麻主产区，中国海南、广西、云南、福建和广东等热带及亚热带剑麻种植区均有分布，给植麻区造成重大经济损失，成为剑麻生产影响最大的病害之一。在长期连作、排水不良等条件下，茎腐病发生率较高。发病时茎基部或地下茎出现水渍状褐斑，逐渐腐烂并蔓延至整株；叶片黄化萎蔫，植株倒伏，严重时根系坏死，纤维产量显著下降。

【症状】

剑麻茎腐病多发生在旺产期后的中老龄麻。根据扩展快慢可将病斑（集中在叶片基部）分为急性和慢性两个类型（图9-6）。

急性型：病斑初期呈浅红色，然后变浅黄色水渍状，病组织腐烂，并有大量浊水溢出。病菌通过叶基入侵茎部后再纵横向扩大侵染，致茎部组织腐烂，严重时叶片失水、凋萎（下垂叶片的基部呈红色），植株死亡。病组织初期有发酵酒酸味，后期腐烂变恶臭。叶基病斑后期失水变黑褐色或灰白色（疏松无肉汁），表面有大量黑色孢子产生。纵剖茎，可见病健交界处有明显的红褐色交界线。

慢性型：病斑黑褐色或红褐色水渍状，扩展慢，一般不易造成植株死亡。

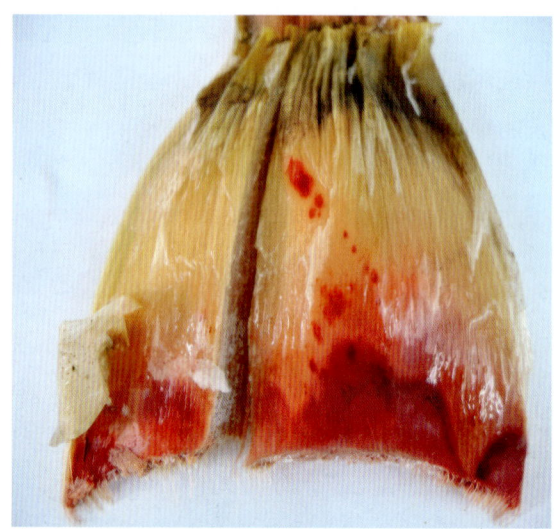

图9-6　剑麻茎腐病发病症状（郑金龙　拍摄）

【发生规律】

剑麻茎腐病病菌主要靠气流传播，轻微的空气流动就可以把孢子传送到另一田块的植株上。另外还可水溅传播，经接种叶基割口（指第一、第二刀麻），在孢子量很少（折算数3个左右）的情况下也能致病，且孢子量的多少与病斑扩展程度无明显相关。病菌侵入途径主要是割口，其次是叶片折口，晴天一般在割叶后1～2 d内由新鲜割口入侵，2 d后伤口干燥愈合便不再入侵为害。

【防治方法】

（1）农业防治。① 选育抗病品种。培育抗病品种用于大田生产是防治剑麻茎腐病的有效途径。由于剑麻营养生长期一般是10年以上，有些甚至长达15年，且各品种的花期不一致、花粉贮藏不易、品种多为多倍体、F_1代育性差、种子发芽率低、缺少抗源等因素，给杂交育种工作带来很大的困难，目前中外剑麻工作者尚未培育出高抗剑麻茎腐病且具有较好品质的剑麻。②选择无病壮苗。不得从病区选苗，繁殖苗宜采用株芽苗自繁自育，不宜选用走茎苗作种苗。种植剑麻地块要选择无病地块，更新麻园不宜连作，要轮作 1～2 年后再种剑麻。种植前，畦面用石灰撒在地上进行消毒处理，种前的小苗，用甲基硫菌灵或多菌灵 1 000 倍液浸泡进行消毒杀菌处理。③坚持起龟背状的畦种植，尽量不用低洼积水地种，周围开深排水沟，避免积水。④施石灰。石灰既能防病，又能增产，且能提高出麻率，故建议大田全面施用，并结合增施有机肥和合理配施其他营养元素，以提高防治效果。石灰应于发病前（即 3 月前）施用，可均匀撒施于土壤疏松的大小行面上。也可均匀撒施于大行面上然后中耕，还可与有机肥混合沟施，但禁止穴施。一般病田按 0.5 kg/株、非病田按 0.25 kg/株的用量施用，连施 2～3 年。若麻株抗性提高和土壤 pH 值提高到 6 左右，可暂停施，或减少施用量，或改施石灰石粉。此外，钾肥和酸性磷肥的施用要适当控制。⑤调整割叶期。将病田和易感病田调至低温期割叶。原 6 月前割叶的提前到 3 月 10 日前割叶，原 7 月后割叶的推迟至 11 月中旬后割叶。不要反刀割叶，以免造成更多伤口。病区麻园割叶时要注意交叉感染，先割好株，然后再割病株，割下的病叶要专机专打，麻渣不要施回麻田。⑥经常检查及时处理病株。麻园一经发现的病株要立即挖除，集中堆放在远离麻园的地方烧毁或深埋，并用石灰对病穴消毒或用多菌灵、甲基硫菌灵 800 倍液对病穴消毒，防治病菌传染。⑦作物间作套种技术。间作热研柱花草、日本菁回田的生物量最大，可增加大量有机质，间种大豆、花生成熟期大量落叶和根瘤菌固氮，均可培肥地力。间种作物培肥地力后，便及时调整施肥措施，如减少氮肥的投入，控制徒长，提高抗性，并降低生产成本等。

（2）化学防治。病田和易病田于敏感期割叶的应进行药剂防治。于割叶后 3 d 内用多菌灵、咪酰胺锰盐、苯醚甲环唑、硫磺多菌灵和氟环唑乳油喷洒割口，均能达到较好的防治效果。

剑麻紫色卷叶病

【病原】

剑麻紫色卷叶病的病原正在鉴定中。目前中国热带农业科学院环境与植物保护研究所科研人员已从紫色卷叶病病株中大量检测出植原体，且该病的发生与剑麻新菠萝灰粉蚧的为害有密切关系。

【分布与为害】

剑麻紫色卷叶病在东南亚国家主要分布于菲律宾、印度尼西亚、越南、泰国等剑麻主产，在中国主要分布于海南、广西、云南等热带及亚热带剑麻种植区。高温高湿气候利于媒介昆虫繁殖，病毒传播风险较高，发病时叶片卷曲、扭曲，呈紫红色或深紫色斑驳；植株生长停滞，纤维品质下降，严重时整株枯死（图9-7）。

图9-7　剑麻紫色卷叶病田间（易克贤　提供）

【发生规律】

剑麻紫色卷叶病在冬季和早春发病严重。7—8月高温多雨季节也偶尔发生，与气温呈显著负相关，与降水量关系不显著。同时该病与剑麻新菠萝灰粉蚧的为害密切相关，剑麻新菠萝灰粉蚧为害严重则该病发病严重，反之则较轻；发病植株里一定有新菠萝灰粉蚧为害，而有新菠萝灰粉蚧的植株不一定发病。

【防治方法】

（1）农业防治。合理定植密度，及时收割和除草灭荒，保持田间通风、透光等良好的生态环境。增施有机肥，补施钼、硅、铜等微肥，合理配施氮、磷、钾、钙等营养元素，使植株体内养分平衡，促进正常生长，从而提高抗性。

（2）化学防治。剑麻紫色卷叶病防治措施主要是治虫防病。冬季至早春剑麻新菠萝灰粉蚧虫口密度大，天敌处于蛹期，此时进行化学防治不致伤害天敌，主要化学药剂有毒死蜱、啶虫脒、螺虫乙酯等。病株少时，可结合杀虫后，挖除或砍除病株（预防虫及卵未能杀灭）集中烧毁并深埋。实行轮作，减少新菠萝灰粉蚧发生机会。

新菠萝灰粉蚧

新菠萝灰粉蚧［*Dysmicoccus neobrevipes*（Beardsley）］属半翅目粉蚧科洁粉蚧属，是中国剑麻最主要的害虫之一。

【形态特征】

雌成虫： 体椭圆形，体外有白色蜡质分泌物覆盖。体长 2.5～4.5 mm，宽 1.5～2.0 mm。触角细索状，着生在头部顶端腹面两侧边缘，共 8 节，第 1 节粗短，第 4 节近似念珠状，为整个触角最短的节，第 8 节最长，每节均生有数根细毛，第 8 节细毛明显多于其他节。喙位于前足的中间，即胸部第 1 节。口针 4 条，里面 2 条较细，另外 2 条较粗，包在其外。这 4 条口针细长而硬，长度可达虫体的长度，卷曲后藏于中、后胸间的特殊口袋中。体侧有 17 对刺孔群，在虫体的背面分布着许多长短粗细不一的体毛。3 对胸足着生于 3 个胸节上，每足由 6 节组成，且每节均生有数根细毛。在前足和中足下方各有 1 对喇叭状气门，分别为前胸气门和后胸气门。背部具有前背裂和后背裂，如横裂的唇状。在腹面的第 4～5 节有 1 条明显腹裂。尾端有 2 根显著伸长的臀瓣刺，肛门位于腹部最后 1 节，肛环呈圆形，在肛环上有 1 列卵圆形的肛环孔和 6 根肛环刺（图 9-8、图 9-9）。

图 9-8 新菠萝灰粉蚧雌成虫背面

图 9-9 新菠萝灰粉蚧雌成虫腹面

雄成虫： 雄虫比较细长，头、胸、腹部分节明显，体色为褐色，体长约 1.0 mm。触角丝状，着生于头部的顶端，9 节，每节生有长短不一的细毛。头部具有红棕色眼。在其胸部的中部有 1 对翅，有金属光泽，并具有 2 条明显的翅脉，翅脉处的金属光泽为银白色，其他部位为金黄色。尾部有 2 根特别长的蜡丝，接近尾部处为灰褐色，其他部位为白色（图 9-10）。

图 9-10 新菠萝灰粉蚧雄虫

若虫：若虫有 3 个龄期，初孵化的若虫（1 龄若虫）呈长椭圆形，体色为橘黄色，虫体长约 0.5 mm，分节明显。单眼 1 对，红色。触角为 8 节。背部无白色蜡质物，发育至 1 龄若虫后期，背部有少量均匀的蜡质物分布。2 龄若虫其黄褐色变淡灰色加深，随着虫龄增长，体表逐渐被均匀的蜡质物覆盖。在 2 龄若虫的后期虫体基本呈现灰色。达到 3 龄若虫时，虫体被自身所分泌的蜡质物均匀覆盖。

【分布与为害】

新菠萝灰粉蚧在热带、亚热带地区有少量记载，在生长凤梨科植物的国家和地区都有分布，在斐济、牙买加、密克罗尼西亚，以及东南亚菲律宾、印度尼西亚、越南等剑麻主产区，中国的广东、广西、海南、台湾等均有分布。

该虫为胎生，若虫及成虫聚集在剑麻的根、茎、叶片部位（图 9-11），刺吸剑麻的汁液为食，以嫩叶为主，影响剑麻的生长发育，其分泌蜜露可引致煤烟病（图 9-12），为害严重时可导致剑麻植株死亡。近年来，该虫在海南、广东剑麻产区暴发为害，产量损失一

图 9-11 新菠萝灰粉蚧为害叶基部

图 9-12 新菠萝灰粉蚧引起煤烟病

般为30%。

【发生规律】

（1）气候条件。新菠萝灰粉蚧各虫态发育历期随着温度的升高而缩短。20℃恒温下，新菠萝灰粉蚧各虫态发育历期显著长于其他温度。36℃条件下该虫虽然可以完成其世代历期的发育，但各虫态发育历期所需时间均有所增长。就整个世代来讲，温度对该虫有一定的影响，20～32℃为该虫的适宜生长发育温度范围。较低或较高的温度使新菠萝灰粉蚧的存活率下降，20～28℃对害虫的存活率有利。

新菠萝灰粉蚧为喜湿昆虫，在相对湿度为85%的条件下，各发育阶段及世代的生长发育历期最短。相对湿度高于或低于85%，该虫各个发育阶段及世代生长发育所需的历期均有所增长，当相对湿度为55%时各个发育阶段及世代所需历期均最长。

（2）寄主植物。新菠萝灰粉蚧在不同的寄主上有明显的选择性，剑麻、金边龙舌兰、香蕉、仙人掌、金合欢、龙眼、椰子等是主要寄主，明显嗜食剑麻。取食剑麻的新菠萝灰粉蚧发育历期、成虫寿命及繁殖力、存活率等与取食其他寄主存在明显差异。寄主植物鞣质酸含量高、可溶性糖含量低、可溶性蛋白质含量低对新菠萝灰粉蚧生长不利。

（3）天敌昆虫。新菠萝灰粉蚧有许多天敌。捕食生物包括丽草蛉、隐唇瓢虫、弯叶毛瓢虫以及毛瓢虫亚属等。丽草蛉为新菠萝灰粉蚧的优势天敌，对新菠萝灰粉蚧有明显的控制作用。丽草蛉2龄幼虫对新菠萝灰粉蚧1龄若虫的捕食作用率随着丽草蛉2龄幼虫自身密度的增大而下降；2龄幼虫的种内干扰效应试验表明，随着丽草蛉2龄幼虫密度增大和新菠萝灰粉蚧1龄若虫数量成倍增加，幼虫的捕食作用率下降。

【防治方法】

（1）农业防治。田地保持清洁。

（2）生物防治。利用或释放优势天敌丽草蛉控制新菠萝灰粉蚧，采用有利于昆虫天敌繁殖的农业栽培措施，选择对昆虫天敌低毒的生物农药，保护及利用昆虫天敌。

（3）化学防治。可选用24%螺虫乙酯悬浮剂2 500倍液、4.5%高效氯氰菊酯乳油600～1 000倍液、40%机油乳油50倍液，或氯氟氰菊酯、啶虫脒、毒死蜱。

第十章

桑树病虫害

桑（*Morus alba* L.）是桑科桑属落叶乔木或灌木，原产我国华北及中部地区，中国东北至西南各省区，西北直至新疆均有栽培。朝鲜、日本、蒙古国、俄罗斯、印度、越南等亦有栽培。桑树为深根性树种，其根系扩展范围大于树冠，纵向的深度约达 10 m，叶产量很高，一年多收，每亩产量可达 4 000 kg 以上。全身是宝，叶可做家蚕饲料，叶、枝、花、果和根皮均可入药，桑皮可作造纸原料，桑果可供食用、酿酒，木材可制器具。适宜在温暖湿润气候条件下生长，温度 25～30℃适宜其生长，气温 12℃以上开始萌芽，超过 40℃则受到抑制，其对土壤的适应性较强，耐瘠薄，耐旱、酸、碱性等，具有良好的防风固沙，涵养水源，减少水土流失作用。桑树也是改良土壤环境、修复重金属污染的首选树种。

我国是桑树的重要起源中心之一，不仅栽培面积最大，同时也拥有丰富的桑树种质资源，我国国家桑树种质资源圃（镇江）作为世界最大的桑树种质资源圃，共收集保存了各类桑树种质资源 2 519 份，远超过印度国家蚕业种质资源中心保存的各类桑树种质资源约 1 100 份，以及日本国立农业生物资源研究所保存的约 1 300 份桑树种质资源。一直以来，桑树作为家蚕的饲料树种，是蚕丝业重要的物质基础。

我国气候和环境条件适宜桑树生长，长期大面积种植也导致病虫害的发生和为害日趋严重。据统计，目前，为害我国桑树的病害有 100 多种，虫（螨）害有 200 多种。其中发生为害较重的病害主要为青枯病、花叶病、赤锈病、白粉病、菌核病等，虫（螨）害主要有桑小头木虱、桑螟、斜纹夜蛾、蓟马、朱砂叶螨等。这些病虫（螨）的为害造成严重的产量损失，对桑产业、桑蚕产业的可持续发展造成了巨大的威胁。

近年来，随着桑树资源的多元化利用，产业的进一步扩大，栽培面积不断增大，尤其是桑资源的生态功能不断强化，栽培生境也更加多元，桑树的植保问题也逐渐成为制约产业发展的主要因素之一。本章对桑树 7 种重要病虫害进行了简要介绍。

桑花叶病

【病原】

病原为病毒，由多种病毒侵染引起，发生普遍，以桑根刈的桑园病情较重。

【分布与为害】

该病在东南亚主要分布于泰国、越南和柬埔寨等桑树产区；在中国主要分布于广东、广西、江苏、浙江、山东、山西等地。主要表现为皱缩、坏死、坏斑、丝叶和大斑块，其中以皱缩和坏死为主。桑花叶病是由植物病毒寄生引起的桑树病害，病毒形态有球状、杆状和线状等。

【症状】

田间症状有花叶、环状叶、网状叶、丝状叶 4 种。花叶型叶面出现深绿、浅绿和黄绿相间的花叶发病状态或斑驳状叶（图 10-1）。环状叶型指叶面生大小不等的中间为绿色四周为浅绿色的同心圆状环斑。网状叶型叶片的主脉、侧脉、细脉两侧绿色加深，叶脉间的叶肉组织褪色，叶片出现网孔状褪绿斑。丝状叶型叶片变小，顶端叶肉或整张叶片的叶肉消失，呈丝状或带状。

图 10-1　桑花叶病症状

【发生规律】

温度、品种及收获形式均可影响该病的发生，主要通过嫁接、昆虫媒介、桑树伐条器械交叉使用等传播，而摩擦和病桑种子则不会传病。桑花叶病有高温隐症现象，5 月中下旬后新长桑叶花叶病症状陆续减少直至症状消失。

【防治方法】

目前还没有有效的药物，要严格执行桑苗的检疫工作，进行无性繁殖时，应严格选取无病苗木做砧木和接穗。桑园发现病株后主要通过伐条方式去除病枝，剪留下半年生长的枝条高 30 ~ 60 cm。此外也可选用抗病品种。

桑青枯病

【病原】

此病病原为细菌，属假单胞杆菌属。主要有两种病原菌，一是桑萎蔫病菌，二是桑青枯病菌，均为革兰氏阴性菌，菌体短杆状，能游动。桑萎蔫病菌的个体略大于桑青枯病菌，周生鞭毛；桑青枯病菌个体略小，1～4根极生鞭毛。它们在金氏（KMB）培养基上不产生荧光色素；不产生芽孢；兼性厌氧。桑萎蔫病菌的菌落在三苯基四氮唑（TTC）培养基上初为红白色，后呈半透明的深粉红色，外围的白色部分较小，菌落平滑，均匀，边缘清晰、规则，紫色到深紫色菌落，外围有一透明或半透明圈；而桑青枯病菌的菌落在TTC培养基上则与上述特征完全不同，菌落白色，严格好氧，中间呈淡红色，边缘不规则，流动状。

【分布与为害】

该病在东南亚主要分布于印度尼西亚、泰国、越南和柬埔寨等桑树产区；中国主要在广东、广西和海南等植桑区普遍发生，是国内检疫对象。

【症状】

此病是典型的维管束病害，病原菌侵染桑树根部导管，妨碍水分运输，使叶片凋萎。新植桑一般全株叶片同时出现失水凋萎，但叶片仍保持绿色呈青枯状（图10-2）；老桑往往枝条中上部叶片的叶尖、尖缘先失水，变褐干枯，逐渐扩展到全株，死亡速度较慢。初发病时根的皮层外观正常，但根的木质部出现褐色条纹，随病势发展褐色条纹向上延伸至茎枝，严重时整个根的木质部全部变褐、变黑，久后腐烂脱落。

图10-2 桑青枯病症状

【发生规律】

病原菌在病根、病枝残体以及混有病株残体的肥料里越冬，翌年春暖开始生长繁殖，侵染桑树。病菌传播途径主要有带病苗木的种植、嫁接，以及土壤、流水、采桑工具的传播。该病通常在4—11月发生，7—9月为害。幼龄桑发病较老桑重；高温季节不摘顶降枝可减少发病；地势低洼、排水不良的桑地较地势高的桑地发病重。

【防治方法】

（1）加强检疫工作。严禁带病苗木进入无病区，无病区栽桑应自繁自栽，不到病区购买桑苗。

（2）农业防治。发病严重的桑园实行与水稻、甘蔗轮作。病地改种水稻2年可达到灭菌效果，改种甘蔗5年可达无病。选择种植抗病品种。

（3）化学防治。田间发现病株要及时刨除，集中烧毁，对病穴及周围土壤要用含1%有效氯的漂白粉液消毒。

桑枝枯菌核病

【病原】

病原为真菌，属子囊菌亚门核盘属。桑枝枯菌核病菌的菌丝体白色，在PDA培养基上形成圆形菌落，菌丝平展，无特殊气味，不产生色素。该菌生长迅速，25℃下1 d就能长出白色菌丝，3 d左右菌丝可布满整个培养皿，5 d左右形成菌核；菌核形成初期为白色绵状突起，后转为墨绿色至黑色；菌核大小不一，大的直径8 mm，小的2 mm，一般3～5 mm，呈球形或椭圆形；菌核质地坚硬，外层为黑色紧密的拟薄壁组织，内层为菌丝交叉组成的黄白色疏丝组织。桑枝枯菌核病菌的生长温度为8～30℃，最适生长温度为20～25℃；菌丝生长与菌核形成的适温范围基本一致，均为15～28℃。该菌对酸碱度的适应性强，菌丝在pH值1～12都能正常生长，pH值为5～8是菌丝生长的最适值；而菌核生长的pH值为3～12，其中pH值为7～8所产生的菌核数最多。经过越冬越夏的菌核，在适宜的温湿度条件下能够产生子囊盘，子囊盘黄褐色或灰褐色，呈漏斗状；子囊盘直径0.5～6 mm，平均3 mm；子囊盘高2～18 mm，平均7.6 mm；子囊孢子椭圆形，无色，单胞，大小为（7～14）μm×（3～7）μm。

【分布与为害】

该病在东南亚主要分布于印度尼西亚、泰国、越南和柬埔寨等桑树产区；在中国的广东、广西、福建、浙江、江苏等主要植桑区均有发生。侵染后，使桑葚变白或灰白，子房肥大，致使脱落。

【症状】

主要侵害桑树春发新枝的基部，受害部位先出现水渍状斑点，后逐渐扩大，当病斑环绕枝条后，枝叶即凋萎枯死。发病时，病斑表面布满白色菌丝，菌丝后期形成黑色菌核（图10-3）。在桑树发芽期，菌核长出子囊盘，子囊盘散发子囊孢子侵染桑芽而引起发病。

图 10-3 桑枝枯菌核病为害症状

【发生规律】

该病原菌以菌核在土壤中越年，在翌年春天气温回升到15℃左右时，土壤中的菌核开始发育形成子囊孢子，子囊孢子借风雨传播，侵害新芽、桑花、桑果，病斑表面产生白色菌丝，在20～25℃和湿润的气候环境中菌丝通过风、雨、昆虫等媒介能迅速蔓延、扩散。该病发生有几个特点：一是桑花多、桑果多的桑树品种发病重；二是种植密度大、通风透光差的桑园发病重；三是生长旺盛的桑园发病重；四是菌丝侵害快，一般上年已发病的桑园，翌年如果不进行防治，在温度、湿度适宜时3～7 d菌丝可侵害全园造成倒伏；五是该病发生受温度、湿度影响大，温度低于15℃高于30℃不发病，春季雨水少、干旱发病轻，反之则发病重。

【防治方法】

（1）农业防治。种植抗病品种，开雌花的品种一般较抗病。出现病枝应及时从基部剪下清除，防止形成更多菌核掉地；发病较重处，除清除病枝外，还要刮除病株桑根周围表土，集中堆放深埋处理，以清除菌核颗粒；夏伐时要清除桑枝和枯枝落叶。提高冬伐部位，冬伐采取冬留长枝的剪伐方式，剪留下半年生长的枝条高30～60 cm，改变习惯的冬根刈方式。桑园夏伐、冬伐，枝条搬离桑园500 m以外或集中烧毁，桑园全面清园，彻底清除枯枝落叶及树上桑叶，集中烧毁，并在发芽前用0.1%强氯精液喷洒桑园地面及桑树地上部，除去病原。

（2）化学防治。上年有病的桑园在春发芽期用70%甲基硫菌灵可湿性粉剂1 000～1 500倍液或50%多菌灵可湿性粉剂500～800倍液喷洒可以有效控制病情。

桑萎缩病

【病原】

桑萎缩病从症状上可分为黄化型、花叶型、萎缩型3种。黄化型和萎缩型的病原均为类菌原体。花叶型病原为线状病毒。据初步研究认为，萎缩型和黄化型是国际上较早被确定为由植原体引起的病害，由于植原体是无细胞壁的原核生物，暂时无法进行体外人工培养，根据形态和培养性状无法对其分类和鉴定。而花叶型萎缩病则可能仅是一种单纯的病毒性病害。桑花叶型萎缩性相关病毒（Mulberry mosaic dwarf associated virus，MMDaV）表现有2种形态，根据它们的排列方式可分为结晶体形态和基质形态。MMDaV结晶体形态存在筛管细胞中，由许多单个MMDaV粒子紧密排列形成，单个双联体特征的粒子大小为（20±5）nm×（30±5）nm，结晶体形态可能有利于病毒在植物体内的长距离运输；病毒基质形态也存在筛管细胞中，由许多单个MMDaV粒子略为松散的聚集在一起，粒子大小为（20±5）nm×（30±5）nm。

【分布与为害】

桑树萎缩病是一种十分危险的病害，在东南亚主要分布于泰国东北部高原、越南林同省、老挝南部巴色地区、北部孟赛地区和柬埔寨贡不省，金边等桑树产区；在我国分布在江苏、浙江、安徽、山东、福建、广东、四川、湖北、河北、黑龙江等地。

【症状】

桑萎缩病有黄化、萎缩、花叶（花叶卷叶病）3种类型（图10-4）。

黄化型发病初期少数枝梢嫩叶皱缩、发黄、向背面卷曲。随病势加重，腋芽萌发，侧枝细弱，叶形瘦小，节间特短。然后逐渐由几根枝条发病扩展到全株。病重的桑树夏伐后发生新枝弱小丛生，密生猫耳状瘦小叶片，逐渐枯死。

萎缩型多在桑树夏伐后发生。发病初期，枝条中部或顶部腋芽早发，生成许多侧枝，叶片黄化、质粗，秋顺早落，春芽早发。发病末期，枝条生长明显不良，叶片更小，重病桑枝如扫帚状。

花叶型主要在春夏季和晚秋发生。发病一般先由少数枝条开始，然后蔓延至全株。发病初期，叶片侧脉上有小瘤状突起，细脉变褐，有的叶片半边无缺刻。病情进一步发展后，叶片缩小，向上卷缩，叶片叶脉变褐，瘤状突起明显，枝条细短，腋芽早发，生出侧枝，病树极易遭受冻害。

图 10-4　桑萎缩病症状

【发病规律】

病原主要在桑树体内越冬。通过嫁接和媒介昆虫（拟菱纹叶蝉、凹缘菱纹叶蝉）传播。该病的发生与桑树品种的抗病力、田间病原数量、媒介昆虫密度、桑树栽培技术（采叶、伐条、施肥）、温度、湿度等有关。

【防治方法】

（1）加强苗木检疫。禁止将带病苗木、接穗、砧木运入无病区。

（2）农业防治。① 加强桑园管理，合理采伐，增施有机肥和氮、磷、钾配合施用，增加树势，提高抗病力。② 选栽抗病品种。③ 搞好媒介昆虫的防治，方法是药杀和冬季剪梢除卵。

桑里白粉病

【病原】

病原菌为桑生球针壳［*Phyllactinia moricola*（P.henn.）Homma］，属子囊菌亚门球针壳属真菌。按照侵染时期和病原菌的发生特点，分菌丝、分生孢子和闭囊壳3部分。前期叶背上出现的白色粉斑即是菌丝和分生孢子。菌丝细长、无色、无分枝，直径2.9～7.1 μm。在顶端与分生孢子连接处下方有2个明显的隔膜，隔膜之间相距30～50 μm。分生孢子成熟后会从靠近的隔膜处断裂。菌丝体上有2个对生的乳头状附着胞。附着胞少数单生，用于固定叶表。分生孢子无色，呈棍棒状，大小为74.7 μm×26.5 μm，多数单生于菌丝顶端，少数2～3个分生孢子串生。分生孢子表面分布有瘤状突起，顶端和底端密集，中间较稀疏。成熟的闭囊壳为黑褐色，呈球状，直径为130～280 μm，在其周围生有4～25根附属丝，附属丝顶端尖直，基部膨大呈均匀小球状特征。一个闭囊壳内含有5～45个椭圆形的有柄子囊，大小为（50～100）μm×（50～50）μm。子囊中含有2～3个黄色卵圆形的子囊孢子。

【分布与为害】

桑里白粉病在东南亚主要分布于泰国东北部高原，越南林同省，老挝南部巴色地区、北部孟赛地区，柬埔寨贡不省、金边等桑树产区；在中国各植桑区均有分布。是桑树常见真菌性病害，受害桑叶营养价值差，影响蚕体发育。

【症状】

多发生于枝条中下部硬化的或老叶片背面，枝梢嫩叶受害较轻。发病初期叶背出现圆形白粉状小霉斑，后扩大连片，白粉严重时布满叶背，叶面与病斑对应处可见淡黄褐斑，后期白色霉斑中出现黄色小颗粒物，逐渐由黄色变褐色，最后变为黑色小粒点（图10-5）。

【发生规律】

病原菌以闭囊壳黏附在桑冬芽附近的枝条上或随病叶遗落在地表上进行越冬。成片桑园中有部分桑树没有冬伐，树上有叶过冬，或者剪伐后未及时清除桑枝和枯枝落叶，使病菌得以在桑园发芽长叶时侵染。桑叶成熟后不及时收获，桑叶留在树上的时间过长，给病菌有更多的繁殖机会，产生大量孢子。

【防治方法】

（1）农业防治。①选栽抗病品种，一般叶片硬化迟的桑树品种较抗病。②增加采叶次数，及时采叶用叶，特别是彻底采摘发病较重的病叶，减少病原数量。③坚持采用消灭病原的预防措施，成片桑园均要夏伐、冬伐，枝条搬离桑园500 m以外或集中烧毁，桑园全面清园，彻底清除枯枝落叶及树上桑叶，集中烧毁，在发芽前用0.1%强氯精液喷

图 10-5　桑里白粉病症状

洒桑园地面及桑树地上部分。

（2）化学防治。采叶后及时喷施 50% 多菌灵可湿性粉剂 500～800 倍液，或用 25% 三唑酮可湿性粉剂 1 000 倍液喷洒新梢芽叶，隔 7 d 喷 1 次，喷药后 7 d 可采叶养蚕。

桑赤锈病

【病原】

病原菌为桑锈孢锈菌（*Aecidium mori* Barclay），属半知菌亚门黏隔孢属真菌。该真菌锈孢子器呈橙黄色杯状，长度为100～280 μm，可分散或聚集生长，聚集时长度可达1 cm以上，宽度达0.6～1.0 cm；锈孢子器被一层包被细胞所覆盖，该细胞呈圆形或多边形，透明、壁光滑。锈孢子多呈圆形或卵圆形，橙黄色或淡柠檬色，壁厚0.5～1.0 μm，也有一些为1～2μm，壁上具微小刺，内含物透明，芽孔不清晰，呈赤道状。萌发的芽管一般只有1个，与柄锈菌属的2～3个或5～6个相比，具有显著差异。桑锈孢锈菌锈孢子在5～25℃均可萌发，最适温度为13～18℃，分散的孢子萌发温度范围更广，为5～36℃，空气相对湿度越高越好。桑锈孢锈菌属于喜湿型病菌。而进一步的研究结果表明，中国南方和北方桑锈孢锈菌菌种属于不同的生理小种。南方菌种为喜湿的普通型生理小种，在相对湿度大于80%的条件下可正常生长；北方菌种可相对适应干旱环境，为干旱型生理小种，在相对湿度小于80%的条件下仍可继续完成侵染。桑锈孢锈菌在含有多种碳源、氮源的改良培养基上均能生长，氮生长量和产孢情况存在差异，其中最适碳源为葡萄糖，最适氮源为硝酸钠；最适pH值为7～8；致死条件为温度60℃处理10 min。

【分布与为害】

桑赤锈病在东南亚主要分布于泰国东北部高原，越南林同省，老挝南部巴色地区、北部孟赛地区，柬埔寨贡不省、金边等桑树产区。在国内各植桑区均有分布。该病为害桑芽、嫩叶、嫩梢。

【症状】

发病时，芽叶上布满金黄色病斑，造成叶片畸形卷缩，黄化易落。严重时，桑芽不能萌发，已萌发的桑芽盘曲变形，甚至整个桑园无一片金叶，严重影响桑叶产量和质量。嫩芽染病病部畸形或弯曲，桑芽不能萌发。新梢上的芽、茎叶、花椹染病局部肥厚或弯曲畸变，出现橙黄色斑。叶片染病在叶片正背面散生圆形有光泽小点，逐渐隆起成青泡状，颜色变黄，后呈橙黄色，表皮破裂，散发出橙黄色粉末状的锈孢子，布满全叶（图10-6）。故有"金桑"之称。新梢、叶柄、叶脉染病沿维管束方向呈纵条状扩展，出现弯曲畸形，表面也都生有橙黄色锈子器，新梢上病斑逐渐变黑凹陷。桑花染病呈不规则膨大。桑葚染病失去原来光泽，变黄，后期也布有橙黄色粉末。

图 10-6 桑赤锈病症状（耿涛 供图）

【发生规律】

桑赤锈病菌以菌丝束态在桑树枝条和桑芽内越冬。低温多湿有利于病菌繁殖，因此，雨水多的年份常发生流行，地势较低、地下水位高、排水不良及四周为河溪、池塘等多湿环境的桑园发生较重。分生孢子可经风雨传播到幼嫩叶片，引起侵染。

【防治方法】

（1）农业防治。① 选用抗病品种。② 剥除初侵染病芽，控制再侵染，及时巡查，及时剥除病枝。③ 加强桑园管理，雨后及时开沟排水，防止湿气滞留，对低洼潮湿的桑园要做好开沟排水工作，及时采摘桑叶，促进桑树生长、增强其抗病能力。

（2）化学防治。在发病初期病叶上"泡泡纱状"病斑未转黄色前，喷洒25%三唑酮可湿性粉剂1 000倍液、12.5%三唑醇可湿性粉剂2 000倍液，重点喷洒桑芽，隔20 d喷1次，防治2～3次；嫩叶新梢上喷洒20%萎锈灵乳油400倍液、70%代森锰锌可湿性粉剂500倍液可控制病情；也可在初发病桑园用25%三唑酮可湿性粉剂1 000倍液，喷施2～3次，喷药间隔20 d左右，可控制发病。

桑根结线虫病

【病原】

病原为根结线虫（*Meloidogyne* spp.）。雄性根结线虫呈线形，长 1 270～1 500 μm，头冠高圆，口针较粗，尾端较细，钝圆；雌性根结线虫呈梨形，口针纤细，基部呈卵圆形，在发病部位可见明显的乳白色颗粒虫体。

【分布与为害】

桑根结线虫病在东南亚主要分布于泰国、越南、老挝和柬埔寨等桑树产区。在中国主要分布在广东、湖南、海南、广西等地。

【症状】

此病受害桑的侧根和细根有许多大小不一的瘤状物。根瘤形成初期较坚实，黄白色，逐渐变褐、变黑而腐烂。剖开根瘤，可见乳白色、半透明的梨形雌线虫（图10-7）。发病后桑树须根减少或脱落，难以发出新根（图10-8）。严重时，水分和养料的输送受阻，生长不良，芽叶枯萎，枝条干枯，以致整株死亡。

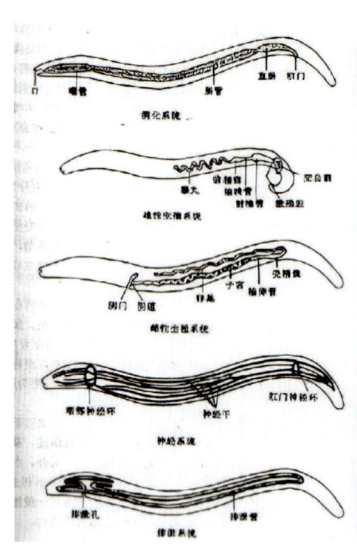 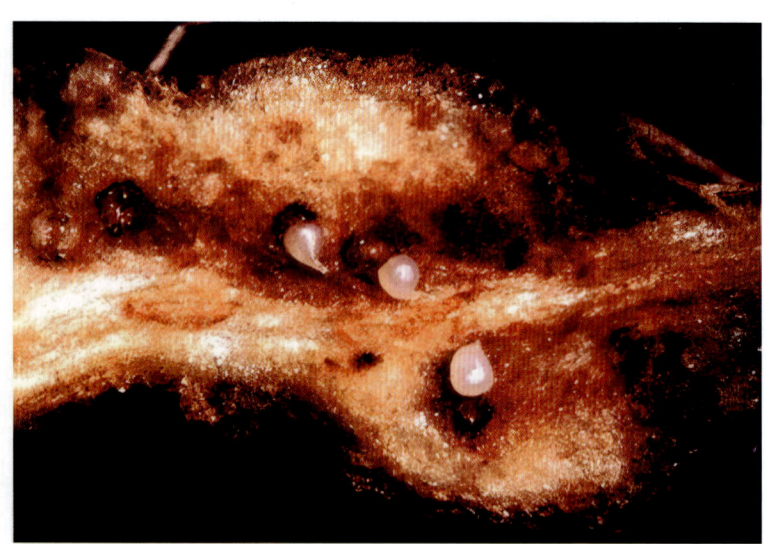

图 10-7　桑根结线虫

【发病规律】

根结线虫的成虫、幼虫、卵在病根残体和病土中越冬。地温11.3℃时卵孵化，2龄后侵入桑根，形成根瘤。南方根结线虫在广东1年发生7代，每代一般40～49 d；花生根结线虫和北方根结线虫一般每年发生3～4代。线虫往往世代重叠，桑园一旦感染，难以

图 10-8 根结线虫为害症状（龙海波 供图）

消灭。

【防治方法】

（1）农业防治。① 用无虫地育苗，新栽桑要严格选用无病苗木。② 与甘蔗、水稻、玉米等作物轮作。经 3～4 年后再种桑树。

（2）化学防治。每公顷用 2 250 kg 石灰均匀散布翻耕，或每公顷施氨水 1 500～2 250 kg，开沟施后覆土压实，隔 10 d 后播种。

桑 螟

桑螟（*Diaphania pyloalis* Walker），别名桑绢野螟，俗称青虫、油虫；属鳞翅目螟蛾科。

【形态特征】

成虫： 体长约 10 mm，翅展约 20 mm，体茶褐色，被有白色鳞毛，呈绢丝闪光；头小，两侧具白毛；复眼大，黑色，卵圆形；触角灰白色，鞭状。胸背中间暗色，前后翅白色带紫色反光，前翅具浅茶褐色横带 5 条，中间 1 条下方有 1 个白色圆孔，孔内有 1 个褐点。后翅沿外缘具宽阔的茶褐色带。

卵： 长约 0.7 mm，扁圆形，浅绿色，表面具蜡质。

末龄幼虫： 体长约 24 mm，头浅赭色，胸腹部浅绿色，背线深绿色，胸部各节有黑色毛片，毛片上生刚毛 1～2 根。

蛹： 长 11 mm，长纺锤形，黄褐色。胸背中央具隆起纵脊，末端生细长钩刺 8 根。

【分布与为害】

桑螟在东南亚主要分布于泰国、越南、老挝和柬埔寨等桑树产区；国内主要分布于江苏、浙江、安徽、广东、福建、江西、四川等蚕区，尤以四川、重庆、湖南、湖北等地为害严重。其 1～2 龄幼虫在叶背叶脉分叉处及芽苞内取食，3 龄幼虫吐丝缀成卷叶或叠叶，隐藏其中嚼食叶肉，残留叶脉和上表皮，形成灰褐色透明薄膜，后破裂成孔，称"开天窗"（图 10-9）。

【发生规律】

桑螟在中国年发生代数自北向南为 3～10 代；在山东或山东附近年发生 3 代，少数年份发生 4 代；浙江、江苏、四川、安徽等地区年发生 5 代，少数年份有 4 代或 6 代发生；江西、贵州等地区年发生 5～6 代；福建等地区年发生 7 代。以老熟幼虫越冬。

秋季多雾有利于桑螟的发生；沙质壤土及靠近海边的桑园也容易发生；靠近家前屋后的桑园桑螟受害严重。

【防治方法】

（1）用束草或堆草诱集越冬老熟幼虫。

（2）秋冬季及时捕杀落叶、裂缝或建筑物附近的越冬幼虫，夏季及时捕杀初孵幼虫，必要时摘除受害叶。

（3）设置黑光灯诱杀成虫。

（4）药剂防治。在幼虫 2 龄末期尚未卷叶前喷洒 80% 敌敌畏乳油 1 000 倍液、60% 双效磷乳油 1 500 倍液、90% 晶体敌百虫 1 000 倍液、25% 亚胺硫磷乳油 1 000 倍液、

图 10-9　桑螟及其为害状

40%辛硫磷乳油 1 000 倍液。受害重的蚕区，可在晚秋蚕后喷洒 20%氰戊菊酯乳油、2.5%溴氰菊酯乳油 3 000～6 000 倍液，进行多种害虫的普治，对翌年春季桑园害虫发生基数有明显降低效果。

桑毛虫

桑毛虫（*Porthesia xanthocampa* Dyar），别名桑褐斑盗毒蛾，属鳞翅目毒蛾科。

【形态特征】

成虫：体长12～18 mm，前后翅白色。雌蛾尾部有黄毛，前翅后缘有1个茶褐色斑；雄蛾腹面从第3腹节起有黄毛，前翅有2个茶褐色斑。后翅均无纹，缘毛很长。

卵：扁球形灰黄色，卵块排列不规则，上盖雌蛾尾部黄毛。

幼虫：体长约26 mm，黄色，有1条红色背线，头部黑褐色。各节体上有很多红色、黑色毛疣，上生黑色及黄褐色长毛和松枝状白毛。在腹部6～7节背面中央有1个圆形突出黄色孔。

蛹：长9～11 mm，圆筒形，棕褐色，臀棘较长，末端生细刺一簇。茧土黄色，长椭圆形，茧层薄，有毒毛。

【分布与为害】

桑毛虫在东南亚主要分布于泰国、越南、老挝和柬埔寨等植桑区；在中国主要植桑区均有分布。幼虫早春及伐条后，食害桑芽，桑树生长季节食害桑叶，影响树型养成及桑叶产量，幼虫在桑树裂隙或束草内吐丝结茧越冬。幼龄幼虫群聚为害，3龄后分散为害（图10-10）。

图10-10 桑毛虫及其为害状（耿涛供图）

【发生规律】

初孵幼虫群集在桑叶背面取食叶肉，叶面形成块状透明斑。3次蜕皮后分散取食成大缺刻，仅留叶脉。桑毛虫年发生代次由北而南递增。以3～4龄幼虫潜伏在树干隙缝、落叶、草丛中结茧越冬。茧层初期很薄，随气温降低逐渐加厚。翌年平均气温12℃时大量出蛰。成虫白天潜伏阴处，羽化傍晚为多，有弱趋光性。桑园附近有榆、杨、椰、梅等林木的地方发生量增多。桑毛虫抗寒耐饥，在5℃下半个月不食不动不死。秋蚕用叶量大的蚕区桑毛虫发生轻。

【**防治方法**】

（1）农业防治。人工摘除"窝头毛虫"，即在低龄幼虫集中一叶为害时摘除2～3次，有明显防治效果。加强桑园管理，清除桑树害虫滋生地，尽可能在桑园周围不种植榆、槐、杨、梅、椰等林木。

（2）生物防治。利用桑毛虫核型多角体病毒防治幼虫，桑毒蛾绒茧蜂、桑毛虫黑卵蜂都是有效天敌。

（3）化学防治。采叶期防治，先留出稚蚕专用桑园，然后施用速效性农药，如用80%敌敌畏乳油2 000倍液或50%辛硫磷乳油1 500倍液喷雾，如桑园边上有桑毛虫取食的树种，亦应同时用药防治。生产结束时，及时用20%氰戊菊酯乳油6 000～8 000倍液喷洒，还可兼治桑螟、灯蛾等其他害虫。

朱砂叶螨

朱砂叶螨［*Tetranychus cinnabarinus*（Boisduval）］属蜱螨目叶螨科叶螨属。

【形态特征】

成螨：雌螨体长 0.42～0.51 mm，梨形。雄螨体长 0.26 mm，近菱形。体色一般为红色或锈红色，春夏时期多呈淡黄色或黄绿色。体背两侧有大小不等的长条形的块状色斑，色斑中间色淡，体背长毛排成 4 列。足 4 对，无爪，毛较长（图 10-11）。

卵：圆球形，直径 0.13 mm，有光泽。初产时无色透明，后变橙红色，孵化前可见红色眼点。

幼螨：足 3 对，体长 0.15 mm，近圆形，初孵时体透明，取食后变暗绿色。

若螨：足 4 对，比成螨小，体绿色至橙黄色。

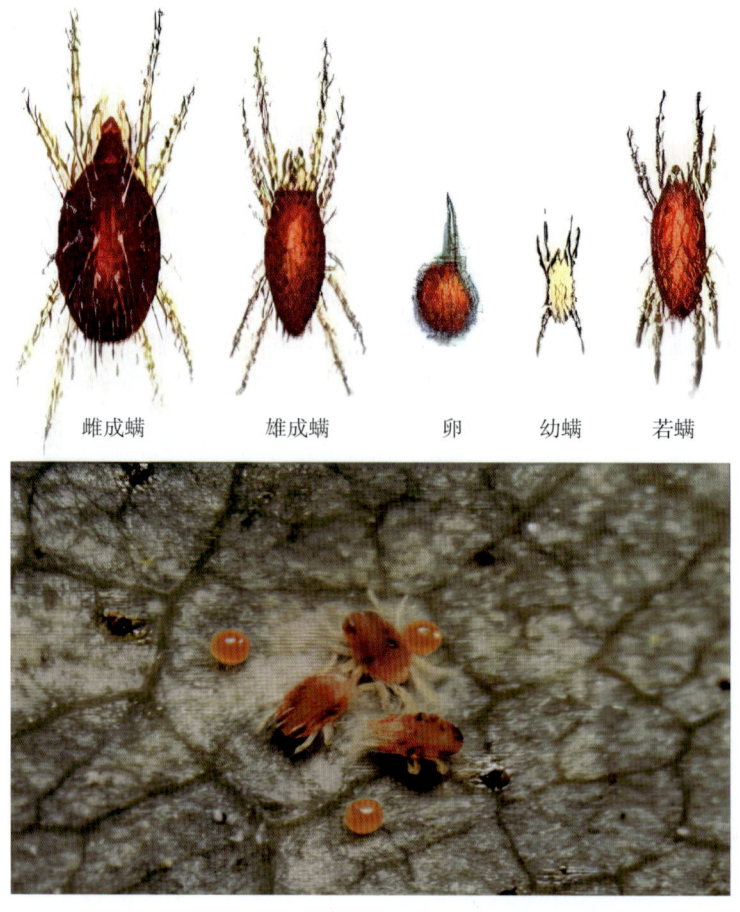

雌成螨　雄成螨　卵　幼螨　若螨

图 10-11　桑朱砂叶螨形态特征（耿涛　供图）

【分布与为害】

朱砂叶螨在东南亚和中国各植桑区均有分布，寄主广泛。以幼螨、若螨和成螨在寄主叶背吸食汁液，并结成丝网。初期叶面出现零星褪绿斑点，种群密度低时叶片形成褪绿斑点，发生严重时叶片形成褐色斑，变薄并纤维化，生长萎缩，全叶干枯脱落，影响光合作用，导致结果期缩短，产量降低，品质变劣。

【发生规律】

朱砂叶螨年发生代数随地区和气候而不同，在中国北方 1 年发生 12～15 代，南方可发生 20 代以上。其活动温度范围在 7～42℃，最适温度为 25～30℃，最适相对湿度为 35%～55%，高温干燥是朱砂叶螨猖獗的气候因素。无滞育期，在温暖干燥的环境下繁殖快（图 10-12）。

A. 雌成螨及卵；B. 为害叶片背面症状；C. 为害后叶片正面形成黄褐色斑

图 10-12　朱砂叶螨及其为害症状（卢芙萍　供图）

【防治方法】

（1）选用抗螨品种，如湖桑7号、育2号等。

（2）保护和利用天敌。受害较轻时利用捕食螨等天敌进行防治，注意选择抗药性天敌，对压低叶螨前期虫口基数、控制叶螨为害高峰具有重要作用，同时注意保护草蛉、瓢虫等自然天敌。

（3）在养蚕期间，利用空隙时间治虫，加强监测，发现少量叶片受害时，及时摘除烧毁，遇气温高或干旱，要及时灌溉，增施磷钾肥，促进植株生长，抑制害螨增殖。

（4）化学防治：在每片叶有2～3头叶螨时，应进行挑治，使用10%苯丁·哒螨灵乳油1 000倍液，或10%苯丁·哒螨灵乳油1 000倍液+5.7%甲维盐乳油3 000倍液混合后喷雾防治，建议连用2次，间隔7～10 d，在叶螨繁殖盛期喷洒冷水，可减轻为害。